異種機能デバイス集積化技術の基礎と応用
－MEMS, NEMS, センサ, CMOSLSIの融合－

Integration Technology for Heterogeneous
Advanced Devices : Basics and Applications

《普及版／Popular Edition》

監修 益 一哉, 年吉 洋, 町田克之

シーエムシー出版

巻頭言

　20世紀最大の発明は半導体デバイスと集積回路であろう。集積—integration—は単に組み合わせただけではなく，機能を産み出すことで工業的，産業的にインパクトを与えてきた。本書「異種機能デバイス集積化技術の基礎と応用」は，この分野の第一人者の方々の寄稿により上梓することになった。書かれた内容は読者の方々にとって有意義な内容であると信じている。本書をどのように読み解かれるかは読者それぞれの立場があるであろうが，ここでは，監修者の立場から本書の背景と読み解いていただきたいことを述べ，巻頭言とさせていただきたい。

　さて，Appleの創始者であり，復活させたSteven Jobs氏は筆者と同世代ということもあり何かと気になる存在である。Jobsを語る書物を読んだことがないので理解に誤りがあるかもしれないが，自分の頭で考えたことがある。まず，技術者の一人としてJobsは技術を大事にしているであろうという雰囲気が伝わってくる。技術を大事にする経営者であると思う。だから，彼について考えてみたいし，その価値がある。

　技術的側面を考えてみよう。本書の内容は集積回路技術を抜きに考えることはできない。集積回路は単純な機能（CMOSデバイスと要素回路）を組み合わせ，かつ同じものを大量に低コストで製造できることから，技術的な観点ばかりではなく産業的に発展し人類社会に大いなる貢献を果たしてきた。平面的な寸法を微細化することで高性能・高機能，低消費電力かつ低コストが実現できたことがその要因である。いわゆる，微細化（Miniaturization）あるいはMore Mooreと称される技術開発軸である。微細化追求や最先端集積回路技術開発・製造は，デバイスメーカーだけではなく，材料，計測技術や製造装置といった広い産業の集大成であり，産業の裾野が広いことがアジア諸国にない日本の産業の特徴であり，強みである。また，現時点では最先端技術であっても次世代技術が開発されるとmatureかつ低コストになり，この状況を上手く利用して半導体ビジネスや周辺ビジネスが展開されてきたことは重要な点である。現在最先端技術開発や製造をしていないと，何年か後には我が国の半導体は産業として消滅してしまう恐れがある。

　昨今，我が国では最先端プロセス開発を放棄する，製造は海外でなどということがいわれているようである。最先端技術開発なしに，将来にわたって半導体技術を基盤とする技術分野において世界をリードすることができないことを肝に銘じるべきである。Matureな半導体技術だけを利用してMEMSやセンサを作れば良いのだという考えはもっともらしく思えるが，誤りであると認識すべきである。本書では異種機能集積化の重要性を強調しているが，微細化技術は必要ないとはいっていない。微細化高性能化技術開発なしに異種機能集積技術の未来は産業的には存在しないことを頭に叩き込んで欲しい。そうはいっても微細化技術の追求が研究，開発，製造，ビジネスのそれぞれのレベルで大きな困難を抱えていることは事実である。それを何とか克服するべく，

単なる微細化技術に頼らない高機能化，高性能化，低コストな技術開発軸，さらには新ビジネス創出が期待されているととらえるべきである．単なる微細化だけではなく，単純なCMOS回路の組み合わせではなく，センサ，MEMS，エネルギーハーベスタ，通信機能などを集積回路と融合させることの期待が生まれてくる．いわゆる，異種機能集積（integration with diverse functionalities）あるいはMore than Mooreと呼ばれる技術開発軸である．

　本書では，種々の機能発現のためのデバイス，プロセス技術が述べられており，CMOS技術と融合することを想定すれば，ビジネスとしても研究としても想像できないような大きな可能性を拓くことにつながるであろう．ここでJobsに戻ってみよう．iPhoneやiPadはJobsとAppleが産み出したものであり，その製造が中国で行われていることは良く知られている．ところで，何処でどうやって設計されているかは意外に議論されていない．いろいろな人に尋ねてみたがよくわからない．たぶん米国西海岸であろうといわれている．Appleの製品が出ると，分解して技術的には新しいところはないということが論じられるが，設計ツールはどうなっているのかとか，設計と製造はどのような関係であるのかといったことが論じられない．モノつくりは，設計が伴って初めてモノつくりである．集積回路技術において，設計技術の重要性が散々論じられたにもかかわらず作り方ばかりに目がいってしまう．何をいいたいかおわかりだと思う．本書で扱っている技術が産業として発展するためには，シミュレーション技術や設計環境，さらには製造と結びついた設計技術と環境の構築なしにその将来はない．本書でもわずかではあるが設計についての取り組みが紹介されている．本書で紹介されている技術は如何に設計されるのだろうということを念頭に読み進まれると今までとは異なる軸を発見できるかもしれない．

　最近よく出口を考えろといったことが叫ばれている．技術者や開発者に出口を考えろというのは経営者の責任放棄であるとも思うが，まじめに考えてみよう．本書に関係する技術開発では産み出したものが何に利用されるのか，どのように利用されるのかを考えることは必要であろう．Integrationは組み合わせであるが，意味のないものを組み合わせても無駄である．何十年も前にラジカセが産み出された．ラジオとカセットレコーダーの組み合わせは若者需要を爆発的に産み出した．悪のりしてラジカメが出た．ラジオとカメラを組み合わせる必然性はないと揶揄された．しかし，現代のスマートフォンでは，カメラ，ラジオ，TV，レコーダ何でも入っており，若者は上手く使いこなしている．組み合わせの妙を産み出すには時代を読むセンスも必要なのだろう．さて，Appleに戻ろう．iPodを手始めにAppleは急展開したのだが，iPodの成功の要因は何か，何故日本メーカーでできなかったのかという議論がある．筆者はJobsが既得権益に挑戦したので成功したと理解している．iTuneにより音楽界の著作権という既得権益に挑戦したからこそ大きな成功があった．他のApple製品もこの軸で考えると同列に並んでいると思う．本書で取り扱う技術は何らかの出口を指向している．我々は出口といわれたときに立ち止まっていないだろうか．Jobsの足下にも及ばないかもしれないが，Challenge精神は必要であろう．

　半導体集積回路技術も微細化限界と叫ばれ，どうするか今ひとつしっくりこない．本書で主に取り扱っているMEMSやセンサ技術も出口が今ひとつぱっとしないというような声も聞こえる．

壁の前で右往左往しているだけではないかと思う。

　20世紀の技術開発の歴史は，壁の向こう側に必ず新しい道があることを教えてくれる。壁の向こう側に行くには，壁を壊す，壁にドアをつける，飛び越える，横から回るなど様々な方法がある。偉そうなことを書いているが，恥ずかしながら私も壁の前で右往左往している一人である。壁の前で右往左往することから抜け出すのに本書がお役に立つのであれば，著者をはじめ監修者一同，望外の喜びである。

　2012年11月

監修を代表して
東京工業大学
益　一哉

普及版の刊行にあたって

　本書は2012年に『異種機能デバイス集積化技術の基礎と応用―MEMS, NEMS, センサ, CMOS LSI の融合―』として刊行されました。普及版の刊行にあたり、内容は当時のままであり加筆・訂正などの手は加えておりませんので、ご了承ください。

2019年4月

シーエムシー出版　編集部

執筆者一覧（執筆順）

益　　一　哉	東京工業大学　ソリューション研究機構　教授
江刺　正　喜	東北大学　原子分子材料科学高等研究機構（WPI-AIMR）　教授
藤田　博　之	東京大学　生産技術研究所　教授
石田　　　誠	豊橋技術科学大学　電気・電子情報工学専攻　副学長, 教授
年吉　　　洋	東京大学　先端科学技術研究センター　教授
田中　秀　治	東北大学　大学院工学研究科　ナノメカニクス専攻　准教授
髙橋　一　浩	豊橋技術科学大学　電気・電子情報工学系　助教
越田　信　義	東京農工大学　大学院工学府　特任教授
小山　英　樹	兵庫教育大学　大学院学校教育研究科　教授
町田　克　之	東京工業大学　大学院総合理工学研究科 物理電子システム創造専攻　連携教授； NTTアドバンステクノロジ㈱　主幹担当部長, 高機能デバイスチームリーダ
佐々木　実	豊田工業大学　工学部　教授
秦　　誠　一	名古屋大学　大学院工学研究科　マイクロ・ナノシステム工学専攻　教授
橋口　　　原	静岡大学　電子工学研究所　教授
高尾　英　邦	香川大学　微細構造デバイス統合研究センター　副センター長, 准教授
永瀬　雅　夫	徳島大学　大学院ソシオテクノサイエンス研究部　教授
山口　浩　司	日本電信電話㈱　NTT物性科学基礎研究所　量子・ナノデバイス研究統括　上席特別研究員
北澤　正　志	オリンパス㈱　研究開発センター　マイクロデバイス開発部　チームリーダー

前中 一介	兵庫県立大学　大学院工学研究科　電気系工学専攻 回路・システム工学部門　教授	
澤田 和明	豊橋技術科学大学　電気・電子情報工学系　教授	
柴﨑 一郎	豊橋技術科学大学　大学院テーラーメイド・バトンゾーン教育推進本部 特命教授；(公財) 野口研究所　顧問	
野村 聡	㈱堀場製作所　開発企画センター　学術情報担当部長	
竹内 幸裕	㈱デンソー　基礎研究所　エレクトロニクス研究部 半導体プロセス研究1室　室長	
柴田 英毅	㈱東芝　半導体研究開発センター　技監	
楢橋 祥一	㈱エヌ・ティ・ティ・ドコモ　先進技術研究所 アンテナ・デバイス研究グループリーダ	
鈴木 雄二	東京大学　大学院工学系研究科　機械工学専攻　教授	
西岡 泰城	日本大学　理工学部　精密機械工学科　教授	
森村 浩季	日本電信電話㈱　マイクロシステムインテグレーション研究所 グループリーダー	
日暮 栄治	東京大学　先端科学技術研究センター　准教授	
千野 満	㈱ミスズ工業　組立技術グループ　主席研究員	
内山 直己	浜松ホトニクス㈱　電子管事業部　第6製造部　部長代理， 市場開発G　グループ長	
足立 秀喜	大日本スクリーン製造㈱　技術開発センター　技術開発グループ 開発管理部　部長	
井上 晴伸	㈱ラポールシステム　SA事業部　ゼネラルマネージャー	
橋本 秀樹	㈱東レリサーチセンター　構造化学研究部　部長	

執筆者の所属表記は，2012年当時のものを使用しております。

目　次

〔第1編　総論編〕

第1章　最先端集積システムの技術とその応用　　江刺正喜

1　はじめに ………………………………… 1
2　ワイヤレス機器の集積化MEMS ……… 3
3　触覚センサネットワークの集積化MEMS ……………………………………… 5
4　おわりに ………………………………… 6

第2章　異機能集積化のバイオとナノへの展開　　藤田博之

1　はじめに ………………………………… 8
2　ナノテクノロジーと異機能集積技術 …… 9
3　異機能集積を目指すBEANS技術 ……… 13
4　おわりに ………………………………… 15

第3章　センサと異種機能集積化への期待―グローバルCOEプログラム「インテリジェントセンシングのフロンティア」を通して―　　石田　誠

1　はじめに ………………………………… 17
2　機能集積化デバイス実現のための考え方 ……………………………………… 19
3　機能集積化デバイス展開の実例 ……… 21
4　機能集積化デバイス開発を担う「センシングアーキテクト」人材の育成 ……… 22
5　異分野融合研究と異種機能集積化デバイス ……………………………………… 23

〔第2編　プロセス技術編〕

第4章　表面マイクロマシニング技術とそのデバイス　　年吉　洋

1　表面マイクロマシニングの特徴 ……… 25
2　3層多結晶シリコンによる表面マイクロマシニングの標準プロセス …………… 27
3　ヒンジ構造による三次元マイクロ構造の組立 ……………………………………… 30
4　おわりに ………………………………… 31

第5章　バルクマイクロマシニング技術とそれによるデバイス　　田中秀治

1　はじめに ………………………………… 32
2　DRIEと直接接合による複雑な3次元構造の形成 ……………………………… 32
3　多段階SiO_2マスクを用いた結晶異方性エッチング …………………………… 33
4　結晶異方性エッチングによる梁構造の形成 ……………………………………… 34
5　バルクマイクロマシニングと陽極接合との組み合わせ ………………………… 35
6　p^{++}エッチストップによるダイヤフラム等の作製 ……………………………… 36
7　異方性・等方性プロセスの組み合わせ … 37
8　おわりに ………………………………… 38

第6章　SOI-MEMSプロセス技術とそのデバイス　　髙橋一浩

1　はじめに ………………………………… 40
2　SOI-MEMSプロセス技術 ……………… 40
3　SOI-MEMS応用デバイス ……………… 42
4　レイヤー分離設計技術 ………………… 43
5　集積化SOI-MEMS ……………………… 44

第7章　ナノポーラスシリコンとそのデバイス　　越田信義, 小山英樹

1　まえがき ………………………………… 47
2　ナノポーラスシリコンの作製方法 …… 47
3　ナノポーラスシリコンの基本物性 …… 48
4　フォトニクス機能 ……………………… 49
　4.1　発光特性の概要 ……………………… 49
　4.2　青色燐光とエネルギー転移 ………… 50
　4.3　光導電・光電変換 …………………… 51
5　弾道電子放出 …………………………… 52
6　音波発生 ………………………………… 53
7　むすび …………………………………… 54

第8章　集積化CMOS-MEMS技術とそのデバイス　　町田克之

1　はじめに ………………………………… 58
2　集積化CMOS-MEMS技術 ……………… 58
3　STP技術 ………………………………… 61
　3.1　STP法の原理 ………………………… 61
　3.2　STP装置 ……………………………… 61
　3.3　平坦化特性 …………………………… 62
　3.4　埋め込み特性 ………………………… 63
　3.5　封止特性 ……………………………… 63
4　集積化CMOS-MEMS指紋センサLSI技術 ……………………………………… 64
　4.1　集積化CMOS-MEMS指紋センサLSIの原理と構造 ………………………… 64

4.2	集積化CMOS-MEMS指紋センサLSI プロセス ……………………… 64		評価結果 …………………… 66
4.3	集積化CMOS-MEMS指紋センサLSI	5	まとめ ………………………… 67

第9章 エッチング技術　　佐々木　実

1 表面マイクロマシニングでのエッチング技術 ……………………………… 70
2 バルクマイクロマシニングでのエッチング技術 ……………………………… 72

第10章 材料技術の集積化　　秦　誠一

1 はじめに ………………………………… 77
2 コンビナトリアル技術による材料探索 …… 77
3 異種機能集積化薄膜ライブラリ ………… 79
  3.1 水素吸蔵特性 ……………………… 79
  3.2 相変態温度 ………………………… 80
  3.3 疲労強度 …………………………… 81
4 おわりに ………………………………… 81

第11章 マルチフィジクス・シミュレーションによる統合設計　　年吉　洋

1 静電アクチュエータの一般的な解析手法 ……………………………………… 84
2 回路シミュレータを用いた統合解析手法 ……………………………………… 85
3 MEMS部品の等価回路表現 ……………… 86
  3.1 平行平板型静電アクチュエータ …… 86
  3.2 粘弾性サスペンション …………… 87
  3.3 運動方程式ソルバー ……………… 88
  3.4 アンカー …………………………… 89
4 統合解析の応用例 ……………………… 89
5 おわりに ………………………………… 89

〔第3編　回路・デバイス設計技術編〕

第12章 MEMS等価回路モデルを用いた統合設計　　橋口　原

1 はじめに ………………………………… 91
2 MEMSのモデリングと線形等価回路の導出法 ……………………………………… 91
  2.1 ラグラジアンによる静電型MEMSのモデリングと運動方程式の導出 … 91
  2.2 線形動作方程式の導出と電気等価回

		電型素子の等価回路 ………………… 97
	路 ……………………………… 93	
2.3	従属電源を用いた電気・機械等価回	4 櫛歯素子の機械系多自由度等価回路 …… 99
	路 ……………………………… 96	5 MEMS-MEMS連成解析 ………… 100
2.4	電磁型MEMSのモデリング ……… 96	6 静電型MEMSのホワイトノイズ解析 …… 102
3	半導体への電界の浸み込みを考慮した静	7 おわりに ………………………………… 103

第13章　集積化MEMSセンサ実現のための回路設計　　高尾英邦

1 集積化MEMSセンサの構造と回路接続の	2.1 MEMSセンサデバイスの表現方法 … 106
影響 ……………………………………… 104	2.2 MEMSとCMOS間の接続配線構造
2 集積化MEMSセンサ実現に必要な回路設	の表現方法 ……………………… 108
計の考え方 ……………………………… 106	3 まとめ …………………………………… 109

〔第4編　NEMS技術編〕

第14章　NEMSと異種機能集積化への期待　　永瀬雅夫

1 はじめに ………………………………… 111	2.3 ナノカーボン四探針プローブ …… 113
2 集積化ナノプローブ …………………… 111	2.4 集積化ナノギャップ電極プローブ … 114
2.1 集積化Siナノ電極プローブ ……… 112	3 ナノ材料とNEMS ……………………… 116
2.2 集積化ナノ四探針プローブ ……… 112	4 NEMSへの期待 ………………………… 117

第15章　NEMSによる新機能素子の探求　　山口浩司

1 はじめに ………………………………… 118	素子 ……………………………… 121
2 NEMSの特徴―なぜナノスケールが必要	5 NEMSによる極限計測 ………………… 122
か― ……………………………………… 118	6 NEMSによる信号処理 ………………… 123
3 NEMSに用いられる材料系 …………… 120	7 おわりに ………………………………… 124
4 キャリア励起を用いた新しい光機械結合	

第16章 ナノ領域を捉えるカンチレバー　　北澤正志

1 はじめに …………………………… 126
2 Siカンチレバー …………………… 127
3 CNFカンチレバー ………………… 128
4 おわりに …………………………… 131

〔第5編　センサ技術編〕

第17章　センサと電子回路集積化への期待　　前中一介

1 はじめに …………………………… 135
2 センサと集積回路 ………………… 135
3 シリコンによるセンサ構造体 …… 136
4 センサシステムと必要な回路機能 … 138
5 センサ構造体と回路との融合—パッケージング手法 ……………………… 139
6 高機能センサシステムのアルゴリズム … 141
7 まとめ ……………………………… 142

第18章　バイオセンサ　　澤田和明

1 はじめに …………………………… 144
2 電流をプローブとした集積化バイオセンサ …………………………………… 144
3 電圧をプローブとする集積化バイオセンサ …………………………………… 146

第19章　磁気センサ　　柴﨑一郎

1 序論 ………………………………… 150
2 ホール素子とその特性 …………… 151
　2.1 ホール効果とホール素子の動作原理 ……………………………………… 151
　2.2 実用ホール素子の特性 ……… 152
3 ホールIC …………………………… 154
　3.1 ホールICとは ………………… 154
　3.2 デジタル出力型ホールIC（デジタル磁気センサ） ……………………… 156
　3.3 リニアハイブリッドホールIC … 158
4 異種機能集積半導体磁気センサのまとめ ……………………………………… 161

第20章　pHセンサ　　野村　聡

1 はじめに …………………………… 163
2 ガラス電極とISFET ……………… 164

3	ガラス電極と異種デバイスの融合 …… 165	6	モノリシックデバイスへの展開 ……… 166
4	ISFETの開発動向 …………………… 165	7	おわりに ………………………………… 168
5	ISFETのフロー系への組み込み ……… 166		

第21章　自動車用センサ　　竹内幸裕

1	はじめに ………………………………… 170	3.3	電気化学エッチング ……………… 173
2	検出原理 ………………………………… 171	3.4	回路側を保護する異方性エッチング装置 ……………………………………… 173
3	加工プロセス …………………………… 171	4	圧力レンジ拡大への取り組み ………… 175
3.1	プロセスフロー …………………… 171		
3.2	KOH異方性エッチング …………… 172		

〔第6編　RF-MEMS技術編〕

第22章　RF-MEMS可変容量デバイス　　柴田英毅

1	RF-MEMSデバイスの種類と応用 …… 177	3.1	電荷蓄積（チャージング）によるスティクション不良の抑制 ………… 185
2	RF-MEMS可変容量の応用と期待 …… 179	3.2	脆性材料を用いたクリープ耐性の向上 ……………………………………… 187
2.1	駆動方式の種類と特徴 …………… 179	4	小型・低コストウエーハレベル気密封止 ……………………………………………… 188
2.2	静電駆動型可変容量の動作原理 … 181	5	まとめ …………………………………… 191
2.3	CMOSドライバーICとの集積化 … 181		
2.4	送信用に求められる耐電力とQSC素子構造 ……………………………… 182		
3	信頼性向上技術 ………………………… 185		

第23章　携帯端末　　楢橋祥一

1	はじめに ………………………………… 193	3.3	マルチバンドPA …………………… 196
2	reconfigurable RF部 …………………… 194	3.4	MEMSスイッチへの要望 ………… 197
3	MEMS応用マルチバンドPA ………… 195	4	中心周波数・帯域幅可変フィルタ …… 197
3.1	帯域切替型整合回路 ……………… 195	5	おわりに ………………………………… 199
3.2	MEMSスイッチの適用 …………… 195		

〔第7編 エネルギーハーベスト技術編〕

第24章 MEMSと電子デバイスの融合によるエナジー・ハーベスティング技術の期待　鈴木雄二

1　序論 …………………………………… 201
2　環境発電と回路技術 ………………… 202
　2.1　環境熱からの発電 ……………… 202
　2.2　環境振動からの発電 …………… 203
　2.3　環境電波からの発電 …………… 203
3　エレクトレットを用いたMEMS環境振動発電器の電池レス・無線センサへの適用 …… 203
　3.1　MEMSエレクトレット発電器 …… 204
　3.2　無線センサノードの試作と評価実験 …………………………………… 205
4　結論 …………………………………… 207

第25章 エネルギーハーベスト技術の材料とデバイス　西岡泰城

1　はじめに ……………………………… 209
2　エレクトレット材料 ………………… 209
3　圧電材料 ……………………………… 210
4　PZT …………………………………… 212
5　PVDF ………………………………… 213
6　窒化アルミニウム（AlN） …………… 214

第26章 エネルギーハーベストと回路技術　森村浩季

1　はじめに ……………………………… 216
2　エネルギーハーベスティング技術と回路技術の動向 ……………………… 217
3　nW級超小型バッテリレスセンサノード技術 ……………………………… 219
　3.1　センサノードのアーキテクチャ … 219
　3.2　ゼロパワーセンサ回路 ………… 220
　3.3　電圧検知回路 …………………… 221
　3.4　MEMSスイッチを用いた電源管理回路 …………………………………… 222
4　まとめ ………………………………… 223

〔第8編 実装技術編〕

第27章 MEMS実装技術　日暮栄治

1　はじめに ……………………………… 227
2　集積化のアプローチ―モノリシック集積

とハイブリッド集積— ……… 227	ンディング ……………………… 231
3　ウェハボンディングとダイボンディング … 228	5　表面実装と三次元実装 ……………… 233
3.1　ウェハボンディング ……………… 228	6　ダイレベルパッケージングとウェハレベ
3.2　ダイボンディング（チップボンディング） ……………………………… 229	ルパッケージング ……………………… 235
4　ワイヤボンディングとフリップチップボ	7　おわりに ……………………………… 236

第28章　パッケージに求められる機能と解決策　　千野　満

1　はじめに ……………………………… 239	5.1　封止領域コントロールによるセンサ面の開口 ……………………… 244
2　MEMSパッケージの現状 ……………… 239	
3　MEMSパッケージの種類と特徴 ……… 240	5.2　MID（Molded Interconnection Device）によるプリ・モールド型パッケージ ……………………… 244
3.1　セラミック・パッケージ ………… 240	
3.2　プラスチック・パッケージ ……… 241	
4　光MEMS向けパッケージ技術 ………… 242	6　まとめ ………………………………… 245
5　化学センサ向けパッケージ技術開発 … 243	

第29章　完全ドライ・レーザダイシング技術
　　　　　　—ステルスダイシング技術の最新動向—　　内山直己

1　はじめに ……………………………… 246	MEMSデバイスへの熱影響範囲 … 250
2　MEMS製造工程に必要なダイシング技術 ……………………………………… 246	3.4　デバイス特性への熱影響確認 …… 251
	3.5　ステルスダイシング技術：適用時の制約条件 ……………………… 252
2.1　砥石切削型ブレードダイシング … 246	
2.2　ダイシング工程の完全ドライプロセス化 …………………………… 247	4　Si以外の材料への適用の可能性 ……… 253
	4.1　ガラスウェーハ …………………… 254
3　ステルスダイシング技術 ……………… 247	4.2　テープ越しステルスダイシング技術 ……………………………… 255
3.1　ステルスダイシング技術：基本原理 ……………………………… 247	
	4.3　今後のステルスダイシング技術の開発ロードマップ ……………… 256
3.2　内部集光型レーザダイシング技術と表面吸収型レーザ加工技術 ……… 250	
	5　おわりに ……………………………… 257
3.3　内部レーザ加工プロセスにおける	

第30章　封止技術　　足立秀喜

1　はじめに ……………………………… 258
2　封止とは ……………………………… 258
3　封止技術の種類 ……………………… 259
　3.1　陽極接合 ………………………… 259
　3.2　接着封止 ………………………… 260
　3.3　CVD（Chemical Vapor Deposition）
　　　封止 …………………………… 261
　3.4　転写成膜（STP法）封止 ………… 262
4　まとめ ………………………………… 263

〔第9編　解析・評価技術編〕

第31章　MEMS加速度・角速度・圧力センサのテスト技術　　井上晴伸

1　はじめに ……………………………… 265
2　MEMS加速度センサのテスト技術 …… 265
　2.1　1Gテスト ………………………… 265
　2.2　遠心力によるG印加テスト ……… 266
　2.3　振動によるG印加テスト ………… 266
3　MEMS角速度センサのテスト技術 …… 267
4　MEMS圧力センサのテスト技術 ……… 267
5　検査受託 ……………………………… 269

第32章　解析（分析）・評価技術　　橋本秀樹

1　半導体デバイスにおける解析・評価の目的
　と役割 ………………………………… 270
2　主な分析手法 ………………………… 271
　2.1　構造・組成評価のための手法 …… 271
　2.2　不純物評価のための分析手法 …… 272
　2.3　応力・歪み評価のための分析手法
　　　　………………………………… 273
　2.4　化学構造評価のための分析手法 … 274
　2.5　欠陥評価のための分析手法 ……… 274
　2.6　物性評価のための分析手法 ……… 275
3　MEMSの解析 ………………………… 275
　3.1　MEMSの力学特性試験 …………… 275
　3.2　パッケージ内部のガス分析 ……… 276
4　TSVの解析 …………………………… 277
　4.1　TSVの形状観察 …………………… 277
　4.2　応力分布 ………………………… 278
　4.3　接着層の評価 …………………… 279
5　まとめ ………………………………… 279

〔第1編　総論編〕

第1章　最先端集積システムの技術とその応用

江刺正喜*

1　はじめに

　回路とMEMSを組み合わせた集積化MEMSは，寄生容量の影響を受ける容量型センサに静電容量検出回路を組み合わせたもの，あるいは画像関係で，多数配列させたアレイ型デバイスに選択や駆動・検出の回路を内蔵させたものなどに有効である。また小型化や低価格化などの目的でも使われる。微小な静電容量の変化を検出する容量型センサに，容量検出用のCMOS回路を一体化した集積化容量型圧力センサが開発され，微圧センサとして使われている[1]。またCMOS回路上に犠牲層とポリSi構造層（厚さ1.5 μm）を堆積し，犠牲層をエッチングして構造層を残す「表面マイクロマシニング」と呼ばれる方法により，集積化容量型加速度センサが作られ，エアバッグ用衝突センサなどに用いられてきた[2]。この場合ポリSiを堆積した後，応力を厚さ方向で均一にするために熱処理（1100℃，3時間）をする必要があり，回路がその熱処理条件に耐える必要があった。容量検出回路の集積化により，加速度センサの錘の動きは0.1 nmが検出できる。同様の構造で作られている集積化ジャイロの場合には，12 zF（1.2×10^{-20} F）の静電容量で0.000017 nmの動きが検出されている[3]。最近は低価格化のため，容量型センサのMEMSチップと容量検出のための集積回路チップを隣接させ，接続する方法が用いられるようになった。このため加速度や角速度の容量型センサ部を厚くし，以下のような構造で静電容量を大きくしている。図1左上の自動車用の場合は，SOI（Silicon On Insulator）ウェハの単結晶Si（厚さ40 μm）をMEMSに用いている[4]。また図1中央上は厚いポリSi（厚さ15 μm）によるもので，これは最近のスマートフォンのユーザインターフェースなどに大量に用いられている[5]。このため厚く堆積しても応力が生じないようにできるエピタキシャルポリSiの技術が開発された[6]。このエピタキシャルポリSiの成長では，SiO_2上に減圧化学気相堆積（Low Pressure Chemical Vapor Deposition：LPCVD）装置を用いて650℃で125 nmの厚さにポリSiを堆積させて核形成し，これをエピタキシャル成長炉に移して1000℃で縦のカラム状に低応力（3 MPa）のエピタキシャルポリSiを成長する。図1右上はカメラの手ぶれ防止などに用いられている振動ジャイロの例であるが，MEMSセンサを形成したSOIウェハをAl-Geの共晶接合でCMOSウェハに接合し，封止と電気的接続を行っている[7]。これらの加速度センサやジャイロのような機械量センサには，ばね材として優れたシリコンを用いてMEMSを形成する必要があるが，容量検出回路は普通の集積回路で十分である。

　図1左下はDMD（Digital Micromirror Device）と呼ばれるビデオプロジェクタに用いられる

＊　Masayoshi Esashi　東北大学　原子分子材料科学高等研究機構（WPI-AIMR）　教授

ミラーアレイである[8]。CMOS回路上に100万個ほど，静電力で動く可動ミラーが作られており，画素に対応するそれぞれのミラーが独立に動いて画像を表示する。CMOS集積回路上に表面マイクロマシニングによって可動ミラーを形成するため，MEMS構造は400℃以下の温度で堆積している。可動ミラーには，機械的動きによる疲労で破壊しないようにアモルファス金属（Al_3Ti）が用いられているが，この材料はSiに比べばねとしての性能が劣っており，クリープと呼ばれる応答遅れがある。このため光をオンオフして明るさを表現する，DLP（Digital Light Processing）と呼ばれる方式が用いられている。

　図1右下は，無線携帯機器のマルチバンド化の目的で集積回路上にマイクロ機械共振子によるMEMSフィルタを形成する例である[9]。このような場合には，ばね材として優れた材料や圧電材料などによるMEMSを作り，しかも最先端の微細化技術を駆使した高周波用集積回路上に形成する必要がある。しかしこれによって，多機能でありながら小型にでき，ネット配信など高速大容量ワイヤレス通信の要求に応えることができる。以下ではこのような高性能集積回路の上に高性能MEMSを形成する研究を紹介する。

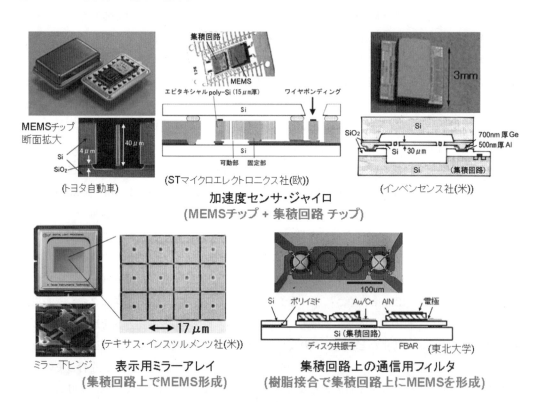

図1　各種集積化MEMS

2 ワイヤレス機器の集積化MEMS

高性能集積回路のウェハ上に，別に作った高性能MEMSのウェハを貼り付けることが基本になり，この場合に樹脂接合などが用いられる[10]。貼り合わせに用いた樹脂を除去する必要があり，酢酸にオゾンを溶解して各種樹脂をエッチングする技術などを開発している[11]。

このような集積化MEMSの例として，表面弾性波 SAW (Surface Acoustic Wave) デバイスを形成した集積回路の製作工程を図2に示す[12]。ニオブ酸リチウム（$LiNbO_3$）の単結晶ウェハを，支持基板としてのシリコンウェハに紫外線硬化樹脂で貼り付ける（工程1）。$LiNbO_3$を研磨して薄くした後（工程2），SAWデバイスのアルミニウム電極や接続部の金を形成し，溝加工を行う（工程3）。集積回路ウェハにフォトレジストを鋳型として用いて金をめっきし，表面を平らにして接合用のバンプを形成しておく（工程4）。集積回路ウェハ上の金バンプと$LiNbO_3$ウェハ上の金を接合する（工程5）。最後に樹脂をエッチングすることで支持基板を取り外して完成する（工程6）。$LiNbO_3$とシリコンは熱膨張係数が異なり，それによる熱応力を避ける必要がある。このため図の写真で分かるように，バンプは片側だけに形成してある。この集積化MEMSによるSAW発振器の約500 MHzでの発振スペクトルを図2の右に示す。

静電引力で電極間隔を変えるMEMS可変容量をSAWデバイスに一体化した，可変周波数フィルタを図3に示す[13]。図中に示すSAWデバイスによる通過帯域フィルタで，直列や並列に接続した静電容量を変化させるもので，図中のCpによって通過帯域の低域遮断周波数を上げ，またCsによって高域遮断周波数を下げることができる。

上で述べたようなMEMSデバイスは，表面に機械的に動く構造を形成してあるため，通常の集

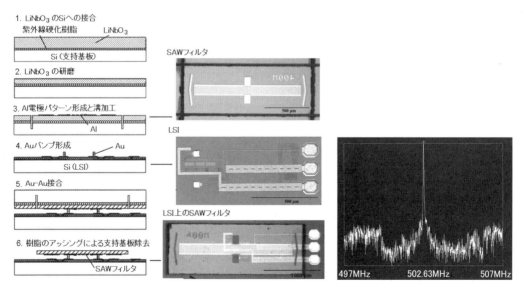

図2　表面弾性波（SAW）デバイスを形成した集積回路とその発振スペクトル

異種機能デバイス集積化技術の基礎と応用

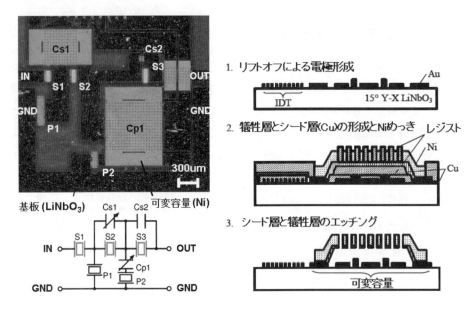

図3　MEMS可変容量一体型の可変周波数SAWフィルタ

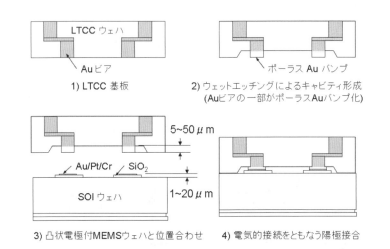

図4　貫通配線付LTCCによるウェハレベルパッケージング

積回路のように樹脂で封止することはできない。このためウェハ状態で蓋をするウェハレベルパッケージングが不可欠である[14]。このため図4のように，シリコンと熱膨張を合わせた低温焼成セラミクスLTCC（Low Temperature Co-fired Ceramic）に貫通配線を形成したものを，ウェハ状態で接合し蓋をする技術を開発した[15]。貫通配線は，焼成前のLTCC基板にパンチングで穴あけして金ペーストを入れ，それを複数枚貼り合わせて焼成して製作する（工程1）。LTCCの一部をエッチングすると，金の貫通配線は成分が溶出して多孔質になる（工程2）。この多孔質な金

が接合時につぶれるため,電極の高さに違いがあっても電気的接続を行うことができる。LTCCをシリコンに接合するには温度を350℃程度にし,LTCCに数百Vの負電圧を印加することで界面に静電引力が働く,陽極接合が用いられる(工程3,4)。

3 触覚センサネットワークの集積化MEMS

介護ロボットのように人と接触するロボットには,体表に多数の触覚センサが配置されていることが安全のために望まれる。この目的で20年前に製作した共通2線式触覚センサネットワークでは,二本の共通線に複数の触覚センサを接続した[16]。線は電源供給だけでなく,その電圧を変調して特定のセンサを順次選択し,その電流でセンサからの信号を読み出している。この場合は一つずつセンサを選択するため,ロボットの体表面に多数個を配置しようとすると読み出しに時間がかかり,リアルタイムでの接触検知は難しい。人間の皮膚における触覚のように,接触したことで検知動作が始まるイベントドリブン(割り込み)式にして共通配線に接続すれば,センサを多数配置することもできる。この目的で開発している集積化触覚センサの構造および表面と裏面の写真を図5に示した[17]。このセンサでは,触覚として力を感じると静電容量が変化し,それをディジタル信号としている。図6(a)はこの触覚センサネットワークの構成で,力を感じるとその集積回路が共通線に図6(b)のような信号を送り,どの場所のセンサがどのような力を感じたかを認知できる。なお図6(b)には試作した触覚センサにおける力とディジタル出力の関係も示す。このように集積化MEMSを用いると,ネットワーク型のセンサなども実現できる。

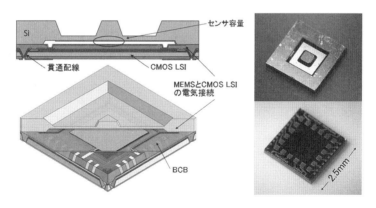

図5　集積化触覚センサの構造および表面と裏面の写真

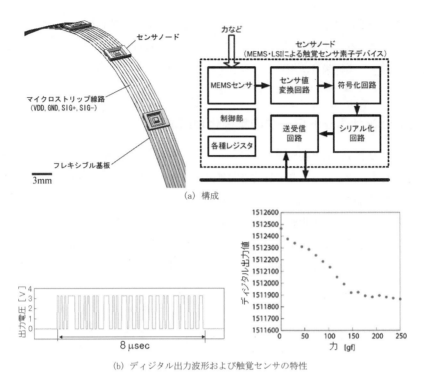

(a) 構成

(b) ディジタル出力波形および触覚センサの特性

図6　触覚センサネットワーク

4　おわりに

図2のSAW発振器や図6の触覚センサの集積回路は，16社の入ったグループで同じウェハに乗り合いで製作したものである．また大学の施設を利用して開発する「試作コインランドリ」も盛んに利用されており，開発コストを下げるためのこのような工夫も重要である[18]．これらに関連した，「先端融合領域イノベーション創出拠点形成プログラム」や「最先端研究開発支援プログラム」による支援に謝意を表する．

文　　　献

1) 江刺正喜，はじめてのMEMS，森北出版（2011）
2) Y. Matsumoto, S. Shoji and M. Esashi, Extended Abstracts of the 22nd International Conference on Solid State Devices and Materials, Sendai, p.701（1990）
3) J. A. Geen, S. J. Sherman, J. F. Chang and S. R. Lewis, *IEEE J. of Solid-State Circuits*, **37**, p.1860（2002）

4) M. W. Judy, Technical Digest Solid-State Sensor, Actuator and Microsystems Workshop, Hilton Head Island, p.27 (2004)
5) M. Nagao, H. Watanabe, E. Nakatani, K. Shirai, K. Aoyama and M. Hashimoto, 2004 SAE World Congress, Detroit, p.2004-01-1113 (2004)
6) H. Noguchi, SEMI Technology Symposium 2008, Makuhari, p.45 (2008)
7) J. Seeger, M. Lim and S. Nasiri, Technical Digest Solid-State Sensor, Actuator and Microsystems Workshop, Hilton Head Island, p.61 (2010)
8) P. F. Van Kessel, L. J. Hornbeck, R. E. Meier and M. R. Douglass, *Proc. of the IEEE*, **86**, p.1687 (1998)
9) T. Matsumura, M. Esashi, H. Harada and S. Tanaka, *J. of Micromechanics and Microengineering*, **20**, p.095027 (2010)
10) F. Niklaus, G. Stemme, J. -Q. Lu and R. J. Gutmann, *J. of Applied Physics*, **99**, p.031101 (2010)
11) H. Yanagida, S. Yoshida, M. Esashi and S. Tanaka, Technical Digest IEEE MEMS 2011, Cancum, p.324 (2011)
12) K. D. Park, M. Esashi and S. Tanaka, 電気学会論文誌E, **130-E**, p.236 (2010)
13) T. Yasue, T. Komatsu, N. Nakamura, K. Hashimoto, H. Hirano, M. Esashi and S. Tanaka, Technical Digest Transducers 2011, Beijing, p.1488 (2011)
14) M. Esashi, *J. of Micromechanics and Microengineering*, **18**, p.073001 (2008)
15) S. Tanaka, M. Mohri, T. Ogashima, H. Fukushi, K. Tanaka, D. Nakamura, T. Nishimori and M. Esashi, Technical Digest Transducers 2011, Beijing, p.342 (2011)
16) 小林真司, 三井 隆, 江刺正喜, センサ技術, **10**, p.32 (1990)
17) M. Makihata, M. Muroyama, S. Tanaka, H. Yamada, T. Nakayama, U. Yamaguchi, Y. Nonomura, M. Fujiyoshi, M. Esashi, 2012 MRS Spring Meeting & Exhibit, Symposium B, San Francisco (2012)
18) 江刺正喜, 産学官連携ジャーナル, **8**, p.4 (2012)

第2章　異機能集積化のバイオとナノへの展開

藤田博之[*]

1　はじめに

　MEMS（micro electro mechanical systemsの略称）技術の特徴は，半導体微細加工技術を援用して，微細な立体構造を作ることである。最新のシリコンチップでは10 nm級の寸法のトランジスタが使われている。このすばらしい微細加工技術を利用してミクロやナノの機構やシステムを作製する[1〜4]。MEMSでは立体的な加工が重要であるため，垂直で深いエッチングが可能な深掘り反応性イオンエッチング（DRIE）の導入は，画期的な技術革新であった。この方法により，90±1度の垂直壁を持ち，厚みが数十〜数百ミクロンのシリコン構造を，マスク形状に合わせて自由に加工することが可能になった[5]。SOI（silicon-on-insulator）基板を用い，埋め込み酸化膜をエッチング停止層として活性層や支持基板をDRIEで加工することにより，様々なMEMS立体構造が容易に製作できるようになった。なお埋め込み酸化膜は，上部の活性層に作った構造を可動にするための犠牲層としてもよく用いられる。

　半導体微細加工の応用だけでなく，ナノインプリンティングなど微細母型からの複製技術，レーザ加工，マイクロヒンジによる折り曲げ構造，光造形法など，立体マイクロ構造を作る方法が急速に発展してきた。さらに将来は印刷やロールツーロールなど安価に大面積を得る技術が期待されている。

　これらの方法で，例えば構造の高さが100ミクロン，幅が2〜5ミクロンといった，20〜50程度のアスペクト比（構造の高さを幅で割った比率）が得られている。加工精度も，通常10〜100 nm程度であり，特別なプロセスでは数nmの高精度が得られる。また材料についても，シリコンとその関連の誘電体材料，ガラス，化合物半導体，高分子，金属，セラミック，生体機能材料などをマイクロマシニング加工できるようになった。これらの材料を他の材料の表面に薄く付加することで望みの性質を得るために，表面改質の技術も進んでいる。経済産業省の技術戦略マップ2010年版[6]でも，「MEMSはトップダウンプロセスである微細加工とボトムアッププロセスであるナノ・バイオプロセスとを融合させたマイクロ・ナノ統合製造技術の確立により，その応用範囲を急速に広げ国家・社会的課題である「環境・エネルギー」，「医療・福祉」，「安心・安全」分野で新しいライフスタイルを創出する革新的デバイスとして広く浸透している」と記されており，今後さらに多様な材料と加工法を包含した製造技術へ進歩していくと期待されている。この期待にこたえるため，2008年度より5年計画で「異分野融合型次世代デバイス製造技術（BEANS）研

＊　Hiroyuki Fujita　東京大学　生産技術研究所　教授

第2章　異機能集積化のバイオとナノへの展開

究プロジェクト」が実施されており，産官学の力と知識を集めた開発が始まっている[7]。本プロジェクトでは，バイオ技術とMEMSの融合プロセス，ナノ材料とMEMSの融合プロセス，大面積MEMS連続プロセスの3点について，長期（10年程度）的な展望に立った革新技術の創造を目指している。本章では，MEMS技術とこれらの技術を融合した異機能集積技術について，その概念と動向を紹介する。

2　ナノテクノロジーと異機能集積技術

　ナノテクノロジーとは，数〜数十nmのナノ構造で生じる特異的な性質を用いて，これまで得られなかった高度の機能を持つ超微細デバイスや構成の材料を得る技術である。単一もしくは少数の原子，単純な分子については，個々の原子や電子軌道の振る舞いを理論的に記述し，解析できる。また，非常に多数の原子や分子については，統計力学的な手法で平均的な振る舞いを予想できる。しかしその中間に位置するナノ構造においては，どちらの手法も有効でないため，これまで解析が遅れていた。電子計算機の能力の向上，また走査型トンネル顕微鏡など新たな観測手段の発展により，その特性の理解と応用が進んでいる。

　ナノ構造の作り方には，原子分子をもとに，より複雑な構造を組み上げる，いわゆるボトムアップ法と呼ばれる方法が注目されている。カーボンナノチューブは，ボトムアップ法で得られる典型的なナノ構造で，プラスチックなどに混ぜてファイバー強化材料として利用したり，表面と垂直に配向した多数のナノチューブからなる膜を表面積の大きな電極材料として用いたり，そこに高電界を印加して冷電子放出銃を作るなどの応用が展開している。また，プロセス条件の最適化によりナノレベルの超微結晶からなる材料を作ることや，コロイドのような微小粒子の利用もナノテクノロジーの実用化例である。

　一方，加工技術の微細化を極限まで追求することでこのようなナノ構造を作るトップダウン法も，シリコン半導体技術などこれまで培われた強固な技術基盤の上で，着実に進んでいる。例えば，最新のシリコン集積回路の設計ルールは20〜30 nmに達しており，PC，携帯電話，ディジタル家電などに多用され，現在のユビキタス情報社会の発展を支える基盤技術である。化合物半導体でも量子井戸や量子ドットなどのナノ構造を含むデバイスが実用化されている。さらに，半導体微細加工を立体的なマイクロ・ナノ構造や可動機構の製作に利用したMEMS技術でも，数十nmの機械構造が得られる。

　ナノ構造の機能を工学的に生かす場合，材料としてナノ構造の集合体を従来の加工技術で取り扱うことは難しくない。この面での応用は，現在急速に実用化が進んでいる。一方，ナノ構造を構成要素として，それを設計通りに組み合わせて工学システムを組み上げることには，多くの技術的困難がある。例えば，トランジスタ機能を持つ分子を作ったという報告は散見されるようになった。しかしこの発明に基づき，メモリーやプロセッサーのような複雑かつ高度な集積回路を，トランジスタ分子のみを用いたボトムアップ法で作るまでには格段の技術進歩が必要である。

異種機能デバイス集積化技術の基礎と応用

　トップダウン法では，10nm程度の構造までは安定して作れる見込みが得られているが，分子と同じ数nmレベルに至ることには，これまた多くの技術的困難がある。一方，数百万にも達する要素を複雑に組み合わせたシステムを，きちんと設計して，作り上げることは得意である。すなわち，電子回路や機械の微細化を追求する極限として，数nmの要素を多数・複雑に組み合わせたシステムを作ろうとする場合，トップダウン法のみでも，ボトムアップ法のみでも実現が難しいのが現状である。そこで，トップダウン法であらかじめ構築しておいた大局的システム構造の中に，ボトムアップ法により製作した数nmの要素を組み込むことで，この問題を解決することが考えられる（図1）。この融合的手法を用いることで各構成要素の微細化が可能となる一方，システム全体の構造については我々の望む通りの形を自由に作り込むことができる。

　この考えに添って，生体のサブシステムである細胞内の輸送システムに関して検討してみよう。細胞レベルでの物質輸送は，生体分子モータの一種であるキネシン（ダイニン）・微小管系が行っている。細胞や神経軸索内において微小管は放射状あるいは一方向に配向・固定され，その上をキネシン（ダイニン）が生体分子やそれを収めた小胞を輸送している。このようなサブシステムのレベルでも，ボトムアップ手法のみで組み上げることはできない。現状では，微小管やモータ分子などそれぞれのタンパク分子を，生化学的手法によって再構成する段階にとどまっている。そこで，トップダウン手法で作ったマイクロ・ナノ流体構造の中にこれらのタンパク分子を取り込み，微小管を望み通りに配向・固定した搬送システムの構築が試みられている。

　図2は，微小流路の中に微小管一本を導入して固定する手法を模式的に示している。流路の底にはキネシン分子が付加してあり，その上に微小管を乗せてATP（アデノシン三リン酸）を加えると，微小管が−端を先にして輸送される。微小管一本でふさがれる程度の微小な流路を主流路の側面に配置しておき，そこに偶然入った微小管をトラップして固定する（図3）。この場合，先頭が必ず−端になるので，そちらにキネシンを付加したビーズ（直径320nm）を入れると，一本

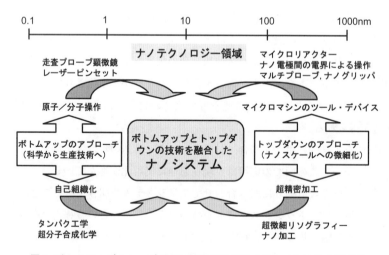

図1　ボトムアップとトップダウン技術の融合によるナノシステムの創成

第2章 異機能集積化のバイオとナノへの展開

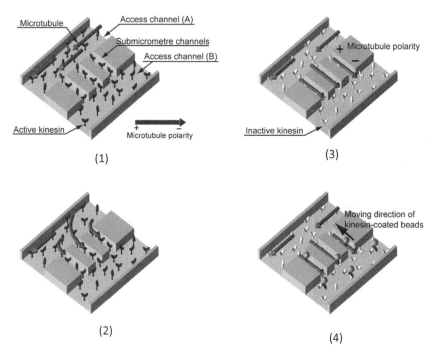

図2 単一の微小管をナノ流路に固定するプロセス[8]

微小管の化学極性をそろえて固定し，320 nmの直径のキネシン付加ビーズを一方から他方に輸送することができる。(1)A，B二つのアクセス流路とそれを結ぶ複数のナノ流路を作り，流路の底にキネシン分子を付加する。さらに，アクセス流路Aから微小管を導入する。(2)ATP溶液を流すと，キネシンの力で微小管が動く。微小管の先頭は−端方向になる。この先端がナノ流路の入り口に当ると，中に入っていく。(3)ナノ流路の先にまで微小管が達したところで，キネシンに紫外線を照射して不活性化し，微小管を固定する。(4)アクセス流路Bからキネシン付加ビーズを導入する。微小管の−端に取り付き，+端に向かって動く。

の微小管上を+端に向かって平均速度800 nmで動く様子を観察できた[8]。ナノ流路では，圧力損失が大きくて液体の輸送が困難になるが，ビーズに輸送したい物質を捕獲してこのようなチップで直接的に輸送すれば，極微量の物質を取り扱うナノ化学システムに応用ができるであろう。

バイオ技術によるナノ機能要素だけでなく，半導体ナノ構造である量子ドットを化学的に合成し，それをマイクロ構造に取り込む試みもある。例えば，DNAに沿って，自己組織化によりナノ粒子（ZnO量子ドット）を一次元的に等間隔で配列し，その光学特性を調べた研究がある[9]。DNAが剛直なアニオン性高分子であることに着目し，その束（バンドル）にナノ粒子を固定する。図4に示すように，ナノ粒子の表面にカチオン性修飾基をつけ，DNAとの静電相互作用を利用して結合させる。疎水性であるカチオン分子が相互に反発するため，その鎖長によって粒子同士の間隔が決定される。実際にZnOの量子ドットをDNA分子に整列付着した結果を図5に示す。左の蛍光像では，ガラス基板上に複数の量子ドット列が平行に並んでいる状態が分かる。また，右の電気顕微鏡像では個々の粒子がほぼ同間隔で付着している状態が分かる。さらに，基板上に平行

異種機能デバイス集積化技術の基礎と応用

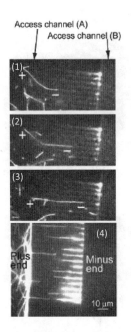

図3 単一の微小管をナノ流路に固定するプロセスの蛍光顕微鏡像[8]
(1)〜(3)二つのアクセス流路AからBに向かって，蛍光染色した微小管がナノ流路（幅：750 nm）に入っていく様子。15秒毎に撮影。微小管の速度は690 nm/s程度。
(4)複数のナノ流路に微小管が固定されている。いずれも右が−端で左が＋端である。

に並ぶ量子ドット列に対して，直線偏光した光を照射して発光を調べた。図6にあるように，量子ドット列と偏光方向が平行の時に発光が強くなり，垂直であると弱くなることが分かった。

このように，トップダウン法とボトムアップ法とを，それぞれの長所を生かし短所を補うように組み合わせることで，ナノレベルの機能要素からなる微小システムを作ることが可能になる。今後，ボトムアップ法の充実と，トップダウン法と円滑に融合する手法の開発を，微視的な物理・化学の精緻な理解に基づいて進めることが必要である。例えば，デバイス内でタンパク質を扱う際には，その用途に応じてタンパク質を遺伝子操作によって改変することも必要になるであろう。将来は超分子合成によって，タンパク質と同等の機能を持ちながら，より安定で長寿命の機能分子が人工的に作れるようになると期待される。逆に，あるタンパク質や機能分子の動作機構をより詳細に知るために，トップダウン法によって新たな計測評価ツールを作ることも必要であろう。このように，目的に応じてトップダウンとボトムアップの技術を改良した上で最適に組み合わせることができれば，広範囲の応用システムの創製が期待できる。

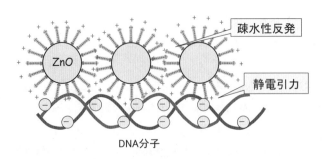

図4 正に帯電したナノ粒子を，DNA分子に静電的に結合させる原理[9]

第2章　異機能集積化のバイオとナノへの展開

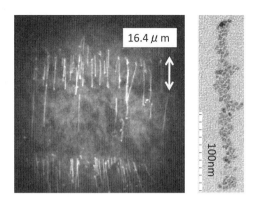

図5　DNA分子上に整列したZnO量子ドット
左は蛍光顕微鏡像，右は透過電子顕微鏡像[9]。

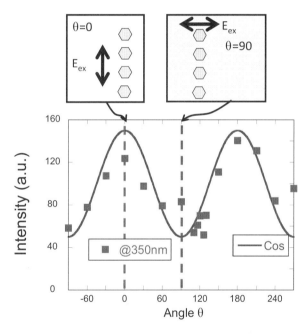

図6　DNA分子上に整列したZnO量子ドットを偏光で励起した時の発光特性
偏光方向が整列と平行（$\theta=0$）であると発光は強いが，垂直（$\theta=90$）だと弱い[9]。

3　異機能集積を目指すBEANS技術

　このような考え方に基づき，近頃著しい進展のあるナノテクノロジー技術やバイオ技術をMEMS技術と融合して，これまでにない新しい発想の製造プロセス技術を作り出す研究が始まっている。この技術に基づく製品群は，バイオ計測・医療診断のためのバイオセンサ機能，ナノ構造に基づく高効率エネルギー変換機能，広範囲の環境情報をネットワーク的に計測する機能などを備え，

異種機能デバイス集積化技術の基礎と応用

21世紀の国家・社会的課題である「医療・福祉」「環境・エネルギー」「安全・安心」分野において，問題の解決に役立つであろう。

2008年7月から，経済産業省の支援で「異分野融合型次世代デバイス製造技術開発プロジェクト」通称BEANS（Bio Electromechanical Autonomous Nano Systems）プロジェクトが始まった。このプロジェクトは，上記の視点に立って，将来の革新的デバイスの創出に必要なマイクロ・ナノ統合製造技術を研究するものである。バイオ・有機材料融合プロセス，三次元ナノ構造形成プロセス，マイクロ・ナノ構造大面積・連続製造プロセスの三つのプロセス開発と，それに関する知識データベースの構築を目的としている。第一のバイオ・有機材料融合プロセスでは，バイオ・有機材料の分子認識や自己組織化などの特異な能力を生かしながら，それをシリコン構造に選択的に付加するプロセスを研究する。第二の三次元ナノ構造形成プロセスでは，原子レベルで滑らかで内部にも損傷のないナノ構造を作るプロセスや，作ったナノ構造の表面や隙間をまんべんなく機能膜で覆うことのできるプロセスなどを研究する。最後のマイクロ・ナノ構造大面積・連続製造プロセスでは，微細で自由な立体加工ができる反面，高価で基板の大きさに制限がある半導体プロセスとは別に，印刷技術や型押し技術を利用して，大面積にデバイスを安価に作るプロセスを研究する。ちょうど，印刷機で新聞を大量に高速で刷るように，薄く柔らかい基板にデバイスを連続的に製造することが期待される。

図7に示すように，異分野を融合して新たな機能を持つデバイスを創り出すことにBEANSの意義がある。この異分野融合の中身を考えると，次の三点が挙げられる。

- ナノからメートルまで異なったスケールを融合する。
- バイオから半導体まで異なった材料を融合する。
- ボトムアップからトップダウンまで異なったプロセスを融合する。

以下，これらの観点からBEANSプロジェクトの成果概要[7]を紹介する。

まず，第一の観点について，BEANSプロジェクトでは三次元ナノ構造をマイクロ構造に付加

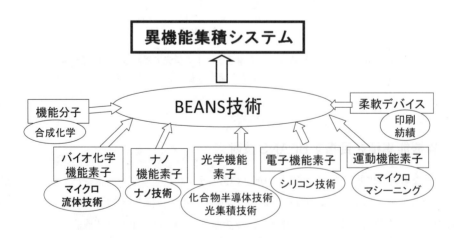

図7　BEANS技術は異分野を融合して，新たな機能を持つデバイスの創出を目指す

第2章 異機能集積化のバイオとナノへの展開

することで，二波長の赤外線を効率よく選択透過するフィルターを作った。波長以下の寸法の構造と光波動とのナノフォトニクス相互作用を生かした新機能である。ナノ構造やナノ粒子は，量子効果に代表される特異な性質があり，例えばバルク材料にない良好な光電エネルギー変換特性を示すことから，高効率で発電する超小型デバイスなどに利用できる。また，線の表面にマイクロ加工してそれを織ることで布地のように柔らかい，広い面積のデバイスを作る研究を行っている。ミクロの構造を持った，メートル級の大面積デバイスを作る独創的な試みである。

次に第二の観点については，ガラスをマイクロ加工した微小容器に脂質二重膜を安定に形成し，そこに単一種類の膜タンパクを挿入して機能を測る研究がある。膜タンパクは細胞と外部の相互作用を司る重要な分子であり，創薬などに役立つことが期待できる。また，有機材料と無機材料を組み合わせて高効率・高性能・極微小の光，電子デバイスを得る研究も行っている。例えば，アルミ薄膜を陽極酸化して均一なナノ貫通孔を作った後，それを鋳型とするナノインプリンティングにより，50 nm以下の有機半導体ナノ突起構造を得た。

さらに第三の観点については，ナノパターンの形成に自己組織化を利用する多くの取り組みが進行中である。陽極酸化時にできるナノ多孔質，ブロックコポリマーの結晶構造，基板上へ結露したナノ水滴，等々で数十ナノメートルの規則的なナノパターンを得ることができた。このような自己組織化手法とマイクロ加工とを融合する方向で研究を進めている。すなわちナノ粒子の自己組織化配列を用い，ミクロの深溝の側面に規則的かつ稠密な単層ナノ粒子膜を得た。別途，生体関連では，細胞の増殖と自己組織化能力を，トップダウン手法で制御して秩序ある三次元組織を作る研究に注力している。ゲルのビーズやファイバーに閉じ込めた異なる種類の細胞を，立体的に配置した後に培養することで，多数の肝臓細胞の中に胆管が走る肝臓を模擬した組織の構築や，培養組織内での毛細血管の形成を試みている。また，メートル級の大面積シートを基板として，その上にミクロの薄膜を大気中で付加する研究を行っている。従来のマイクロ加工は真空中で行うため，メートル級の基板に成膜するには，それを中に収める巨大な装置が必要であったが，それを不要とするエコロジカルなプロセスが得られる。大面積では，印刷技術，ナノインプリンティング，紡績，ダイコーティングなど従来技術を洗練してマイクロ加工と融合する手法が重要である。

4 おわりに

MEMSの研究も1988年に静電マイクロモータが初めて回ってから，20年以上が経過し，ようやく活発な実用期に入っている。世界的に競争力のある製品を作るには，単に技術を磨くだけでは不十分であり，MEMSに適した応用分野で顧客の求める品物を提供することが重要である。情報通信分野や自動車分野などの主要電子部品分野に加え，医療・安全・環境分野などにも市場拡大するための，MEMS製造技術とナノ・バイオ等異分野技術の融合による新たな共通基盤製造技術とマイクロ・ナノ構造を大面積に高速・低コストで連続形成する共通基盤製造技術を開発する必

要がある。これを用いて異機能を集積化した新規なデバイスを創出することで，社会にイノベーションを起こし，将来の社会における豊かなライフスタイルを創造することが期待される。

文　　献

1) 藤田博之，マイクロ・ナノマシン技術入門，工業調査会（2003）
2) 江刺正喜，五十嵐伊勢美，杉山　進，藤田博之，マイクロマシニングとマイクロメカトロニクス，培風館（1992）
3) 江刺正喜，五十嵐伊勢美，藤田博之，マイクロオプトメカトロニクスハンドブック，朝倉書店（1997）
4) 藤田博之（編著），センサ・マイクロマシン工学，オーム社（2006）
5) 同上，p.48
6) http://www.meti.go.jp/policy/economy/gijutsu_kakushin/kenkyu_kaihatu/str2010/a3_2%20.pdf　経済産業省の技術戦略マップ2010年版MEMS分野
7) http://www.beanspj.org/index.html
8) R. Yokokawa, Y. Yoshida, S. Takeuchi, T. Kon, H. Fujita, *Nanotechnology*, **17**, 289–294 (2006)
9) T. Yatsui, Y. Ryu, T. Morishima, W. Nomura, T. Kawazoe, T. Yonezawa, M. Washizu, H. Fujita, M. Ohtsu, *Applied Physics Letters*, **96**, 133106 (2010)

第3章 センサと異種機能集積化への期待
―グローバルCOEプログラム「インテリジェントセンシングのフロンティア」を通して―

石田　誠*

1　はじめに

　半導体メモリやCMOS-LSIの微細化をさらに推し進めていく，いわゆるMore Mooreから，半導体微細加工技術をセンサ・MEMS，バイオチップに取り入れ，機能の多様化（More than Moore）により，次の世代の半導体LSIの活路を見い出すことが期待されている。集積回路（LSI）技術とMEMS，センサ，バイオチップとの融合による新しいマイクロチップはこれまでにない機能を生み出し，これまで不可能であった計測を可能にし，新たな応用分野を開拓することができる。このような異種機能を一つのチップ上に集積するチップを機能集積化チップ，スマートマイクロチップ，インテリジェントマイクロチップと呼んでいる。センサはこれまで，外界の情報を取得するのみのデバイスで，外界情報を電気信号に変換するインターフェースであった。インテリジェント，あるいはスマートマイクロチップは，さらに取得情報をわかりやすい情報に加工したり，外界情報を複数種類，同時に取得することで，真の情報を得ることが可能となるもの，さらにはこれまで計測が不可能であったものを可能にする機能を持つものを生み出せるマイクロセンサチップといえる。

　半導体微細加工を基本とした技術は，ミクロンサイズ，さらにはナノサイズに達する。この技術をたとえばライフサイエンス分野で医療の検査器の技術として展開することは，これまで取得が困難であった生体情報を容易に計測できる手段となる。これまで我々は，集積回路微細加工技術を応用し，医療・生体工学の分野に適用可能なマイクロチップに関する研究・開発を行ってきた。半導体シリコンを用いてセンサ・ICを同一チップ上に形成したマイクロチップにより，各種の信号処理機能を有するスマートマイクロチップとすることができ，さらに図1のように取得した情報をワイヤレスで送信し，さらに電源もバッテリーの代わりに外部から供給できる（エナジーハーベスト）ようになれば究極のスマートマイクロチップということになる[1]。

　しかし，これのチップを実現することはいろいろな意味で困難を伴う。センサ・MEMS技術はLSI技術から派生してきたが，センサ・MEMSとLSIを一つのチップに作製することが容易でないためである。LSIがnmの微細加工まで発展したことにより，その融合の壁は高い。LSIは超精密技術，それに対してセンサ・MEMSは精密技術といえる。超精密のLSIは，完成されたプロセス（加工工程）以外は，基本的に受け付けない。一方，センサ・MEMSはできるだけ多くの可能

---

*　Makoto Ishida　豊橋技術科学大学　電気・電子情報工学専攻　副学長，教授

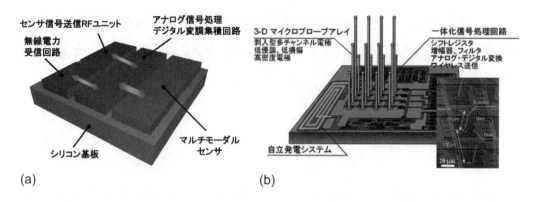

図1 理想的スマートマイクロセンサチップの概念図(a)と細胞電位計測用シリコンプローブアレイを形成したスマートチップ(b)

性を持つ構造，材料，加工法を要求する。この矛盾する要求をいかに満たすかが融合のキーとなる。一つの方法は，LSI作製後にセンサ・MEMSを作製する。もう一つは，LSIプロセスの可能な範囲でセンサ・MEMSを作製するようにセンサ・MEMSに制約をかける方法である。しかし，これでは最高の性能を持つセンサ・MEMSを作製するのは困難で，どこかで妥協する必要が出てくる。制約の中で集積回路とセンサ・MEMSの融合を目指す研究を本学のエレクトロニクス先端融合研究所（EIIRIS）で進めているが，ここでの具体的な実例を通して，必要となる概念をまとめたい。

異種機能集積化による，これまでにない計測チップの可能性を生み出した例として，次のようなチップがある（図2）。

- 低侵襲の細胞電位計測と薬液供給マイクロプローブ・チューブチップ[2~5]
- 見えないものを見るイメージセンサ（pH，イオン画像のリアルタイム計測）[6,7]
- 超小型計測（血液等）チップ（ポイントオブケアー）[8]
- 3次元超音波画像計測と赤外線イメージセンサチップ[9]
- 農業/家畜用マルチモーダルセンサチップ[10]
- 体内埋め込みチップ用の無線電源とオンチップ送信アンテナ[11,12]

これらの異種機能集積化チップは，企業・大学の応用分野の方々からのセンサデバイス側への要求（ニーズ）として求められた中から始まったものが多く，お互いが議論する中で，諦めずに進めてきたものが成果として実現されている。

本学ではグローバルCOEプログラム（平成19-24年）の「インテリジェントセンシングのフロンティア」[13]，その前の21世紀COEプログラム（平成14-19年）の「インテリジェントヒューマンセンシング」に採択された[14,15]。本プログラムでは，世界的にもユニークな教育研究施設（「LSI工場」）を所有している本学ならではの実現可能な世界的教育研究拠点形成を目指し，①応用分野の先端的「知」を取り入れた新しい価値を創造する「インテリジェントセンシング」の開拓，②

第3章　センサと異種機能集積化への期待

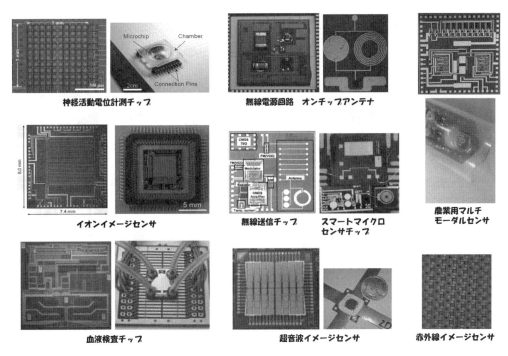

図2　機能集積化センサデバイスの例

スマートマイクロチップ基盤技術（ハード）とその応用分野（ソフト）を複眼的に見渡せ，かつ国際性とリーダー的即戦力を備えた「センシングアーキテクト」の人材育成を主目的としたセンシング教育研究活動拠点形成を推進してきた。これらの活動を通じて，異種機能を集積化することの利点・必要性とそれを実施する人材の育成が重要であることを見てきた。これらの経験を基に，総論編としてのセンサと異種機能集積化への期待を述べたい。

2　機能集積化デバイス実現のための考え方

　IT・ユビキタス社会の発展とそれを用いた社会の諸問題を解決するために中心となるセンシング分野で，先端的応用分野での新たな考え方となる先端的「知」（Intelligence；知能，知恵，理解）を取り入れた，センサ・MEMS，LSI，光デバイスの融合による最先端の「スマートマイクロチップセンサ」（図1）の開発（スマートチップ概念の創出，スマートチップ設計，材料・プロセス開発，デバイス形成・評価）とその応用システム分野の開拓を目指している。
　具体的な分野として，センシングが重要となるブレイン・マシンインターフェース（マインドリーディング，ロボティックス），医療・バイオ（異常細胞その場観察，再生医療・遺伝子治療），環境・IT農業・安心安全（実時間微量分析，広域多点多次元分布分析，不可視情報）分野がある。また新たな応用分野として，たとえば，ユビキタスとブレイン・マシンインターフェースの融合

異種機能デバイス集積化技術の基礎と応用

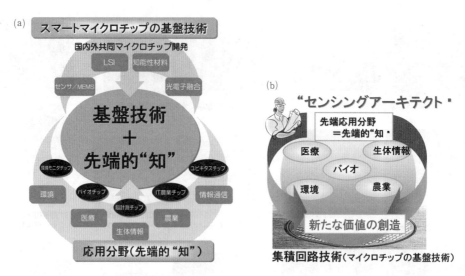

図3 (a)スマートマイクロチップ基盤技術と応用分野の先端的「知」との融合による理想的センシング技術の開発，(b)これらの両分野を複眼的に見渡せ，かつ国際性とリーダー的即戦力を備えた「センシングアーキテクト」の人材育成

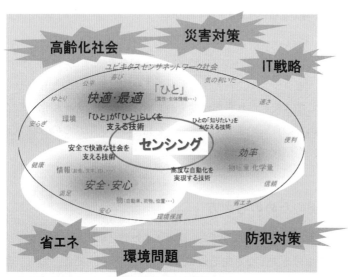

出典：「ユビキタスセンサーネットワーク技術に関する調査研究会」
最終報告書(H16年7月総務省)

図4 21世紀社会の抱える諸問題の解決のためのセンシング

によるリアルタイムマインドマイニングなど，人と環境を結びつける新たな情報認識分野の開拓が期待される。

これらの概念を示したのが図3(a)で，その人材となるセンシングアーキテクトを示したのが(b)である。これらにより生み出される機能集積化デバイスは，21世紀の地球が抱える諸問題を解決するキーテクノロジーとなるセンシング技術（図4）の要となるもので，まず問題となる状況を把握することから始まる。しかしながらこのセンシングデバイスとして要求されることは，応用分野により様々である。また，応用分野から見ると使用するセンシングデバイスは，現在世の中に存在するデバイスを利用することから始まらざるを得ない。このような状況を打破し，特定の応用分

第3章 センサと異種機能集積化への期待

野で必要とされる理想的なセンシングデバイスとはどのようなものであるかを議論することが実用化に結びつくために重要になる。それには，理想的センシングデバイスを実現するデバイス開発のグループと，応用分野でこのデバイスを用いて問題解決を行うグループが個別に研究開発を進めるのではなく，図3(a)に示すように両グループの融合により新たなデバイス開発をするとの認識を持つことが強調すべきポイントといえる。そのために，両分野の融合を目指した研究開発と，その融合分野を生み出す人材（図3(b)センシングアーキテクト）の育成が必要となる。

3　機能集積化デバイス展開の実例[16〜19]

新たなセンシングデバイス開発と応用分野の「知」を融合させた例として図5に示す新たなデバイス開発を紹介する。これまで21世紀COEプログラムで開発を進めていた神経電位計測用シリコンプローブチップで，鯉の網膜電位計測，ラットの末梢神経計測を初めて実現してきた（図6）。またセンシングの計測を行うグループでは，既存のデバイスを用いて人の脳波計測や覚醒度計測を行ってきた。これらの活動から，理想的なセンシングとしてどのような機能や性能があればよいかという先端的「知」分野の要望と，それを実現するデバイスはどのようなものが必要かを議論する中で，マイクロチップとして，神経からの異常な信号を検出した際，その細胞に対する興奮抑制を可能とする機能をセンシングデバイスが持っていれば理想的であろうとの結論に達した。このセンサデバイスとしては，プローブからの信号検出以外に電気的刺激を行うこともできるが，

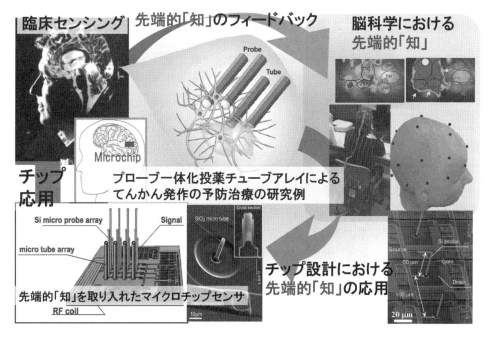

図5　先端的「知」を取り入れたインテリジェントセンシングの研究例

異種機能デバイス集積化技術の基礎と応用

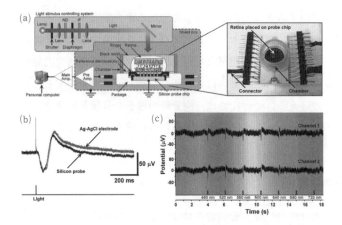

図6　鯉の網膜からの光刺激反応電位（ERG）信号計測
(a)網膜光刺激と電極記録システム，(b)光刺激反応電位ERG信号，および(c)波長依存性応答電位

さらにチップから局所的に興奮を抑制する薬液をその部分に投与できれば，体全体に投与しなくてもよくなり，副作用等をも軽減するマイクロチップが可能と考えられる。その概念図が図5にある1チップ上に搭載されたマイクロプローブ（数ミクロン径）とマイクロチューブ（数ミクロン径）である。これらはシリコンチップ上に同時に形成でき，薬液をチューブから出して効果を調べる生理実験に成功している。将来，このような新たなマイクロセンシングとアクティブ機能を備えたチップはてんかん発作などの応用分野に適用できると考える。さらに応用分野からデバイス分野へ，これらの結果がフィードバックされ，図の矢印のように進化することができると考える。このように，応用分野の先端的「知」とマイクロチップ側のハード分野とが融合することで，理想的センシングが実現されていくものと期待している。

4　機能集積化デバイス開発を担う「センシングアーキテクト」人材の育成

　LSIの設計から評価に至るすべての工程を一組織で一貫して行うことができる研究開発拠点（「LSI工場」）を本学は構築・維持しており，世界の中でも希有の存在であり（21世紀COE中間評価），LSIとセンサ，MEMSを融合し，先端的「知」を取り入れた「インテリジェントセンシング」デバイスチップを形成するうえで，理想的環境と考える。また，学生自らが設計から作製，評価まで通して，すべての装置を操作し，メンテナンスを行いながらチップを形成できることも他に類を見ない大きな特徴である。人材育成の点からもこれ以上の環境はなく，社会（応用分野）のニーズを吸い上げ，幅広い分野のシーズを組み合わせた新しい概念のセンサシステムを研究・開発できる「センシングアーキテクト」の人材養成を目指している（図3(b)）。

　特にこのセンシング分野ではスマートマイクロチップ基盤技術とその応用分野を複眼的に見渡せ，議論し新しい価値を創造していく人材（リーダー）が求められる。我々はこの人材を「センシングアーキテクト」と名付けることとし，このような人材を育成するプログラムを実施している。異なる2分野の議論のためには，自分の専門と異なる分野を理解し，必要とされている現状を把握できるように異分野の基本的な知識も必要とされる。応用分野の学生が，イメージセンサの形成工程を，まず講義で半導体プロセスを理解し，実際にクリーンルームで簡単な実習を通し

第3章 センサと異種機能集積化への期待

て理解をする。逆に，デバイスを研究している学生が，応用分野の一つである脳波の計測を講義と実習から応用分野の状況を理解し，今後の融合研究を進めるために議論ができるように工夫した。

5　異分野融合研究と異種機能集積化デバイス

前述してきたように，これまでのLSIチップにセンサ・MEMSデバイスを搭載し，理想的なスマートマイクロチップを構築することについて述べてきた。これが異種機能集積化デバイスの一例と考えている。そのための異分野融合の必要性，それを進める人材の必要性に触れてきた。これまでもバーチャルでは異分野融合の研究が進められてきているが，さらにこれを進展させるために，マイクロチップ分野と応用分野（バイオ，脳科学，医療，環境，農業など）の研究者が物理的に一カ所に集まり研究開発を進める拠点，エレクトロニクス先端融合研究所（Electronics-Inspired Interdisciplinary Research Institute：EIIRIS：アイリス）[20]を設立し，研究開発を進めている（図7）。EIIRISが異種機能集積化デバイスの発展に貢献できればと皆様の参加を期待している。

図7　エレクトロニクス先端融合研究の例

文　　献

1) 石田　誠, 計測と制御, **46**(2), 84-91 (2007)
2) M. Ishida, K. Sogawa, A. Ishikawa and M. Fujii, Proc. 10 th Int. Conf. Solid-State Sensors and Actuators (Transducers'99), 866-869 (1999)
3) T. Kawano, Y. Kato, R. Tani, H. Takao, K. Sawada and M. Ishida, *IEEE Transactions on Electron Devices*, **51**(3), 415-420 (2004)
4) T. Kawano, T. Harimoto, A. Ishihara, K. Takei, T. Kawashima, S. Usui and M. Ishida, *Biosensors and Bioelectronics*, **25**(7), 1809-1815 (2010)
5) K. Takei, T. Kawashima, T. Kawano, H. Kaneko, K. Sawada and M. Ishida, *Biomedical Microdevices*, **11**(3), 539-545 (2009)
6) K. Sawada, S. Mimura, M. Ishida *et al.*, *IEEE Trans. E. D.*, **46**(9), 1846-1849 (1999)
7) T. Hizawa, K. Sawada, H. Takao, M. Ishida, *Sensors and Actuators B*, **117**, 509-515 (2006)
8) T. Noda, H. Takao, K. Yoshioka, N. Oku, M. Ashiki, K. Sawada, K. Matsumoto, M. Ishida, *Sensors and Actuators B*, **119**, 1, 245-250 (2006)
9) D. Akai, T. Yogi, I. Kamja, Y. Numata, K. Ozaki, K. Sawada, N. Okada, K. Higuchi and M. Ishida, IEEE Transducers 2011 Conference, T2A. 006, 906-910 (2011)
10) M. Futagawa, T. Iwasaki, T. Noda, H. Takao, M. Ishida and K. Sawada, *Jpn. J. Appl. Phys.*, **48**(04 C), 184 (2009)
11) M. Sudou, H. Takao, K. Sawada and M. Ishida, *Jpn. J. Appl. Phys.*, **46**(5A), 3135-3138 (2007)
12) B. J. Gu, W. H. Lee, K. Sawada, M. Ishida, *Microelectronics Journal*, **42**, 1066-1073 (2011)
13) 石田　誠, 未来材料, **9**(2), 62-66 (2009)
14) 石田　誠, 日本知能情報ファジィ学会誌, **17**(2), 259-266 (2005)
15) 石田　誠, 信学技報, **103**(298), 41-46 (2003)
16) 澤田和明, 石田　誠, 応用物理, **77**(12), 1462-1466 (2008)
17) 石田　誠, 河野剛士, 日本神経回路学会, **11**(3),125-132 (2004)
18) 石田　誠, 澤田和明, 電子情報通信学会誌, **94**(6), pp.483-488 (2011)
19) 石田　誠, 澤田和明, 電気学会論文誌E (センサ・マイクロマシン部門誌), **131**(10), 344-350 (2011)
20) http://www.eiiris.tut.ac.jp/japanese/

〔第2編 プロセス技術編〕

第4章　表面マイクロマシニング技術とそのデバイス

年吉　洋*

1　表面マイクロマシニングの特徴

　表面マイクロマシニングとは，半導体微細加工技術の中でも特に薄膜堆積とエッチング手法を用いてシリコン基板上に微細な機械構造を製作する技術の総称であり，シリコン基板そのものを異方性ウェットエッチングや高アスペクト比ドライエッチングなどで加工するバルクマイクロマシニング（第5章）とは対照的に論じられることが多い。表面マイクロマシニングは図1(a), (b)に示すように，薄膜堆積とエッチングの繰り返しでパターンを形成した後に，構造体となる層の間の膜（犠牲層）を選択的に除去することによって機械的に可動な構造を形成する点に特徴があり，この工程を特に犠牲層エッチング，あるいは，犠牲層リリースと呼ぶ。

　最初に報告された静電マイクロモータ[1]が多結晶シリコン製であったように，表面マイクロマシニングにおいては図2に示すように多結晶シリコンを構造体として，シリコン酸化膜を犠牲層にした例が多い。たとえば，1990年代後半に発展したマルチユーザー・マルチチップ型のMEMSファウンダリ[2,3]においては，3～5層の多結晶シリコンを用いたサービスが提供されている。その一方で，米国Texas Instruments社のDMD（Digital Mirror Device）のようにアルミを可動構造体として，有機物のポリイミドを犠牲層に用いた製品も報告されている[4]。また，Silicon Light Machines社のGLV（Grating Light Valve）のように，金属とシリコン窒化膜の複合材料を構造体として，多結晶シリコンを犠牲層に用いた例もある[5]。最近では，集積回路上にMEMS構造を低温でポストプロセスするために，400℃程度の低温で形成可能な多結晶シリコンゲルマニウム（SiGe）を構造体にして，その下地のLTO（Low Temperature Oxide，低温形成シリコン酸化膜）を犠牲層にする方法も報告されており，次世代の集

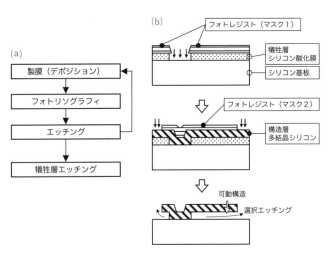

図1　表面マイクロマシニングの基本的な流れ

---

*　Hiroshi Toshiyoshi　東京大学　先端科学技術研究センター　教授

図2 犠牲層と構造層の材料組み合わせ

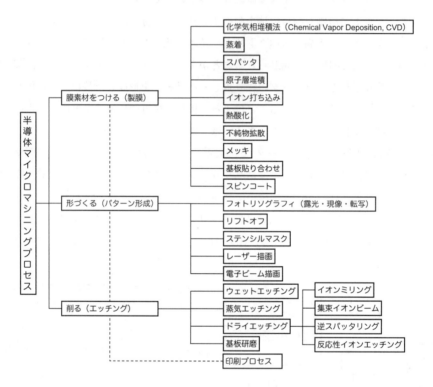

図3 表面マイクロマシニングに使われるプロセス群

積化MEMS技術として注目されている[6,7]。

　表面マイクロマシニングに必要な半導体微細加工技術は，図3に示すように多岐にわたる。この図ではプロセスを製膜，パターン形成，エッチングに大きく三分類しているが，それらを細かく見ると，たとえば真空蒸着法にも蒸着ソースを載せたタングステン製のボートを通電加熱する方法や，電子ビームで加熱する方法などの差異があり，実際のプロセス手法はさらに種類が多い。よって，プロセス技術の具体的な説明は半導体微細加工の専門書に譲り，本稿では多結晶シリコンを用いた表面マイクロマシニングに話題を絞って，この技術に特有の犠牲層エッチングと三次元構造物の加工方法を中心に説明する。

2　3層多結晶シリコンによる表面マイクロマシニングの標準プロセス

多結晶シリコンを用いた表面マイクロマシニング・プロセスは，マルチユーザー・マルチチップ方式のMEMSファウンダリの標準プロセスとして多くのユーザーに用いられてきた経緯があり，センサ・アクチュエータ構造の膨大な試作例が報告されている。ここでは3層の多結晶シリコンを用いたプロセスを例にとって，表面マイクロマシニングを概説する。

図4(a)は，光ファイバスイッチや光ファイバ内視鏡向けに開発した静電駆動型の二次元光スキャナである[8]。中央部分の可動構造は，多結晶シリコン製のダブルジンバル構造である。中央部分の一辺400μm角のミラーとともに，基板上の駆動電極から70μm程度の上空に支持されており，電気的には接地状態にある。一方，基板上の駆動電極は田の字型に4分割されており，ここに0～100V程度の電圧を印加することでミラーの裏面に静電トルクの分布を与え，X軸，Y軸周りの2自由度のミラー角度を発生して反射光の向きを制御する。

この構造で特徴的な点は，図4(b)，(c)に示すヒンジ（蝶番）構造によってミラーとジンバルが中空に支持されていること以外にも，電気的コンタクト・パッド部分に見られる多結晶シリコンの多層膜構造と，多結晶シリコン／シリコン酸化膜界面におけるエッチストップを活用したデザインルール，ミラー部分に見られるリリース用の貫通孔，犠牲層エッチング後の基板への構造体の貼り付き（スティクション）を回避するためのディンプル構造など，表面マイクロマシニングとその設計において参考となる点が数多い。

これらの特徴を，図5に示した製造プロセスを追って説明する[2]。まずステップ(1)では，シリコン基板の上にLPCVD（Low Pressure Chemical Vapor Deposition）でシリコン窒化膜（厚み0.6μm程度，レイヤ名称Nitride）を形成し，これを基板表面の電気的絶縁物として利用する。また，シリコン窒化膜は，最終工程のシリコン酸化膜の犠牲層エッチングで使用する希釈フッ酸，または，BHF（Buffered Hydrofluoric Acid）にもある程度は耐えられるために使用されている。こ

図4　多結晶シリコン表面マイクロマシニングによる二次元光スキャナ

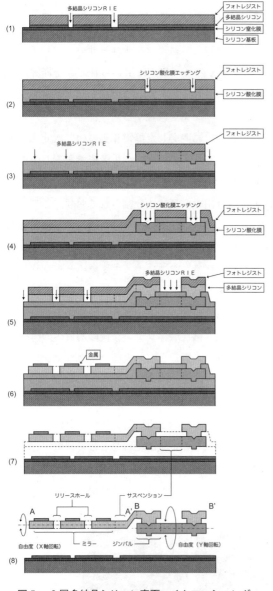

図5　3層多結晶シリコン表面マイクロマシニングのプロセス例

の膜の上に，LPCVDによって厚み0.5μm程度の多結晶シリコン（レイヤ名称Poly 0，以下同様）を形成し，構造物のアンカー（固定部分）や静電駆動用の電極，あるいは，静電シールド電極として利用する。この多結晶シリコンの下地にはシリコン酸化膜はないため，Poly 0層は通常は基板に固定された状態で利用される。次のステップ(2)では，基板全体にLTO膜（Oxide 1）を形成し，これを後ほど犠牲層として利用する。MUMPsのプロセスでは，Oxide 1のエッチングを二段階で実施する。図5では，深さ0.2μm程度の浅いエッチングの様子が示されている。この部分は後ほど多結晶シリコン（Poly 1）を堆積する際に転写されてPoly 1膜の下部に突起を形成し，犠牲層エッチング後のスティクション防止に利用されることが多い。また，図では示していないが，Oxide 1の一部をPoly 0との界面までエッチングして，スルーホールを形成することも可能である。このプロセスは，図6(a)に示すアンカー構造やコンタクト・パッド部分に利用される。

これに続くステップ(3)は，厚さ2μm程度の多結晶シリコン（Poly 1）をLPDVDによって全体に堆積し，フォトリソグラフィーとRIE（Reactive Ion Etching）によってパターン形成した状態を示している。多結晶シリコンのRIEに用いられる反応ガスのSF$_6$は，その下地のシリコン酸化膜とは反応しないことから，Poly 1のエッチングは酸化膜との界面で自動的に停止する。このことから，Poly 1のパターンは，その下地のOxide 1のパターンよりも，少なくとも幅2μm程度の余裕をもって広めに形成する必要がある。この設計ルールを無視すると，Poly 1のRIEの際に下地のPoly 0や窒化膜，シリコン基板にまでエッチングが進行する。この部分のパターンの大小関係は，図6(a)のパッド部分の断面構造の通りである。

次のステップ(4)では，Poly 1全体の上に新たなシリコン酸化膜（厚さ0.8μm程度，Oxide 2）

第4章 表面マイクロマシニング技術とそのデバイス

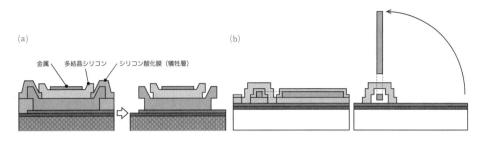

図6 アンカー構造

を形成し，層間絶縁膜として利用する．図ではフォトリソグラフィーとエッチングにより，Oxide 2 に貫通孔を形成する様子を示している．この段階では，Oxide 2 と Oxide 1 を重ねた部分を一気に Poly 0 の界面までエッチングすることも可能であり，後の工程で Poly 2 構造体のアンカーを形成する際に使われる．また，通常は Oxide 2 のエッチングは Poly 1 との界面で自動停止することを期待して行うため，この工程でも，Oxide 2 用のエッチングの孔寸法は，下地の Poly 1 よりも数 μm 小さめに設計する必要がある．この設計ルールを無視すると，Oxide 1 にまでエッチングが進行するエラーとなる．

ステップ(5)は，構造体の最上層となる厚さ$1.5\,\mu$m程度の多結晶シリコン層（Poly 2）をLPCVDで堆積し，先述のステップ(3)と同様にRIEでパターン形成した状態を示している．この工程でも，Poly 2 のエッチングが下地の Oxide 2 との界面で自動停止する効果を期待したパターンを設計する必要がある．

MUMPsのプロセスで用いられるLTOにはPSG（リンガラス，Phospho Silicate Glass）が用いられており，これを固体ソースにして多結晶シリコンをドープし，導電性を確保している．さらに導電性を上げる場合や，コンタクト・パッド部分，あるいは，光学的な反射率が必要なミラー部分には，ステップ(6)に示すように，Poly 2 上にクロム金（合計膜厚$0.5\,\mu$m程度，Metal）を形成することも可能である．このMetal層を堆積する段階では，Poly 1 はステップ(6)に示されるように Oxide 2 で被覆されているため，Poly 1 に Metal を直接堆積することはできない．このように，MUMPsの標準プロセスには様々な制約があるが，その膜厚や残留応力は厳密に工程管理されているため，ユーザーがPDK（Process Design Kit，設計ルールブック）を遵守すれば，初心者であっても比較的良好なプロセス結果を得ることが可能である．

プロセスの最終工程では，ステップ(7)に示すようにフッ酸系の薬品を用いて Oxide 1 と Oxide 2 を選択的に除去し，多結晶シリコンの構造体をリリースする．このとき，横幅が$100\,\mu$mを超えるような Poly 1，Poly 2 構造をリリースする際には，径$2\,\mu$m程度のリリースホールを形成して，フッ酸の浸透を速やかに行うことがある．また，多結晶シリコンと金属が接触した部分はイオン化傾向の違いによって電池構造を形成するため，リリース後に多結晶シリコンの表面が茶褐色に変色することがある．この効果は，BHFよりも希釈フッ酸を用いたときに顕著である．

なお，図4の二次元光スキャナの工程においては，犠牲層エッチングの後に組み込み型のマイ

クロアクチュエータ（SDA, Scratch Drive Actuator）[9]を用いて三次元構造物を自動組立した。この結果，図5のステップ(8)に示すように，Poly 0 と Poly 1 の間に数十μm以上の空間が形成され，光スキャナが傾斜することが可能となる。なお，ここではPoly 1 または Poly 2 の単独レイヤを構造体に用いる方法を示したが，剛性の高い部材が必要な場合には，これらを貼り合わせて使用することもある。また，Poly 1 と Poly 2 の間に Oxide 2 を封止して，さらに厚膜の複合材料として使用することもあるが，使用温度変化によってバイモルフ的に変形する恐れがある。

3　ヒンジ構造による三次元マイクロ構造の組立

表面マイクロマシニングで製作可能なパターンは平面構造が多いが，これを折り紙のように組み立てることによって三次元マイクロ構造を形成可能である。その基礎となるのは，図6(b)に示すような多結晶シリコン製のヒンジ（蝶番）構造である[10]。多結晶シリコン Poly 1 と Poly 2 の間の犠牲層を活用することで，Poly 1 の軸構造を Poly 2 のステープルの内部にピン留めして回転できるようにしたものである。その詳細は，図4(b)，(c)の電子顕微鏡写真で伺うことができる。二次元光スキャナのジンバル構造を持ち上げるスロープの上部と下部では，ヒンジ構造のレイヤの使いかたが微妙に異なる。また，スロープを構成する板材は，その途中で Poly 1 と Poly 2 のレイ

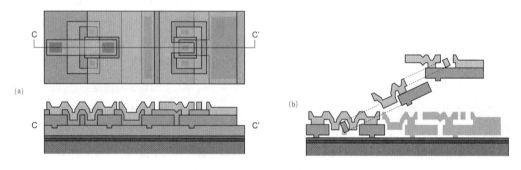

図7　三次元スロープ構造

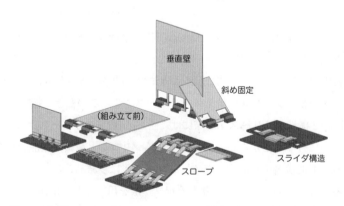

図8　多結晶シリコン製マイクロヒンジで構成可能な三次元構造物の例

第4章 表面マイクロマシニング技術とそのデバイス

ヤが入れ替わって用いられている。これらの様子がわかる断面図を図7に示す。また，MUMPsの標準プロセスを用いると，リリースされた多結晶シリコン層を2枚用いるだけで，図8に示すような様々な三次元構造物の形成が可能である。

4 おわりに

本稿では多結晶シリコン3層（固定1層，リリース2層）を用いたMUMPsの標準プロセスを参考にして，表面マイクロマシニングの基本を解説した。ここで紹介した三次元構造物を用いてMEMS製品を実用化した例は少なく，むしろ表面マイクロマシニングは平坦な二次元マイクロ構造物である加速度センサやジャイロスコープ，シリコンマイクロフォン等に広く応用されている。しかしながら，それらの基本である犠牲層エッチング，積層膜パターンの大小関係を規定した設計ルール，エッチングレートの比を利用したエッチストップ技術は，ここで解説した標準プロセスで十分に理解できるであろう。

文　　献

1) Y. C. Tai, R. S. Muller, "IC-processed electrostatic synchronous microrotors", Sens. Actuators 20 (1/2), pp.41-48 (1989)
2) MUMPs (Multi User MEMS Processes) http://www.memscap.com/products/mumps
3) Sandia National Laboratories, SUMMiT V (Sandia Ultra-planar, Multi-level MEMS Technology 5) http://mems.sandia.gov/tech-info/summit-v.html
4) P. F. Van Kessel, L. J. Hornbeck, R. E. Meier and M. R. Douglass, *Proc. IEEE*, **86**(8), pp.1687-1704 (1998)
5) D. M. Bloom, *in Proc. SPIE*, **3013**, pp.165-171 (1997)
6) A. E. Franke, J. M. Heck, T. -J. King, R. T. Howe, *IEEE J. Microelectromech. Syst.*, **12**(2), pp.160-171 (2003)
7) A. Witvrouw, E. Beyne. L. Haspelagh, I. De Wolf, in Proc. Int. Conf. on Solid-State Sensors, Actuators and Microsystems (Transducers 2009), Denver CO US, pp.734-739 (2009)
8) H. Toshiyoshi, W. Piyawattanametha, C. T. Chan and M. C. Wu, *IEEE/ASME J. Microelectromech. Syst.*, **10**, pp.205-214 (2001)
9) T. Akiyama, D. Collard and H. Fujita, *IEEE J. Microelectromech. Syst.*, **6**(1), pp.10-17 (1997)
10) K. S. J. Pister, M. W. Judy, S. R. Burgett and R. S. Fearing, *Sensors and Actuators A*, **33**, pp.249-256 (1992)

第5章　バルクマイクロマシニング技術とそれによるデバイス

田中秀治[*]

1　はじめに

　本著で扱うデバイスは主にSiウェハの上に作製されるが，そのウェハの形は変えずに，つまりエッチングせずにウェハ表面にデバイスを作製する技術を表面マイクロマシニング，ウェハをエッチングしてそれを構造体（の一部）とするデバイスを作製する技術をバルクマイクロマシニングと呼ぶ．後者によると，まず，ウェハである単結晶Siを構造体にして，機械特性に優れたMEMSを作製しやすい．単結晶Siは数百℃以下では変形を繰り返しても，つまり振動させても疲労破壊せず，また，高いQ値で機械共振させられる．次に，ウェハの厚さは一般的に数百μm以上あるので，縦方向に厚い構造を作製できる．このことは，構造体の縦方向剛性を横方向剛性に比べて大きく高めたり，櫛歯型静電アクチュエータの発生力を上げたり，振動体のマスを大きくしたりするのに好都合である．さらに，結晶に特有の異方性を利用できる．代表的なものはエッチングの結晶異方性であり，これを上手に利用すれば，ウェットエッチングのみで3次元的に複雑な形状を再現性よく作製できる．ピエゾ抵抗効果にも結晶異方性があり，(100) p型Siウェハ面内では[110]方向でゲージ率が極大となることがよく知られている．

　本章では，Siバルクマイクロマシニングの特徴的な具体例をいくつか取り上げる．これらをケーススタディにして，バルクマイクロマシニングの「常套手段」とうまい加工のコツを説明する．ただし，ここで取り上げる例は，ある種の加工法を最初に適用した例というわけではない．Siバルクマイクロマシニングの歴史的経緯を知りたければ，Petersenによる文献1を読むことを勧める．これは，MEMS分野では「バイブル」とも言われている論文であり，この分野の研究者・技術者なら誰でも読んだことがある程のものである．

2　DRIEと直接接合による複雑な3次元構造の形成

　現在では，ボッシュプロセスと呼ばれるDRIE（deep reactive ion etching）技術が簡単に利用できる．DRIEによって深さ数百μmの溝を垂直に掘ることも，そのアスペクト比が15～20程度までであれば難しくなく，バルクマイクロマシニングの可能性は飛躍的に高まったと言える．DRIEでは，結晶異方性やサイドエッチングを考慮する必要がなく，ほぼマスク通りの形にエッチングできるので，初心者でも構造体を作る過程が機械加工のごとく直観的／容易にイメージできる．

---

[*]　Shuji Tanaka　東北大学　大学院工学研究科　ナノメカニクス専攻　准教授

第5章　バルクマイクロマシニング技術とそれによるデバイス

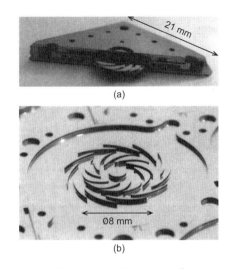

図1　MEMSガスタービン[2]
(a)カットモデル，(b)圧縮機

　MIT（Massachusetts Institute of Technology）によるMEMSガスタービン[2]はこの方向を突き詰めた典型例である。DRIEを駆使して翼，流路，軸受などを高精度に作り込んだSiウェハを直接接合で積層し，図1に示すような非常に手の込んだ3次元マイクロ構造を実現している。このような構造を作製し，動作させるにあたって，DRIEのアスペクト比や均一性の向上，多層直接接合の歩留まり向上なども図られた。ここにバルクマイクロマシニング技術の一つの究極的な形を見ることができる。

3　多段階SiO₂マスクを用いた結晶異方性エッチング

　図2に示すのは日立製作所による1軸加速度センサ[3]である。他軸干渉を下げるために，厚み方向に対称なマスが中心で薄いビーム2本によって支えられている。また，ビームの付け根で異なる結晶面が作る角張った隅に応力集中が起こることを防ぐために，その部分を丸める工夫もされている。このような凝った構造が，図2(b)に示すように多段階のSi結晶異方性ウェットエッチングによって作製されている。エッチング用マスクをパターニングするためのフォトリソグラフィは，ウェハを深くウェットエッチングした後では難しい。そこで，3段階分のマスクを，ウェハが比較的平らなうちにSiO₂の厚さを変えて形成しておく。そして，1段階目のSiエッチングの後，SiO₂をその一番薄い部分が丁度なくなるようにエッチングして2段階目のマスクとする。これを3回繰り返して，所望の構造を形成する。このとき，各段のマスク形状を工夫することで，図2(c)に示すようにビームの付け根の隅が丸められる。

　この例は，Si結晶異方性ウェットエッチングによるバルクマイクロマシニング技術として，様々

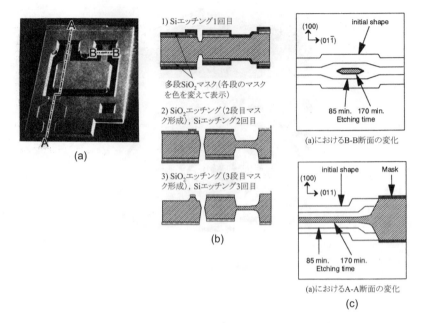

図2 結晶異方性エッチングによる加速度センサ[3]
(a)Siセンサ構造, (b)作製プロセス（A-A断面）, (c)エッチングにともなう断面形状変化

なデバイスに応用できる標準的方法の一つを提供している。現在では，市販のソフトウェアを用いてSi結晶異方性ウェットエッチングのシミュレーションが可能であり，実験的に試行錯誤しなくとも所望の構造に対して必要なマスク形状を設計できる。

4 結晶異方性エッチングによる梁構造の形成

　結晶異方性ウェットエッチングの特徴を活かせば，1枚のマスクで特定の方向に片持ち／両持ち梁構造を簡単に作製できる。図3に示すのはTwente大学による液体流量センサ[4]であり，その典型例である。この例では，(100) Siウェハ上に［110］方向に流路があり，その上を［100］方向にメッシュ上のブリッジがある。SiNでブリッジのパターンを形成し，結晶性ウェットエッチングを行うと，ブリッジの下がサイドエッチングによってきれいに除去される。ブリッジは必ずしも［100］方向でなくてもよいが，その下を完全にサイドエッチングするためには，その幅と方向には幾何的制約がある。簡単に言えば，ブリッジの方向が［100］方向から外れ［110］方向に近づくと，あるいはその幅が大きくなると，ブリッジの下にSiが残りやすくなる。この流量計では，ヒータとそれを挟む配置で抵抗式温度センサがブリッジ上に形成されている。ヒータの下流に位置する温度センサは，加熱された流体によって上流のそれより暖かくなるので，二つの温度センサの差動出力から流量を測定できる。

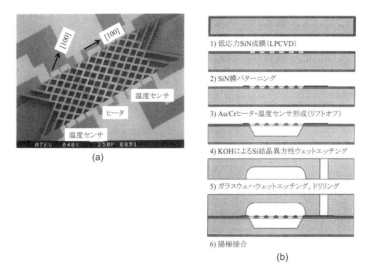

図3　液体流量センサ[4)]
(a)ヒータ，温度センサ，および流路，(b)作製プロセス

5　バルクマイクロマシニングと陽極接合との組み合わせ

Siウェハを陽極接合によって硼珪酸ガラスウェハで支えておき，バルクマイクロマシニングによって加工するような方法で，Siの独立した微小構造体をばらばらにせずに加工したり，薄い構造体を壊さずに加工したりできる。図4に示すのは東北大学によるガス流量センサの断面構造[5)]である。定電流駆動される二つのヒータの電圧差をブリッジ回路で読み出す。ヒータが硼珪酸ガラスウェハから吊り下げられており，その熱容量が小さいことから低流量域での測定性能が高い。

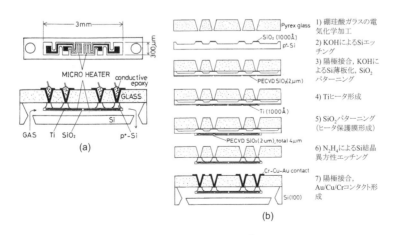

図4　ガス流量センサ[5)]
(a)断面構造，(b)作製プロセス

また，流路内にヒータの金属配線が露出しておらず，耐腐食性が高い。

図4(b)に作製工程を示す。Siウェハを陽極接合によって貫通穴付きの硼珪酸ガラスウェハで支え，薄くした後，結晶異方性ウェットエッチングなどによって吊り下げ構造のヒータを作製する。ヒータは流路ごとに独立している（1枚のウェハとして繋がっていない）が，このような方法によってウェハレベルで作製できる。少々，細かいことであるが，硼珪酸ガラスウェハに陽極接合されるSi表面には，厚さ100 nmと薄い酸化膜が形成されている。これによって，ウェットエッチングによってヒータの吊り下げ構造を形成する際に，硼珪酸ガラスウェハの貫通穴からSiがエッチングされないようにしている。この硼珪酸ガラスウェハはガス流量センサのパッケージングになるが，貫通穴による配線取り出しもよく見られる構造である。この例はガス流量センサであり，当然，内部にガスが入るようになっているが，陽極接合による同様のパッケージング方法で内部を気密封止することもできる[6]。

6　p^{++}エッチストップによるダイヤフラム等の作製

ダイヤフラムに代表される薄い変形構造は，MEMSに最もよく用いられる構造の一つである。これを作るのに大変便利な方法がp^{++}エッチストップである。SiにBを10^{20} atoms/cm^{3}程度（Si原子100個に1個がBに置き換わる程度）の濃度で拡散すると，この拡散層はEPW（ethylenediamine, pyrocatechol and water, EDPとも呼ぶ）に100倍程度，溶けにくくなる。B拡散は遅いプロセスであり，数μmの拡散層深さを精密に制御することは比較的容易である。したがって，厚さが精密に制御されたダイヤフラム等を加工できる。この拡散層では，Si原子の一部がそれより小さいB原子に置き換わるため，若干の引っ張り応力が働く。その結果，この方法で作製されるダイヤフラムはピンと張り，多くの応用に都合がよい。ただし，B拡散後，酸化等の高温プロセスを通すと，この拡散層が圧縮応力を示すこともある。詳しいメカニズムは文献7で議論されている。

図5はp^{++}エッチストップによって作製したコルゲート（ひだ入り）ダイヤフラムで，マイクロバルブのニューマチック（空気駆動）アクチュエータを構成している[8]。コルゲート構造は，ダイヤフラムを膨らませたときに発生する面内引っ張り応力を緩和し，大きく変形させるためのものである。図5(b)に示すように，B拡散の前に，Siウェハ表面にコルゲート構造を加工しておけば，このような形状のダイヤフラム等も容易に形成できる。

多くの応用にとって，ダイヤフラム等の厚さは性能や特性を決める最も肝心な寸法である。このような寸法を制御するには，p^{++}エッチストップやエピタキシャル成長のような確実な方法を使うのが定石である。微小かつ精密な寸法は遅いプロセスで制御し，バルクのエッチングは速いプロセスで効率的に行うのがよい。これに対して，Siウェハを裏面からエッチングし，ダイヤフラム等の厚さだけ残してエッチングを止めるというようなやり方はあまり感心しない。エッチングは一般的に面内ばらつきが大きく，また，数μm残して丁度止めるのは容易ではない。それ以前に，ウェハの厚さは一般的にあまり正確ではない。

第5章 バルクマイクロマシニング技術とそれによるデバイス

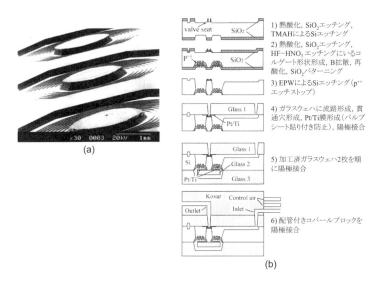

図5 ニューマチック駆動マイクロバルブ[8]
(a)p^{++}Siのコルゲートダイヤフラム，(b)作製プロセス

7 異方性・等方性プロセスの組み合わせ

エッチングや成膜には等方性と異方性がある。たとえば，よく知られているように，Siに対しては$HF-HNO_3$系のウェットエッチング，F系のプラズマエッチング／RIE，XeF_2ガスエッチングなどが等方性であり，アルカリ系ウェットエッチング，Cl系のRIE，ボッシュプロセスなどが異方性である。たとえば，異方性エッチングで構造体の形状を定義し，側壁を保護しておいて，等方性エッチングでその下をえぐるといったように，これらをうまく組み合わせることは「MEMSらしい加工」の特徴の一つである。

その具体例として有名なのが，Cornell大学によるSCREAMプロセス[9]である。SCREAMは"Single-Crystal Reactive Etching and Metallization"の略とされており，その最大の特長は，異方性・等方性プロセスを巧妙に組み合わせて，静電駆動可能な微細構造を普通のSiウェハ上に1枚のマスクで形成できることである。図6(a), (b)にSCREAMプロセスとそれによって作製される構造例をそれぞれ示す。唯一のマスクを用いてSiウェハ上のSiO_2をパターニングし，これをマスクにしてCl系RIEでSiウェハを垂直にエッチングする。これにSiO_2を均一に成膜し，そのSiO_2を側壁に残して，あとはウェハ全体にRIEを施して除去する。さらに，Cl系RIEでSiウェハを垂直に掘り進め，ガスをF系に切り替えてサイドエッチングによって構造体を基板からリリースする。全体に金属をスパッタ成膜するが，サイドエッチングによって側壁に残ったSiO_2の「庇」のために，金属膜は構造体ごとに自然に分断され，各構造体が電気的に絶縁される。同様のプロセスを繰り返せば，図7に示すような複雑な構造（マイクロ電子レンズ）も1枚のマスクで作製できる[10]。

異種機能デバイス集積化技術の基礎と応用

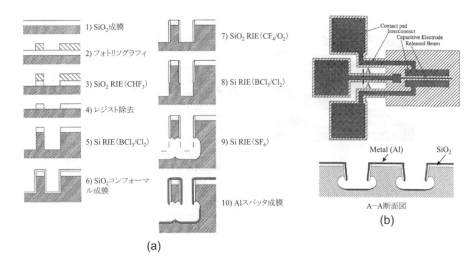

図6　SCREAMプロセス[9]
(a)作製プロセス，(b)構造例

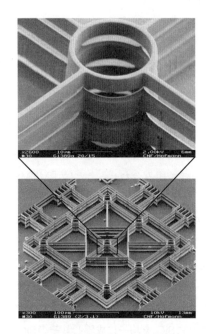

図7　SCREAMプロセスによるマイクロ電子レンズ[10]

SCREAMプロセスに見られるコンフォーマル成膜とRIEとによる側壁保護，等方性エッチングによるサイドエッチ，および「庇」による意図的な段切れは，MEMS技術者なら覚えておきたい常套手段である。

8　おわりに

本章で紹介したバルクマイクロマシニングの要点は次のように整理できる。

- ウェハが平らなうちにフォトリソグラフィをして，多層または多段マスクを形成し，複雑な構造を作製する。エッチング済の凹凸ウェハにも，レジストのスプレーコーティングと投影露光とによってフォトリソグラフィは可能であるが，特別な場合に限るべきである。
- 結晶異方性エッチングでできる特徴的な形状を利用する。斜面，ブリッジ，片持ち梁などが容易に得られる。
- ばらばらになってしまう構造や壊れやすい構造は，別のウェハで支えておき，加工する。このために硼珪酸ガラスウェハの陽極接合がよく使われるが，パッケージングにも有用である。

第5章　バルクマイクロマシニング技術とそれによるデバイス

- 遅いプロセスで精度管理をし，速いプロセスでスループットを向上するなど，時間定数の異なるプロセスを組み合わせる。
- 異方性・等方性プロセスを組み合わせ，エッチングや成膜の周り込み効果を利用し，3次元構造や可動構造を作製する。

その他にも，壊れやすい構造や狭い隙間はできるだけ最後に形成することなども基本である。DRIEが標準的な技術になって久しく，単にマスク形状をウェハにDRIEで転写するだけといったようなプロセス設計が初心者に見られがちであるが，上記要点を踏まえることによって，より多彩かつ効果的なバルクマイクロマシニングが可能である。

文　　献

1) K. E. Petersen, *Proceedings of IEEE*, **50**, 5, pp.420-457（1982）
2) A. H. Epstein, *Journal of Engineering for Gas Turbines and Power*, **126**, pp.205-226（2004）
3) A. Koide, K. Sato, S. Suzuki, M. Miki, The 11 th Sensor Symposium, pp.23-26（1992）
4) T. S. J. Lammerink, N. R. Tas, M. Elwenspoek, J. H. J. Fluitman, *Sensors & Actuators A*, **37-38**, pp.45-50（1993）
5) M. Esashi, Transducers '91, pp.34-37（1991）
6) M. Esashi, *Journal of Micromechanics and Microengineering*, **18**, 073001（2008）
7) C. Cabuz, K. Fukatsu, T. Kurabayashi, K. Minami, M. Esashi, *Journal of Microelectromechanical Systems*, **4**, 3, pp.109-118（1995）
8) D. Y. Sim, T. Kurabayashi, M. Esashi, *Journal of Micromechanics and Microengineering*, **6**, pp.266-271（1996）
9) K. A. Shaw, Z. L. Zhang, N. C. MacDonald, *Sensors & Actuators A*, **40**, pp.63-70（1994）
10) W. Hofmann, N. C. MacDonald, *Journal of Vacuum Science and Technology*, **16**, 6, pp.2713-2717（1997）

第6章　SOI-MEMSプロセス技術とそのデバイス

髙橋一浩*

1　はじめに

　MEMSセンサやアクチュエータの機械特性を向上させるためには単結晶シリコンが理想的な材料である。この単結晶シリコン層と支持基板の間に埋め込み酸化膜（BOX；Buried Oxide）層をもつSOI（Silicon-on-Insulator）基板を用いた製造技術は，工程数が少なく設計が容易であることから多くのMEMSプロセスに用いられている。特にSOI活性層にアスペクト比の高い構造を作製するため，数十ミクロンの比較的厚いSOI層をもつ基板を高アスペクト比ドライエッチング（DRIE；Deep Reactive Ion Etching）によって加工するプロセスを，SOIバルクマイクロマシニングという。これらの構造は，表面マイクロマシニングによって作製されたデバイスと違い，アスペクト比が高いので電極の表面積を大きくすることができ，センサの容量が大きい，アクチュエータの発生力が大きいといった利点をもつMEMSデバイスの作製が可能である。

2　SOI-MEMSプロセス技術

　バルクマイクロマシニングでは単結晶シリコンのエッチング技術が主体となる。エッチング技術は，化学溶液を用いるウェットエッチングと，まったく液体を用いないドライエッチングがある。シリコンのエッチングプロセスと側壁への成膜プロセスを交互に繰り返すことで高い選択比を保持し，高異方性エッチングを可能にするボッシュプロセス[1]が開発され，現在ではこのエッチング技術を用いてSOI基板を加工するバルクマイクロマシニングが主流となっている。ボッシュプロセスのエッチング・成膜工程を図1に示す。パッシベーションモードではC_4F_8を使ってテフロン系堆積物を等方的に形成する。エッチングモードでは，SF_6ガスを用いてシリコン底面の保護膜とシリコンをエッチングする。このプロセスを交互に行い，ディープトレンチを形成する。このパッシベーション・エッチングの条件を整えることによって様々な開口率，トレンチ幅のエッチングに対応することができる。

　SOIバルクマイクロマシニングによる一般的なプロセス断面図を図2に示す。はじめに表面と裏面にそれぞれフォトリソグラフィを行う。マスク材には加工深さやパターンの幅によってフォトレジスト，メタルや酸化膜マスクを使い分ける。続いてDRIEを行って構造体をパターニングする。このとき，BOX層がエッチストップの働きをするため，精密な加工が可能である。また，

　＊　Kazuhiro Takahashi　豊橋技術科学大学　電気・電子情報工学系　助教

第6章 SOI-MEMSプロセス技術とそのデバイス

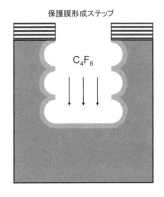
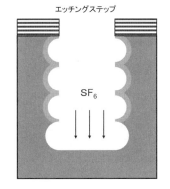

図1 ボッシュプロセス

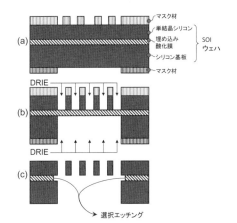

図2 SOI-MEMSプロセス断面図

基板のバルクエッチングを行い貫通孔形成や，構造体を支持基板側に作製することも行われている。最後に犠牲層エッチングによってBOX層を除去し，可動構造が得られる。

最終工程で構造体をリリースする際には，犠牲層としてシリコン酸化膜を用い，エッチングにはフッ化水素酸（HF）を使用する。HFは水溶液として用いるのが一般的であるが，その場合犠牲層エッチング後のリンス液の表面張力によって構造体同士，あるいは構造体が基板に付着する現象が発生する。また，乾燥時に両者の分子間力等で付着部が固定されてしまうことが，マイクロマシニングにおける大きな問題（スティクション問題）になる。スティクション現象は犠牲層エッチング後の乾燥時に起こる。これに着目し，ウェットリリース時，あるいは乾燥直前にマイクロ構造へ機械的な支持構造を付与して，ウェットリリース後の構造体の破壊や貼り付きを回避する方法が提案されている（図3）。機械的支持体としてフォトレジストを用いるフォトレジストアシスト法では，DRIE後にフォトレジストをメッシュ状にパターニングし，支持体としている[2]。また，凍結乾燥法は，t-ブチルアルコール（2-メチル-2-プロパノール）などを用いて凍結状態の物質を減圧下で昇華させることにより乾燥させる手法である。犠牲層のウェットエッチング後に，別の物質で構造体を固定して，凍結乾燥によりドライリリースすることも有効である。また，ほぼ液体を排除し，貼り付き問題の回避に有効な手法として，蒸気フッ酸を用いた犠牲層エッチング技術が開発された[3]。蒸気フッ酸リリースの特長は，ウェットプロセスでありながら，ドライプロセスのような効果が得られる点にある。犠牲層エッチング工程では反応生成物として水が発生し，構造体への付着，張り付き問題が起こる。一方で，水は触媒として働き反応を促進する。したがって，水を完全に排除した環境ではエッチング自体が進まなくなる。蒸気フッ酸リリースではプロセス温度を適切に保つことにより，反応生成物の水をガスのまま逃がすことでスティクション問題を解決している。このプロセスは，可動部を持つ機械構造を安定的に作製するための手法として非常に有効な手段である。

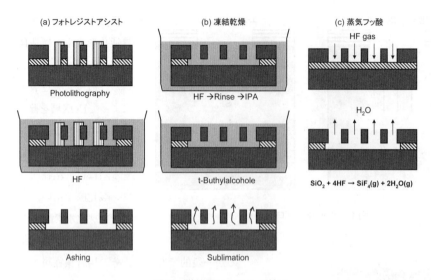

図3 犠牲層エッチング技術

3 SOI-MEMS応用デバイス

　SOI-MEMSデバイスが応用されている分野として，光MEMS分野がある。特に光ファイバ通信分野のコンポーネントとしてスイッチ，可変減衰器，波長選択フィルタ等のSOI-MEMSデバイスが利用されている。光波長多重通信には各波長の強度を一定にするために可変減衰器がいたるところに用いられており，MEMSチルトミラーを組み込んだデバイスが製品化されている[4]。SOI活性層にミラーと支持部を作製し，基板との静電引力によってSOIミラーを傾けて反射光の強度変調を行う。ミラー部には反射膜としてアルミ薄膜を積層させているが，30ミクロンの厚みのウエハを使っているため，フラットなミラー面が形成可能である。シンプルな構造ゆえ，高い信頼性と性能を持った光MEMSデバイスが製品化できた例である。

　光スイッチや画像ディスプレイ応用では角度変位を大きくする必要があり，静電垂直櫛歯アクチュエータを用いたミラーデバイスが提案されている。垂直櫛歯アクチュエータを動作させるため，電極同士はオフセットをつけて形成する（図4）。電極オフセットのつけかたとして，マスク材を2種類用いる段差エッチングプロセスが提案されている[5]。DRIEによりハーフエッチングした後，フォトレジストのマスクを除去して，引き続きDRIEを行うと，電極同士に高低差をつけることができる。また，スティクション組み立てによるオフセット形成法も提案されている[6]。犠牲層エッチング時にあえて構造体を基板へ固着させて，てこの原理により片方の電極を持ちあげる工夫がなされている。この方式では，マスク枚数を削減する利点がある一方，スティクションパッドエリアの面積が余分に必要になる。

　2軸光スキャナを構成する場合においても，同じプロセス工程で作製可能である。シリコン基板そのものを一部ジンバルとして使用し，光ファイバクロスコネクト[7]や画像ディスプレイ[8]へ使

第6章 SOI-MEMSプロセス技術とそのデバイス

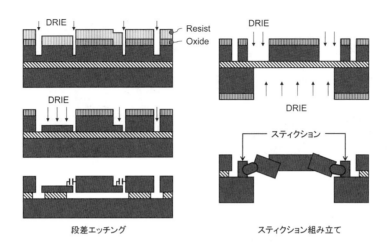

図4 垂直櫛歯オフセット形成プロセス

われている。光ファイバクロスコネクト用の2軸ミラーを作製した例ではシリコン基板側には垂直櫛歯電極の固定電極を作製して，大きな静電引力を得られる設計としている。

4　レイヤー分離設計技術

SOIバルクマイクロマシニングでは，活性層だけでなく下部支持基板も単結晶シリコンのため，アクチュエータの形成が可能である。上下のレイヤーそれぞれにアクチュエータ機能を分離したレイヤースイッチ設計法が提案されており，アクチュエータの発生力が大きくなる，アクチュエータ剛性が高くなる，デバイス占有面積が小さくなる，などの効果が得られる[9]（図5）。従来方式と異なる点は，一つのレイヤーを電極のみ，あるいは，サスペンションのみに使うのではなく，機能を入れ替えて設計することが可能である。すなわち，あるレイヤーのある部分は電極に使われ，別の部分ではサスペンションでもある。このデザインルールを可能としたのは，スティクションパッドを用いて高アスペクト構造の電気配線を導入したことによる。

レイヤー分離構造を実現するために不可欠なのがスティクションバーによる層間配線である。スティクションバーは，グラウンド配線だけでなく駆動信号を与える配線にも用いる。しかし，シリコン

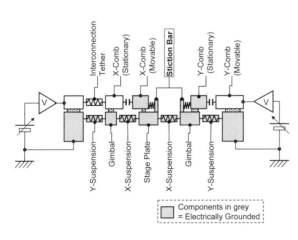

図5 レイヤー分離設計方法

異種機能デバイス集積化技術の基礎と応用

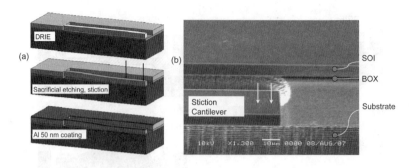

図6 スティクションバー配線

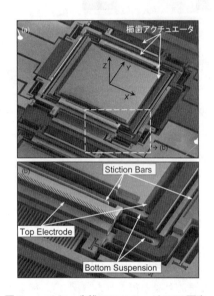

図7 レイヤー分離XYZステージSEM写真

同士のコンタクトは接触抵抗が非常に高くなり，そこでの電圧降下が無視できなくなると考えられる。これを回避するためには，コンタクト付近にメタルの蒸着を行えばよい。図6にシリコンカンチレバーをバルクシリコン基板へスティクション配線したSEM写真を示す。カンチレバーの長さは1000 μm，幅15 μmである。シリコン同士のコンタクトでは，SOIと基板の間の抵抗値は20 MΩ程度であったのに対し，アルミを蒸着した方のSOI-基板間の抵抗値はカンチレバーが長くなるにつれて減少し，1000 μmの長さのカンチレバーでは5桁小さい値を示したため，アクチュエータ用配線として十分利用可能であることが示された。図7にレイヤー分離設計法により作製したXYZステージのSEM写真を示す[10]。このほかにもこれまでに，SOI基板の両面をDRIE加工して，マイクロレンズスキャナ[11]，慣性駆動型マイクロアクチュエータ[12]などが製作された。

5 集積化SOI-MEMS

LSI基板上にMEMSセンサ・アクチュエータを集積化した，集積化MEMSデバイスは半導体エレクトロニクスに新たな付加価値をもたらそうとするMore-than-Moore技術として注目されている。SOI基板上にLSIとMEMSを集積化する際には，前工程でLSIを作製し，ポストプロセスによってMEMSを集積化する手法が主流である[13]。アクチュエータは回路が作製されているSOI活性層と同一のレイヤーに形成する（図8）。また，基板側のシリコンにも機械構造を集積化可能である。この方式によればチップ内に先に製作した回路との電気的，構造上の干渉を意識することなく，アクチュエータを設計・製作することができる。これによりMEMS設計者はチップ空き地

第6章 SOI-MEMSプロセス技術とそのデバイス

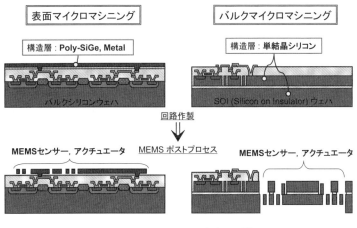

図8 CMOS-MEMSデバイス断面

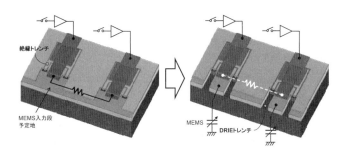

図9 SOICMOS-MEMSの素子間分離配線方法

エリアに任意のアクチュエータを作製する自由度を持つことができる。

MEMSポストプロセスにおいて最も重要となるのは，アクチュエータ端子間および，回路基板との絶縁確保である。図9にMEMSポストプロセスにおける配線および各端子間の絶縁を行うための手法を示す[14]。ただし，メタル配線はMEMS領域とのインターコネクションに関係する最上層のみを表示しており，下部のメタル配線は省略している。CMOS工程中にSOI活性層に溝を形成し誘電体で埋め戻し，CMOS素子間を分離するための絶縁トレンチを作製する。メタル配線をMEMSアクチュエータ入力段に拡張した時点では，すべての回路出力は活性層を介して短絡状態である。また，MEMSアクチュエータにとって電極となる活性層はCMOSにとっての基板となるため，この状態のときにはCMOS回路へ高電圧の出力が印加される状態になる。回路製作時に形成された絶縁トレンチとMEMSポストプロセス時のDRIEで形成するトレンチを組み合わせて，各端子間が絶縁される。このトレンチ分離技術によって，CMOS回路と任意のSOI-MEMSデバイスをマルチチップ方式で一体化することができる。たとえば，共振駆動マイクロミラー，レイヤー分離構造XY-ステージ，ピッチ可変回折格子ライトバルブを駆動回路と集積化した試作例があり，SOI-MEMSの集積化基盤技術となることが期待される[15]。

異種機能デバイス集積化技術の基礎と応用

文　　　献

1) F. Larmer and A. Schilp, US Patent #5501893, German Patent DE4241045.
2) D. Kobayashi, C. J. Kim and H. Fujita, *Jpn. J. of Applied Physics*, **32**(2), pp. 1642-1644 (1993)
3) Y. Fukuta, H. Fujita and H. Toshiyoshi, *Jpn. J. of Applied Physics*, **42**, pp. 3690-3694 (2003)
4) K. Isamoto, A. Morosawa, M. Tei, H. Fujita and H. Toshiyoshi, *IEEE J. Selected Topics in Quantum Electron.*, **10**(3), pp. 570-578 (2004)
5) Y. Mita, M. Mita, A. Tixier, J. P. Gouy and H. Fujita, Proc. The 13 th IEEE Int. Conf. on Micro Electro Mech. Syst. (MEMS 2000), Miyazaki, Japan, Jan. 26-29, pp. 300-305 (2000)
6) K. Isamoto, T. Makino, A. Morosawa, C. Chong, H. Fujita and H. Toshiyoshi, *IEICE Electronics Express*, **2**(9), pp.311-315 (2005)
7) O. Tsuboi, Y. Mizuno, N. Koma, H. Soneda, H. Okuda, S. Ueda, I. Sawaki and F. Yamagishi, Proc. The 15 th IEEE Int. Conf. on Micro Electro Mech. Syst.(MEMS 2002), Las Vegas, NV, Jan. 20-24, 2002, pp. 532-535 (2002)
8) S. Kwon, V. Milanovic and L. P. Lee, *IEEE J. Selected Topics in Quantum Electron.*, **10**(3), pp. 498-504 (2004)
9) K. Takahashi, M. Mita, H. Fujita and H. Toshiyoshi, *IEICE Electronics Express*, **3**(9), pp. 197-202, (2006)
10) K. Takahashi, M. Mita, H. Fujita and H. Toshiyoshi, *IEEE/ASME J. Microelectromech. Syst.*, **18**(4), pp. 818-827 (2009)
11) K. Takahashi, H. N. Kwon, M. Mita, K. Saruta, J.-H. Lee, H. Fujita and H. Toshiyoshi, *IEEE J. Selected Topics in Quantum Electron.*, **13**(2), pp. 277-282 (2007)
12) M. Mita, K. Takahashi, M. Ataka, H. Fujita and H. Toshiyoshi, Proc. 14 th Int. Conf. on Solid-State Sensors, Actuators and Microsystems (TRANSDUCERS '07), Lyon, France, pp. 679-682 June 10-14 (2007)
13) H. Takao, T. Ichikawa, T. Nakata, K. Sawada and M. Ishida, *IEEE/ASME J. Microelectromech.Syst.*, **19**(4), pp. 919-926 (2010)
14) K. Takahashi, M. Mita, H. Fujita, K. Suzuki, H. Funaki, K. Itaya and H. Toshiyoshi, Proc. IEEE Custom Integrated Circuits Conference(CICC '08), Sep. 21-24, 2008, San Jose, CA, USA, pp. 85-88 (2008)
15) K. Takahashi, M. Mita, M. Nakada, D. Yamane, A. Higo, H. Fujita and H. Toshiyoshi, Proc. 22 th IEEE Int. Conf. on Micro Electro Mechanical Systems (MEMS '09), Jan. 25-29, Sorrento, Italy, pp. 701-704 (2009)

第7章 ナノポーラスシリコンとそのデバイス

越田信義[*1], 小山英樹[*2]

1 まえがき

　量子サイズ（約4nm以下）のシリコンナノ構造からなるナノポーラスシリコン（PS）は，光学的にワイドギャップの擬似直接遷移半導体としてふるまい，室温で効率的な可視発光を示す。また，電気的・熱的・化学的・機械的性質の面でも，PSではバルク本来の特質が強まったり失われたりするため，外界からの信号や環境の変化に対する応答が多様な形で生じる。

　これら新規物性の理解が進み，機能としての制御性が高まるとともに，フォトニクス応用をはじめ，電子・音響分野やバイオ分野などへのPSの適用性が明らかになってきた[1~5]。ここでは，PSの作製方法，基本特性を述べ，デバイス応用のトピックスを紹介する。

2 ナノポーラスシリコンの作製方法

　シリコンナノ構造には，ナノドット，ナノシート，ナノワイヤなど種々の形態があり，それぞれに応じた作製プロセス技術が開発されてきた。3次元構造のため閉じ込め効果が最も強く表れるナノドットを作製する技術は，ウエット法（陽極酸化，原子間力顕微プローブなど）とドライ法（CVDなど）に大別される。これらに共通して，ナノドットサイズの均一性，表面終端の制御性，ドットの空間充填密度，形成速度，プロセス温度，大面積化への適応性，の要件を同時に満たすことが望ましい。

　量子サイズのナノシリコンドットを高密度で含むPSの作製方法として最も広く用いられているのはフッ化水素酸（HF）中での電気化学エッチング（陽極酸化）である[1,2]。図1に示すように，Si基板を陽極，白金線を陰極として一定電流を流すと，エッチング時間にほぼ比例した厚さのPS層がSi基板上に自律的に形成される。基板には通常単結晶Siウェハが用いられるが，多結晶SiやアモルファスSiも用いることができる。

　PS層の形成速度や形成されたPS層の多孔度は，Si基板の導電型（p, n）や比抵抗，溶液のHF濃度，光照射条件

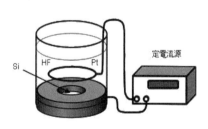

図1　ナノポーラスシリコンを作製する陽極酸化システム

---

*1　Nobuyoshi Koshida　東京農工大学　大学院工学府　特任教授
*2　Hideki Koyama　兵庫教育大学　大学院学校教育研究科　教授

ならびに電流密度などに大きく依存する。特にSi基板がn形の場合，陽極酸化は逆バイアスになるため，一般には光照射が必要で，その条件によって構造と特性が大きく変化する。PSの形成速度は電流密度に概ね比例して増大するが，電流密度が臨界値を超えると電解研磨が起こり，PS層は形成されなくなる。これを利用すると，PS層をある厚さまで形成した後に電流密度を臨界値以上に増大させる方法でPS層を基板から剥離することもできる。

エッチングに用いるHF溶液には，発生する気泡の影響を抑えて均質な多孔質層を得るため，しばしばエタノールを混入したものが用いられる。HFの濃度は10〜50%のものがよく用いられるが，溶媒が水のみの場合，0.1%の濃度でも可視発光を示すPS層を形成することが可能である。

PSを生じるSi原子の局所的な溶出反応の平均価数はほぼ2の値であり，基板からの2個のホール供給によって反応が進行する。そのためn形Siでは原則的に光照射が必要となるが，構造の多様性に結びつく。例えば基板の裏面に光照射し陽極酸化を行うと，直径数μmの直進性の高いマクロな細孔からなる構造が形成される[2]。さらに，陽極酸化の際基板に垂直方向の外部磁界を印加すると，磁界と平行な速度成分をもつホールが選択的に溶出細孔先端へ供給されるため，高アスペクト比の細孔からなるハニカム状ナノ周期構造が得られる[6]。

陽極酸化以外のPS層作製方法として，硝酸などの酸化剤を混入したHF溶液中でのステイン・エッチングや，HF溶液中での光化学エッチングなどもある。これらの方法は電極を必要としないため，電極の形成が困難なSi微粒子などを対象とする場合に特に有効である。

3 ナノポーラスシリコンの基本物性

量子サイズシリコンでは，バンドギャップ拡大と運動量保存則緩和が生じ，従来の間接・直接遷移の区別は意味を失う。またサイズの変化によってバンドギャップ，屈折率を広範囲に制御できる。電気的にも特異な電子輸送が生じ，電子が容易にホット化ないし弾道化する。さらに，熱的には高い断熱性が，化学的には生体中での溶解性が発現する。これらの現象はいずれも制御が

表1 ナノシリコンで発現する効果と応用可能性

物理効果	機能	応用可能性
フォトニクス	発光	EL[7]，エネルギー伝達[8]，生体中イメージング[9]
	受光	アバランシェ光導電[10]，光電変換[11]
	屈折率変化	ガスセンサ[12,13]，バイオセンサ[14〜16]
	バイオ活性	バイオ基材[17,18]，薬剤送達[19]
弾道電子放出	プローブ・改質（真空中）	高感度イメージセンサ[20]，並列電子ビーム露光[21]
	付着・励起（気体中）	大気中潜像形成[22]，Xeからの無放電VUV発生[23]
	物質イオン還元（溶液中）	水素発生[24]，pH制御[25]，薄膜堆積[26]
熱音響効果	音波源	超音波源[27]，生物間超音波交信解析[28,29]，デジタル音源[30]
	圧力源	空中3次元センサ[31]，非接触アクチュエータ[32]

第7章 ナノポーラスシリコンとそのデバイス

可能であり，新しい技術価値を生み出す。

応用については，表1に示すように，可視域の発光・受光に加えて，弾道電子放出，熱音響効果による音波発生，表面化学活性によるバイオ基材などの機能とそれらの組み合わせの可能性が示され，多くの検討がなされてきた。

4 フォトニクス機能

4.1 発光特性の概要

図2に濃度0.1～10％のHF水溶液中で作製したPS層のフォトルミネッセンス（PL）スペクトルを示す[33]。低濃度のHF溶液を用いた場合，可視発光を示すPS層を低電流密度で作製することができるため，特に薄い発光層を作製する際に有利である。エッチングの際Si基板表面に光を照射すると，発光効率を高め，発光ピーク波長を短波長側に大きくシフトさせることができる。

PS層の構造や発光を安定化する方法として，急速熱酸化や（HFを含まない溶液中での）陽極酸化，高圧水蒸気中でのアニール，アルキル基による表面化学修飾などが試みられ，効果が確認されている[34]。これらの処理は発光の効率改善や短波長化にも有効である。

PSの発光スペクトルは，図2に示すようにガウス関数型で広いバンド幅（半値全幅で0.3 eV程度）をもつ。発光の光子エネルギーがSiのバンドギャップエネルギーよりも大きいことから，ナノメートルサイズのSi微細構造によるキャリアの閉じ込め効果が大きく関わっていると考えられている[35,36]。発光バンドの広がりの原因としては，ナノ構造のサイズ分布と局在準位の影響が挙げられている[37,38]。発光寿命は数～数十μsと比較的長い[39]。

この発光を応用したエレクトロルミネッセンス（EL）素子の開発も盛んに行われてきた。PS層表面に金属薄膜もしくは導電性ポリマーで電極を形成し，基板Siとの間に電圧を印加して発光させるもので，1％を超える外部量子効率の値が報告されている[34]。PS自体を発光させるのではなく，PS層からのエネルギー移動でレーザー色素を発光させるナノコンポジット素子も検討されている。図3はローダミンB分子をPSに吸着させ，発光（PL）とその直線偏光度を測定したものである[40]。ローダミンBの発光ピーク（～2.2 eV）付近で直線偏光度の低下が見られ，エネルギー移動の存在が確認された。

PS層を電気化学エッチングにより作製する際，電流密度を変調すると多孔度が変わるため，屈折率も変わる。これを利用すれば，電流密度を周期的に変えるだけで，屈折率の高い層と低い層を交互に積層した反射鏡を簡単に作製することができる。この反射鏡を用いて微小共振器を構成すれば，PS発光素子のスペクトル狭窄化を実現することができる[41]。また，この微小共振器構造をバイオセンサに応用する研究も進められている[42]。後者は屈折率の変化による共振器縦モードの波長シフトを利用したもので，高感度の検出が可能であり今後の展開が期待される。

以上はPSに見られる発光の中で最も多くの研究がなされているS（= Slow）バンドの特性とその応用である。PSにはそれ以外に寿命の短い（～ns）F（= Fast）バンド[43]，および寿命の非常

異種機能デバイス集積化技術の基礎と応用

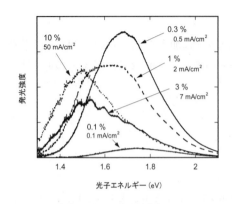

図2 HF濃度の異なる溶液で作製したポーラスシリコンのPLスペクトル[3]

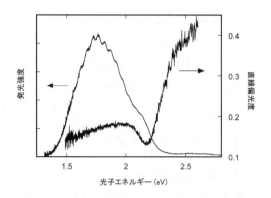

図3 色素(ローダミンB)を吸着させたポーラスシリコンのPLスペクトルとその直線偏光度

に長い(〜s)燐光[44]が観測されており，これらについても研究が進められている。

4.2 青色燐光とエネルギー転移

PSでは，シリコンナノドットのサイズを縮小することによって発光波長を赤色から青色帯にチューニングできる。しかし，微細化するほど比表面積が増大し，表面欠陥の影響が相対的に強くなるため，表面終端制御をより完全に行わなければならない。たとえば赤色帯で有効な高圧水蒸気アニール(High-Pressure Water Vapor Annealing：HWA)を急速熱酸化(Rapid Thermal Oxidation：RTO)と組み合わせて高品質の酸化処理を行うと，青色PL発光が安定化する[45]。

青色発光の起源を探る手段として，PLが励起光の偏光をどの程度保持するかという点に注目して分光解析した。偏光メモリの度合いは，発光が光学的に等方的であるほど大きくなる。実験の結果，赤色と青色の発光の異方性に明確な違いが見いだされた[45]。青色PLは赤色のような励起子ではなく，表面酸化膜に起因すると考えられる。

パルス紫外レーザ光励起下の発光寿命測定によると，青色発光にはナノ秒オーダーの速い成分と秒オーダーの遅い成分からなることが判明した。そこでHWA・RTOの酸化条件をさらに強めたところ，赤色成分のない青色単独の発光強度が増大し，空気中の長期安定性も著しく向上した。また，この場合の青色発光は数秒の寿命を有する燐光性を示すことがわかった[46]。種々の温度において短パルスUVレーザで励起した後の発光スペクトルの時間推移を測定したデータによれば，低温では寿命が10秒以上におよぶ。

RTOなどの酸化処理による青色発光はこれまでに報告例はあるが，寿命はナノ〜マイクロ秒と速く，強度および安定性も低かった。観測された遅い青色燐光は従来の青色発光とは明確に異なっており，バンド間遷移では説明できない。燐光性試料は粒径が1nm程度の極微細のナノ結晶シリコンと酸化膜のネットワークからなるため，エネルギー構造も分子状に変化し，離散準位が関与した緩和過程が現れたと考えられる。

分子的なエネルギー準位の形成を裏付ける事実として，青色燐光スペクトルが複数のピークからなり，各ピーク波長における燐光強度が同一の曲線にしたがって減衰していくことも確認された。燐光の波長選択性，室温での燐光時間増大などが明確になれば，利用形態が単なる光源以上に広がることが期待できる。

青色燐光の応用を念頭に，光エネルギーの内部伝達効果を検証した。HWAによって赤色発光を増強した試料と青色発光の試料のそれぞれに色素分子を導入して発光特性を測定し，発光寿命，励起光の偏光メモリなどから試料内部におけるエネルギー伝達の有無を解析した。その結果，赤色・青色発光試料のいずれにおいても，ホストのPSから光子エネルギーの一部が色素分子に伝達されていること，種類の異なる色素分子を導入した場合は多重のエネルギー伝達が生じていることを確認した[47]。青色燐光を示す試料では，図4のように，発光のエネルギーのゲスト色素分子への転移がより明確に観測された[8]。ホストの分子的準位をゲストの発光遷移と整合するように形成することで，色素増感や希土類元素の発光増強への利用が期待できる。

4.3 光導電・光電変換

PSのバンドギャップ可変性は，発光だけでなく，波長選択形の光導電さらには光電変換素子への道も拓く。その基礎検討として，ドライプロセスにより堆積したナノシリコン層を受光部とするダイオードの光導電特性を測定した。それによると，光電感度が可視域から近紫外部にあり，界面のトラップ密度低減が光導電量子効率の向上に重要である。

光導電素子の開発過程で，可視域感度に加えて電界効果による光キャリアの雪崩増倍現象が見いだされた（図5）[10]。ホットエレクトロンの生成と電離衝突過程の理論的解析から[48]，ナノドットでは電子準位の離散化に起因してバルクに比べ光キャリア増倍が発現しやすく，その効率はドットの格子歪みによって増大することが判明している。

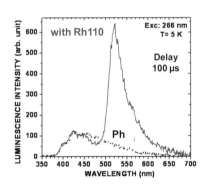

図4 酸化したナノシリコンの青色燐光スペクトルと色素分子Rh110を導入した試料の発光スペクトル（パルス励起後100 μs，温度5 K）[3]

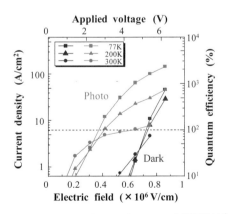

図5 ナノシリコン層のアバランシェ光導電特性[5]（図中の点線は量子効率100%に対応）

雪崩増倍を起こす電界強度は一般的な太陽電池の内蔵電界と大きくは変わらないことから，この増倍効果は光導電素子の高感度化だけでなく，太陽電池への発展可能性を示唆している。太陽電池の高効率化には太陽光の全スペクトルを利用することが不可欠であり，そのための多接合構造が模索されている。トップセルのバンドギャップ要件（>1.7 eV）に適うPS自立膜セルにおいて，短波長領域における光電変換が確認された[11]。

5　弾道電子放出

上述のホットエレクトロン生成を積極的に利用すると，冷電子源の開発に発展できる。すなわち，図6に示すように，トンネル酸化膜で連結したシリコンナノドット列をドリフト層としたダイオードの表面電極に正電圧を印加すると，金属薄膜を通して一様な電子放出が観測される。ドリフト層における電圧降下は主に界面のトンネル酸化膜部分で生じ，スパイク状の強電界が周期的に形成される。このような系の電子伝導解析によると[49]，ナノドット内では量子化準位形成により電子-フォノン散乱が抑制されると同時に電子のホット化に伴いトンネル確率が増大する。そのため，図7のモンテカルロシミュレーション結果に見られるように，注入の初期段階で電子が弾道走行に至り，熱平衡を大きく外れた高エネルギーをもつ多数の電子が出力側に達する。

異なる印加電圧で実測した放出電子エネルギー分布を図8に示す。このエネルギー分布は，PS層における電子の弾道化，PS層に固有のエネルギー損失，および表面電極の仕事関数に相当するエネルギー低下（約5 eV）の三つを反映したものとなる。分布形状は熱平衡状態とは全く異なって高エネルギー側にピークをもち，平均エネルギーは印加電圧の上昇とともに高くなる。これらの特性は上述の計算結果からも裏付けられている。

放出電流は印加電圧の上昇とともに急激に増大し，その依存性はトンネル効果から予想される挙動に合致する。ナノ構造制御した素子では，印加電圧が20 Vにおいて放出電流密度が1 mA/cm^{2}を超え，素子に流れる電流に対する放出電流の比で定義される電子放出効率は数％に達する[50]。

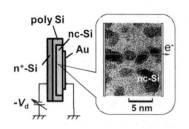

図6　PS層をドリフト層とした電子源の動作模式図

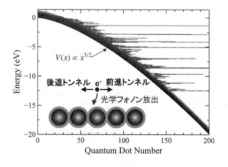

図7　トンネル酸化膜で連結したnc-Siドット列における弾道電子伝導のモンテカルロシミュレーション

結果（印加電圧：20 V），初期段階で弾道化し無損失で出力側に達する電子が存在すること，熱平衡に緩和した電子も再び弾道化することがわかる。

第7章 ナノポーラスシリコンとそのデバイス

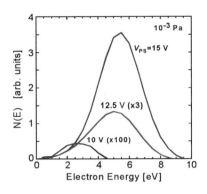

図8 PS電子源から放出された電子のエネルギー分布の測定結果
印加電圧の上昇とともに平均エネルギーが増大していく。

電子加速効果を内蔵した本電子源は，低電圧動作・面放出形である，放出電子の平均エネルギーが数eVにおよぶ，真空度依存性が小さい，放出の指向性が高い，複雑なプロセスが不要，大面積アレイ化が容易，既存のプレーナプロセスとの整合性が良いなど，実用上いくつかの重要な利点を有している。

電子の面放出性と指向性を活かすと，2次元パターン情報を一括して露光することができる。予備実験として，通常の電子ビーム描画とポジ型レジストによって間隔30 nm，幅30 nmの電子放出窓を有するPS電子源を作製し，レジスト塗布したSiウエハターゲットに露光・現像を行ったところ，1：1のライン転写効果が確認された[51]。これを発展させ，約3 mm角の領域全体に形成したライン／スペース（幅180 nm，長さ360 nm）の周期パターンを短時間（0.3 s）のワンショット露光で並列転写できるという結果も得ている[21]。

弾道エミッタは，電子ビーム応用を真空以外の媒質に拡大させる効果を生んだ。特に放出電子の高エネルギー性は，物理的な励起に加え，化学的には還元活性としての利用も可能とする。応用例としては，空気中の電子付着による負イオン形成を利用した潜像形成[22]，Xe気体中における電離放電を要しない分子内部励起型の真空紫外光発生[23]，水溶液中の水素発生[24]とpH制御[25]，さらに物質塩溶液における薄膜堆積[26]がある。

nc-Si素子と同様の弾道電子放出は，ディンプル構造のMIS型ダイオードでも観測された。シリコンベースのため，エミッタの微細アレイ化とアクティブマトリクス駆動も可能で，高感度撮像ターゲットの画像読み出し用の冷電子源に有用である[20]。従来の高感度撮像管[52]に対してはサイズ・消費電力が，電子増幅型固体イメージセンサ[53]に対しては低照度条件におけるS/N比が優れている。

6 音波発生

ナノシリコンのきわめて高い熱絶縁性は熱誘起超音波発生を可能とする[27]。図9に示すように，表面薄膜電極，PS層，シリコンウエハ基板からなる素子の表面薄膜電極に角周波数ωの交流電流を投入する。その際，PS層の厚さを熱拡散長以上に設定すると，その高い熱絶縁性により，ヒータ部で生じるジュール熱の熱変動に対応した温度ゆらぎが素子表面に現れる。この温度変動は直ちに表面近傍の空気に伝達され，機械的振動なしに空気の膨張・圧縮を生じ，疎密波すなわち音響出力を発生する。音響出力は入力電力密度$q(\omega)$に比例する。発熱による温度変動はPS層で断熱し，定常的温度上昇は熱拡散長が長いため効率よくc-Si基板側に放熱される。

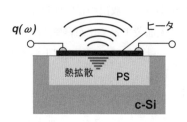

図9 薄膜ヒータ電極／PS層／c-Si基板の三層構造からの熱誘起音波発生の模式図

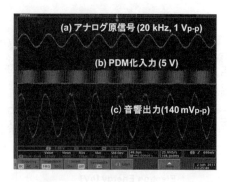

図10 PS音源（5×5mm）のデジタル駆動特性
(a)アナログ原信号，(b)パルス密度変調した信号（パルス幅：300 ns），(c)音響出力信号。

　高い断熱性を有するnc-PS層と放熱性に優れたc-Si基板の熱的コントラスト，非常に薄く熱容量の小さい薄膜ヒータの2点が音響発生効率の重要な因子である。空気との熱交換による音圧発生のため応答速度が非常に速く，また表面機械振動がないことから，音響出力が広い周波数範囲で平坦で共振ピークをもたない。そのため，パルス幅1μs以下のインパルス入力に対しても，残響のない理想的なパルス出力が得られる。これは従来の圧電トランスデューサーや電動型スピーカーとの大きな違いである。

　機械振動を基本原理とする従来の圧電型および電動型スピーカーでは周波数応答に制約があるため本質的にデジタル駆動を適用できない。また小型化・薄型化についても対応が難しい。これに対し，PSエミッタは，本質的にデジタル駆動に適しており，広帯域・小型化・薄型化を同時に満たす音源につながる可能性をもつ。

　その開発の一環として，パルス密度変調（Pulse Density Modulation：PDM）方式によってデジタル駆動を行った入出力信号の例を図10に示す。アナログ原信号（20 kHz）を幅300 ns，波高値5 VでPDM変換したパルス列に変調してPSエミッタに入力し，音響出力を検出した。音響出力波形からわかるように，アナログ信号が低歪みで再生されている。入力-出力の線形性も良好であった。イアホーンや補聴器などの小型音源に発展する可能性がある。

　小型化した本超音波エミッタを小動物の音声再生に用い，従来は困難であった複雑な超音波交信の解析手段として有効であることが確認されている[28,29]。本素子の特徴を活かすことで，広帯域デジタル音源[30]，3次元空中センサー[31]，アクチュエータ[32]，デジタル情報伝送などへの展開が期待できる。

7　むすび

　PSの光・電子・音響特性について，応用検討を含めて紹介した。シリコンナノ構造で生じる光

第7章　ナノポーラスシリコンとそのデバイス

学的・電気的・熱的・化学的性質の活用により，種々の分野で新たな可能性が生まれている．光関連の開発例では，青色燐光性試料におけるエネルギー転移効果，アバランシェ光導電，短波長域の光電変換が挙げられる．光導電から示唆されるように，ナノシリコンをドリフト層とするダイオードは特異な電子伝導モードを有し，弾道電子エミッタとして動作する．この特長を活かした応用の媒質は溶液にまで広がった．また，熱音響変換による音波発生は，広帯域デジタル音源をはじめ，空中3次元センサー，生物の超音波音声再生などに有用である．シリコンナノ構造で発現する異種機能によって従来の制約を克服する技術が拓かれ，他の材料との複合，ULSI回路との融合によってその有用性はさらに高まるであろう．

謝辞

　本研究の一部は，日本学術振興会（科学研究費，内閣府最先端研究開発支援プログラム），NEDO（革新型太陽電池国際研究拠点整備事業，ナノテク・先端部材実用化研究開発事業）の補助により行われた．

文　　献

1) X. G. Zhang, "Electrochemistry of Silicon and Its Oxide", Kluwer (2001)
2) V. Lehmann, "Electrochemistry of Silicon", Wiley-VCH (2002)
3) M. J. Sailor, "Porous Silicon in Practice", Wiley-VCH (2011)
4) N. Koshida (Ed.), "Device Applications of Silicon Nanocrystals and Nanostructures", Springer (2009)
5) 越田信義（監修），ナノシリコンの最新技術と応用展開，シーエムシー出版（2010）
6) B. Gelloz, M. Masunaga, T. Shirasawa, R. Mentek, T. Ohta and N. Koshida, *Electrochem. Soc. Trans.*, **16**(3), 195 (2008)
7) N. Koshida and H. Koyama, *Appl. Phys. Lett.*, **60**, 347 (1992)
8) B. Gelloz, N. Harima, H. Koyama, H. Elhouichet and N. Koshida, *Appl. Phys. Lett.*, **97**, 171107 (2010)
9) H. Park, L. Gu, G. Maltzahn, E. Ruoslahti, S. N. Bhatia, M. J. Sailor, *Nature Mater.*, **8**, 331 (2009)
10) Y. Hirano, K. Okamoto, S. Yamazaki and N. Koshida, *Appl. Phys. Lett.*, **95**, 063109 (2009)
11) R. Mentek, B. Gelloz, N. Koshida, *Jpn. Appl. Phys.*, **51**, 02BP05 (2012)
12) P. Barthelemy, M. Ghulinyan, Z. Gaburro, C. Toninelli, L. Pavesi and D. S. Wiersma, *Nature Photonics*, **1**, 172 (2007)
13) A. M. Ruminski, M. M. Moore, M. J. Sailor, *Advanced Functional Materials*, **18**, 3418 (2008)
14) G. Rong, A. Najmaie, J. E. Sipe, S. M. Weiss, *Biosensors & Bioelectronics*, **23**, 1572 (2008)
15) S. D. Alvarez, A. M. Derfus, M. P. Schwartz, S. N. Bhatia, M. J. Sailor, *Biomaterials*, **30**,

26 (2009)
16) G. Palestino, R. Legros, V. Agarwala et al., *Sensors and Actuators B-Chemical*, **135**, 27 (2008)
17) I. Batra, J. L. Coffer and L. T. Canham, *Biomedical Microdevices*, **8**, 93 (2006)
18) D. M. Fan, G. R. Akkaraju, E. F. Couch, L. T. Canham and J. L. Coffer, Nanoscale, **3**, 354 (2011)
19) E. J. Anglin, L. Y. Cheng, W. R. Freeman and M. J. Sailor, *Advanced Drug Delivery Reviews*, **60**, 1266 (2008)
20) T. Nakada et al., *J. Vac. Sci. Technol. B*, **28**, C2D11 (2010)
21) A. Kojima, H. Ohyi, T. Ohta and N. Koshida, *Proc. SPIE Advanced Lithography*, **7970**, 79701 R (2011)
22) T. Ohta, A. Kojima, H. Hirakawa, T. Iwamatsu and N. Koshida, *J. Vac. Sci. Technol. B*, **23**, 2336 (2005)
23) T. Ichihara, T. Hatai and N. Koshida, *J. Soc. Information Display*, **18**, 223 (2010)
24) N. Koshida, T. Ohta and B. Gelloz, *Appl. Phys. Lett.*, **90**, 163505 (2007)
25) T. Ohta, B. Gelloz and N. Koshida, *J. Vac. Sci. Technol. B*, **27**, 716 (2008)
26) T. Ohta, B. Gelloz and N. Koshida, *Electrochem. and Solid-State Letters*, **13**, D73 (2010)
27) H. Shinoda, T. Nakajima, K. Ueno and N. Koshida, *Nature*, **400**, 853 (1999)
28) A. Uematsu et al., *Brain Research*, **1163**, 91 (2007)
29) S. Okabe et al., *Zoological Science*, **27**, 790 (2010)
30) N. Koshida, A. Asami and B. Gelloz, IEEE IEDM 2008 Tech. Digest, p. 659 (2008)
31) K. Tsubaki, H. Yamanaka, K. Kitada, T. Komoda and N. Koshida, *Jpn. J. Appl. Phys.*, **44**, 4436 (2005)
32) J. Hirota, H. Shinoda and N. Koshida, *Jpn. J. Appl. Phys.*, **43**, 2080 (2004)
33) H. Koyama, *J. Appl. Electrochem.*, **36**, 999 (2006)
34) B. Gelloz and N. Koshida, in "Device Applications of Silicon Nanocrystals and Nanostructures", ed. by N. Koshida, Springer (2009)
35) A. G. Cullis and L. T. Canham, *Nature*, **353**, 335 (1991)
36) M. V. Wolkin, J. Jorne, P. M. Fauchet, G. Allan and C. Delerue, *Phys. Rev. Lett.*, **82**, 197 (1999)
37) H. Koyama, N. Shima and N. Koshida, *Phys. Rev. B*, **53**, R13291 (1996)
38) M. D. Mason, G. M. Credo, K. D. Weston and S. K. Buratto, *Phys. Rev. Lett.*, **80**, 5405 (1998)
39) H. Koyama, T. Ozaki and N. Koshida, *Phys. Rev. B*, **52**, R11561 (1995)
40) A. Chouket, B. Gelloz, H. Koyama, H. Elhouichet, M. Oueslati and N. Koshida, *J. Lum.*, **129**, 1332 (2009)
41) M. Araki, H. Koyama and N. Koshida, *Appl. Phys. Lett.*, **69**, 2956 (1996)
42) P. M. Fauchet, in "Device Applications of Silicon Nanocrystals and Nanostructures", ed. by N. Koshida, Springer (2009)
43) P. D. J. Calcott, K. J. Nash, L. T. Canham, M. J. Kane and D. Brumhead, *J. Phys. Condens. Matter*, **5**, L91 (1993)

44) B. Gelloz and N. Koshida, *Appl. Phys. Lett.*, **94**, 201903 (2009)
45) B. Gelloz H. Koyama and N. Koshida, *Thin Solid Films*, **517**, 376 (2008)
46) B. Gelloz and N. Koshida, *Appl. Phys. Lett.*, **94**, 201903 (2009)
47) A. Chouket, H. Elhouichet, H. Koyama, B. Gelloz, M. Oueslati and N. Koshida, *Thin Solid Films*, **518**, S212 (2010)
48) N. Mori, H. Minari, S. Uno, H. Mizuta and N. Koshida, *Jpn. J. Appl. Phys.*, **51**, 04DJ01 (2012)
49) N. Mori, H. Minari, S. Uno, H. Mizuta and N. Koshida, *Appl. Phys. Lett.*, **98**, 062104 (2011)
50) T. Ichihara, Y. Honda, T. Baba, T. Komoda and N. Koshida, *J. Vac. Sci. Technol. B*, **22**, 1784 (2004)
51) A. Kojima, H. Ohyi and N. Koshida, *J. Vac. Sci. Technol. B*, **26**(6), 2064-2068 (2008)
52) K. Tanioka, J. Yamzaki, K. Shidara, K. Taketoshi, T. Kawamura, S. Ishioka and Y. Takasaki, *IEEE Electron devices Lett.*, **EDL-8**, 392 (1987)
53) J. Hynecek, *IEEE Trans. Electron Devices*, **48**, 2238 (2001)

第8章　集積化CMOS-MEMS技術とそのデバイス

町田克之[*]

1　はじめに

　Mooreの法則に則ったMore MooreあるいはBeyond CMOSと呼ばれる開発軸について，半導体技術の研究開発は，限界説を乗り越え，着実に進められている。一方，これらの開発軸とは異なるMore than Mooreの方向性が2003年以降に提唱され，その研究開発も進んでいる。そのMore than Mooreの解の一つとして，異種機能集積化としてのLSI技術とMEMS技術を融合した集積化CMOS-MEMS技術による高付加価値デバイスの創出が期待されている。集積化CMOS-MEMS技術は，単にCMOS回路の高機能性とMEMS素子の高性能が同時に享受されるだけでなく，それぞれの相乗効果により小型化・薄型化，高機能化，高精度化，量産化などが図れるところに特徴がある[1~10]。具体的には，センサデバイス応用として，センシング回路の高感度化や新原理センサ創出，マルチバンド無線端末であるRFICの小型高性能化の実現などが挙げられる。また，MEMSデバイスの高品質化技術として，MEMSデバイスの補償回路の導入，量産化に必要なテスト機能内臓などが考えられる。

　本章では，集積化CMOS-MEMS技術の背景と技術的特徴，本技術を実現するための要素技術であるSTP（Spin-coating Transfer and Hot-Pressing）技術，実際のデバイス事例として，指の表面状態に依存せずに指紋画像が取得できる集積化CMOS-MEMS指紋センサLSIについて説明する。

2　集積化CMOS-MEMS技術

　集積化CMOS-MEMS技術の背景と技術分類について記述する。まず背景について説明する。図1に示すように現状のビジネス例におけるデバイスを分類した。横軸がトランジスタの数，縦軸がMEMSの素子数である。図から，いわゆる単体MEMS素子は，図の左端に位置する。一方，ゲーム機用，自動車車載用の加速度センサ，プリンタのヘッドに使われているMEMSは図面上中央に位置する。ここで，単体MEMS素子でのビジネス規模は小さいと言われている。加速度センサなどは，最近，ビジネス規模が大きくなりつつあり，かなりのビジネス規模であると予想される。

---

　*　Katsuyuki Machida　東京工業大学　大学院総合理工学研究科　物理電子システム創造専攻
　　　　　　　　　　　　連携教授；NTTアドバンステクノロジ㈱　主幹担当部長，
　　　　　　　　　　　　高機能デバイスチームリーダ

第8章　集積化CMOS-MEMS技術とそのデバイス

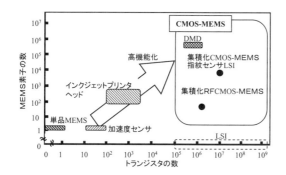

図1　ビジネス例とデバイスの数との相関図

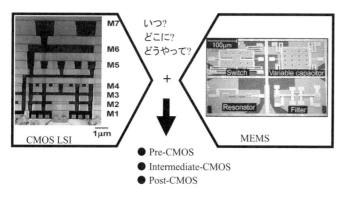

図2　MEMSとLSIの融合
注）写真は文献20，21より引用

図からMEMS素子とトランジスタ数が増加する線上に最もビジネスの成功例として知られるDMD（Digital Micromirror Device）があることがわかる。この図から，MEMSとCMOS LSIとの融合により，集積化CMOS-MEMS技術を実現し差異化を図ることによりビジネスの可能性が伺える。また，このCMOS-MEMS技術の特徴を次に列挙する。まず最初に，ワンチップ化により，小型化，薄型化が可能である。第二に，MEMSがCMOS LSIを介して信号処理できるために本来パッシブな動きをしていたものがアクティブ化が可能となり高機能化を実現できる。第三に，MEMS素子とCMOS LSIとが直接接続されることにより容量や抵抗の寄生素子の影響を低減でき，高精度制御が可能になる。最後に，MEMS素子の動作をCMOS LSIは模擬可能である。その結果，テスト機能を搭載可能となり，LSIで培ったテスト技術を使うことができる。すなわち，量産化が可能になる。ただし，以上の特徴以外にCMOS LSIとの融合の方法によってはコスト増加になる可能性があり，この点がビジネス化の課題でもある。

　次に，集積化CMOS-MEMS技術の技術分類について説明する。図2に示すようにLSIは微細かつデリケートなトランジスタ素子と多層の配線構造からなる。一方，MEMSは図に示すように可動部を有する構造からなる。この可動構造体をCMOS LSIと融合する場合に，いつ，どのように，どの工程で作るかというのが鍵である。基本的な技術として，CMOS LSIを作製する前にMEMSを作るPre-CMOS技術，CMOS LSIを作製しながら一緒にMEMSを作り込むIntermediate-CMOS技術，CMOS LSI作製後MEMSを作製するPost-CMOS技術の三つに分類される。ここで，呼び方として，Pre-CMOSをMEMS-Firstなど，MEMSを中心にした呼び方もある。この分類でポイントとなるのは，図3に示すようにCMOS LSIプロセスでの各工程の温度である。CMOS LSIを作製する場合，トランジスタ周りを作製するフロントエンドと配線部分を作製するバックエンドに分類され，それぞれの工程で温度に制約がある。フロントエンドの場合，酸化や不純物のアニ

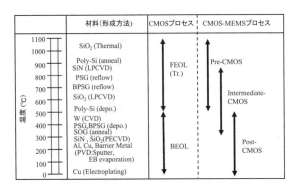

図3 CMOS-MEMSプロセス分類とLSIプロセス温度（レガシイプロセス）

ールに伴う高温処理がある。一方，バックエンドでは，最終水素処理工程の400℃もしくは塗布系の材料の硬化温度がプロセス温度として最大の温度になる。したがって，プロセス温度によりMEMS構造体を形成する材料が制約を受ける。例えば高温処理に対する耐性であれば無機材料系であるポリシリコンなどの材料を用いてMEMSが形成される。低温側であれば金属材料の使用が可能となる。このプロセス温度を考慮し，各CMOS-MEMS技術について記述する。最初に，Pre-CMOS技術について図4により説明する。本技術はCMOS LSIを作製する前に，MEMS構造体を形成するものである。この技術は，CMOS LSIを形成する温度に耐えるために，構造体としてポリシリコン系，犠牲膜としてSiO_2，SiGeなどが使用される。具体例として，加速度センサなどが作製されている。本技術の課題は，犠牲膜エッチング，多層配線形成，可動部形成後の封止技術，および，MOSトランジスタの側面のシリコン面が露出しているために，水分によるMOSFETのホットキャリア耐性など長期信頼性が挙げられる。また，CMOS LSIの領域とは別の領域に形成する，いわゆる，embeddedタイプのためにチップの面積が大きくなるという欠点もある。次に，Intermediate-CMOSについて同じく図4により説明する。本技術は，トランジスタ形成工程で同時にポリシリコンなど耐熱性の高い材料により可動部を形成するものであり，その後は，多層配線の工程を経るものである。図からわかる

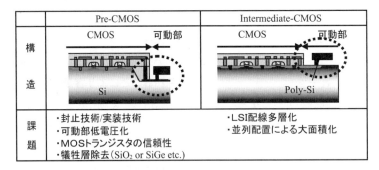

図4 Pre-CMOSとIntermediate-CMOS

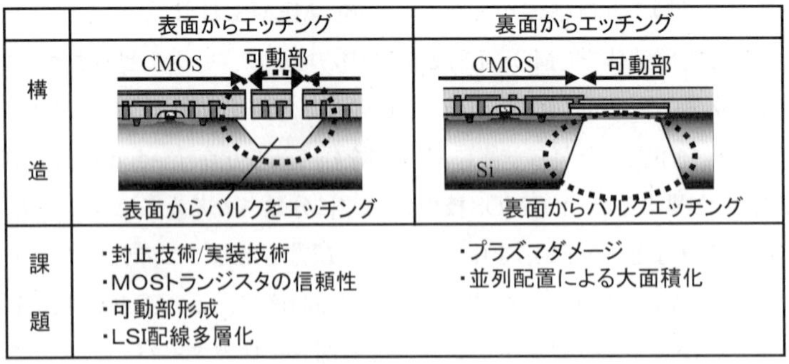

図5 Post-CMOS：Siバルクを利用した方法

第8章 集積化CMOS-MEMS技術とそのデバイス

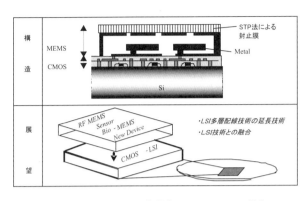

図6 Post-CMOS：集積化CMOS-MEMS技術

ようにPre-CMOS技術と同様の課題が挙げられる。最後に，post-CMOS技術について図5により説明する。本技術は，CMOS LSIを作製後，表面からMEMS構造体を形成する方法と裏面から形成する方法およびCMOS LSI作製後にadd-onタイプで形成する方法とに分類される。本技術の前者二つの技術は，構造とプロセスの観点から，犠牲膜エッチングと封止技術が大きな課題である。また，LSI配線やトランジスタへの信頼性も課題となる。一方，図6に示すように，add-onタイプの技術はCMOS技術に特別な負荷や信頼性への懸念も解消したものであり，CMOSとMEMSの特徴を生かした製造方法であると考えられる。

3 STP技術

3.1 STP法の原理

新しい絶縁膜形成技術であるSTP法の基本原理は，フィルムの転写である[11]。図7にSTP法の原理を示す。最初に，フィルム上に絶縁膜材料を塗布し，乾燥する。次に，新規に開発したSTP装置に上記フィルムを装着する。本装置にはあらかじめSi基板が装着されている。この状態で真空中で加熱し，さらに，荷重を加える。このプロセス中に加重と加熱により材料が流動することにより平坦化と埋め込み，あるいは，封止を実現する。本工程後，フィルムを剥離する。剥離後，所望のアニールを行うことによりプロセスが完了する。その結果，STP法はシームレスインテグレーション技術のために容易，かつ，低コストな厚膜絶縁膜形成技術として有望と考える。本技術の特徴は，①0.1～数十μmの厚膜までの形成が可能であること，②加熱・加圧により転写後の膜表面が平坦化できること，③粘性制御方法により材料を選択しないことである[12]。本方法は，汚染や材料の変質もなく薄膜から厚膜まで転写できる点において集積化CMOS-MEMS技術に適合した技術である。

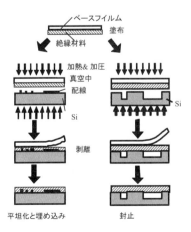

図7 STP法の原理

3.2 STP装置

STP法を実現するためにフィルムとウエハが搬送可能な搬送機構を備えるとともに，塗布部，転写部，乾燥部，剥離部からなる装置を提案し開発した[13,14]。本項では，STP

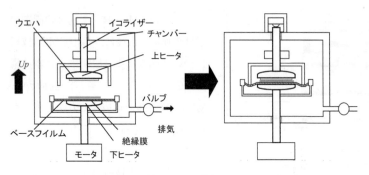

図8　STP装置

装置の基本となる転写部について説明する。転写部を図8に示す。転写部は，真空チャンバ，ウエハ装着機構，上部と下部ヒータ，下部のフィルム装着機構を上下させる駆動機構，加重計測センサからなる。本転写部の特徴は，①フィルム上での塗布膜流動ムラを低減するためにウエハ表面を下部に向け，フィルム表面を上向きにしている点，②イコライズ機構により加重を均一化している点，③フィルムのたわみを防ぐためにテンション機構を有する点，にある。本転写機構の元に，STPプロセスの過程を説明する。まず，チャンバ内にウエハと塗布膜が形成されたフィルムが自動搬送により装着される。次に，チャンバが排気され真空状態になる。下部ヒータを上昇させ，図8に示すようにウエハとフィルムを加熱・加重する。この時，イコライズ機構の動作により均一化が図られ，均一な膜が形成される。その後，塗布膜を介してウエハとフィルムが接着した状態でチャンバから搬送され剥離部でフィルムだけが剥離される。最終的に，ウエハとフィルムはそれぞれのカセットおよび回収箱に回収される。次に，STP法による被覆特性として，平坦性，埋め込み性，封止特性について説明する。

3.3　平坦化特性

平坦性を調べるために，パターンサイズ，膜厚を水準とした時の実験結果のSEM写真を図9(A)，(B)，(C)に示す。図9(A)は，1.0 μm L&S（Line & Space）配線と孤立配線にSTP法を適用した例である。密集パターンで表面が平坦に形成されていることがわかる。また，孤立パターンにおいても同じ膜厚さを保持したまま平坦に形成されていることがわかる。図9(B)に10 μm，図9(C)に100 μmの結果を同様に示す。図9の結果から，STP法が平坦化に優れることが確認できた。ここで，平坦化後のパターン密度による配線上の膜厚について，どれだけ均一性が保持できているのかが注目される。実験として，STP法と塗布法との比較を行った。パターン密度が0.5の時（L&S = 1 : 1）の配線上の

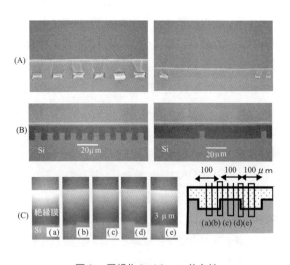

図9　平坦化のパターン依存性
(A) 1 μm line, (B) 10 μm line, (C) 100 μm line

第8章　集積化CMOS-MEMS技術とそのデバイス

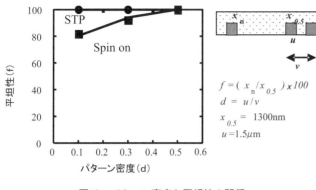

図10　パターン密度と平坦性の関係

膜厚で任意のパターン密度の時の配線上の膜厚を割ることにより求めた。結果を図10に示す。図より，STP法が塗布法よりも膜厚が均一に保持できることがわかる。これは，STP法では垂直方向の荷重のみのエネルギーで薄膜形成するためと考えられる。この結果から，STP法ではエッチングなしでも平坦化を達成できると言える。

3.4　埋め込み特性

埋め込み特性を調べるために，微細配線とSi深溝での実験を行った。その結果のSEM写真を図11(a), (b)に示す。(a)は，微細配線への埋め込みであり，(b)は5 μmのSi溝での埋め込み状態を示す。微細配線として0.25 μm L&Sへの埋め込み結果を示す。Si深溝については，アスペクト比6での埋め込みを確認した。SEM写真の結果から，アスペクト比が大きくても埋め込みが可能であることがわかる。

(a) 0.25 μm L&S

(b) 5.0 μm深さ

図11　埋め込み特性

3.5　封止特性

被覆特性として，STP法特有の封止特性について説明する[15]。封止の実験結果のSEM写真と封止特性を図12(a),(b)に示す。材料は，ポリイミドを用いて実験を行った。SEM写真より，薄膜でも厚膜でも封止を実現していることがわかる。この結果を，図12(b)にまとめる。図に示す封止領域は，従来にない技術適用領域である。これまでは，陽極接合などで大きいサイズは実施されてきたが，LSIと融合するパターンサイズでの実現は初めてである。

以上，STP法の汎用性として被覆特性に着目し，その特徴を記述した。STP法は優れた埋め込み特性，平坦性，封止特性を有し，配線技術やMEMS作製技術の課題に対して柔軟に対応可能な技術と考える。

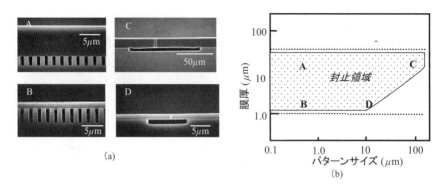

図12 封止特性

4 集積化CMOS-MEMS指紋センサLSI技術

本節では，集積化CMOS-MEMS技術の一例として指紋センサチップについて説明する。指紋センサ方式として，半導体容量型，電界型，光学式など開発されている。しかし，いずれの方法も指に接触し表面状態に依存した方法のために，指が濡れていたり乾燥していると画像が取得できないという問題がある。さらに，使用環境に制約される場合がある。したがって，指の表面状態によらずきれいな指紋画像が取得できる集積化CMOS-MEMS指紋センサLSIについて説明する[16,17]。

4.1 集積化CMOS-MEMS指紋センサLSIの原理と構造

集積化CMOS-MEMS指紋センサLSIの原理と構造を図13に示す。基本原理は，MEMS構造が指の指紋の凹凸を機械的に感応し，その変位をCMOS LSIのセンサ回路が電気的信号として容量値を感知し，さらに，その値をセンサ回路により信号処理して画像処理することである。

4.2 集積化CMOS-MEMS指紋センサLSIプロセス

図13に示す構造を実現するためには，CMOS LSI回路の上に中空を作製し，かつ，突起を形成する。さらに，CMOS LSIにダメージを与えてはいけないという課題がある。そこで，中空を作製後STP技術により封止を行うプロセスを提案した。図14にプロセスの概要を示す。図14(a)は0.5μm CMOS LSI 3層メタルプロセ

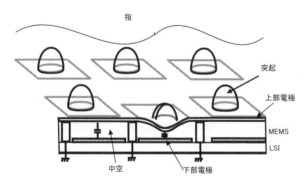

図13 MEMS指紋センサの原理と構造

第8章 集積化CMOS-MEMS技術とそのデバイス

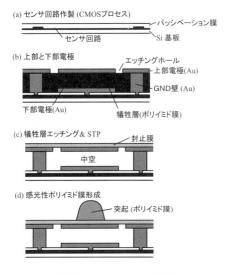

図14 集積化CMOS-MEMS指紋センサLSIプロセス

ス完了後，センサ工程での汚染を防ぐためにSiN膜を形成した．図14(b)は，下部電極およびアース電極を形成後犠牲膜をポリイミドで形成し平坦化後上部電極を形成した．電極は，すべてAuめっきにより形成し，ポリイミドのアニール温度を310℃として形成した．アニール温度を低温化しCMOS LSIへの影響を避けた．図14(c)は，犠牲膜を除去後STP法を用いて封止膜を形成した．封止膜としてポリイミド膜を用いた．STP法を用いることによりCMOS上にダメージを与えることなく封止膜を形成することができ，その後のプロセスが可能になった．図14(d)にポリイミド膜で突起を形成した．以上のプロセスにより所望のCMOS-MEMS指紋センサの構造が実現している．得られたチップの性能とFIBによる断面写真，チップ写真を表1と図15, 16に示す．チップは約6万個のピクセルからなり，それぞれ可動空間を有している．一つのピクセルは50 μm角の大きさで，突起と中空構造を備えている．指紋の凸部が図の突起を押し下げ，突起の押し下げ量が中空構造内の電極によって容量として電気信号に変換されて，下地のLSIによって信号処理された後，256階調の指紋画像が出力される．本センサにより良好な画像取得を確認した．

表1 集積化CMOS-MEMS指紋センサLSIの性能一覧

プロセス		0.5 μm/3 M CMOS +MEMS構造 センサプロセス
チップサイズ		16 mm×13 mm
ピクセルアレイ	サイズ	12.8 mm×11.2 mm
	ピクセル数	57,334（256×224）
	解像度	508 dpi
ピクセルサイズ		50 μm×50 μm
出力データ		8 bit（256 gray scale）
消費電力		25 mW
電源電圧		3.3 V

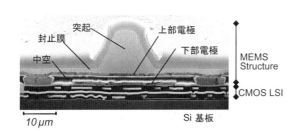

図15 集積化CMOS-MEMS指紋センサLSIのピクセルFIB写真

図16 集積化CMOS-MEMS指紋センサLSIチップ写真

4.3 集積化CMOS-MEMS指紋センサLSI評価結果

まずCMOS-MEMS指紋センサによる画像取得結果を図17に示す。本図は，乾燥指と意図的に濡らした指を対象とし，指紋センサの従来検出方式である静電容量式指紋センサによる画像取得結果を比較のために示す。容量型指紋センサは，指が片方の対向電極として働くため，乾燥指では抵抗が高くなり画像取得が困難となる。また，濡れた指は当然画像取得が不可能である。一方，集積化CMOS-MEMS指紋センサLSIは，上部電極と下部電極で対向電極を形成しているため，指表面の乾湿に依存せずに常にクリアな画像が取得できる。本センサが指の表面状態によらず画像が取得できることを示している。ここで，本センサ自身の画像取得性能について説明する。図18に示したように，指の圧力が小さい場合は指紋画像がクリアに取得可能である。一方，指の圧力が強いと取得画像がぼやけてしまう。このように，指の圧力によって取得画像に影響を与えることがわかる。この理由として，指の表面は柔らかく弾性変形することにより，センサ表面の凹凸の凹の部分に指の表面がうずもれてしまう。その結果，センサ表面の機械的な変位の感度が低下し画像取得が不鮮明になっていると考えられる。

上記のような現象を回避するために，センサの表面の突起構造に着目し，凸構造からT型構造を提案した[17]。その構造を図19に示す。本センサは，凸型センサと同じようにCMOS LSI上に中空構造を有している。凸型センサと異なる点は図19に示すように指と接する部分が均一に接触す

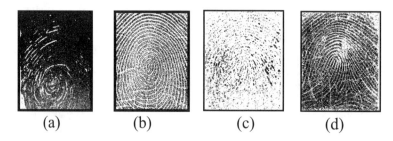

図17 (a) 容量型指紋センサによる濡れた指の指紋画像，(b)集積化CMOS-MEMS指紋センサLSIによる濡れた指の指紋画像，(c)容量型指紋センサによる乾燥指の指紋画像，(d)集積化CMOS-MEMS指紋センサLSIによる乾燥指の指紋画像

指の圧力小　　　　指の圧力大

図18 指圧の違いによる指紋画像

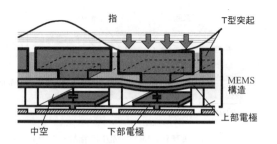

図19 T型集積化CMOS-MEMS指紋センサLSI

第8章 集積化CMOS-MEMS技術とそのデバイス

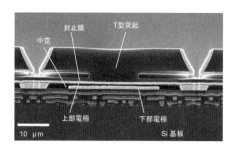

図20 T型集積化CMOS-MEMS指紋センサLSIピクセルFIB写真

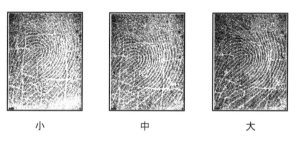

図21 指圧の違いと指紋画像

るように平面である。また，可動部分の上部電極に接する部分は点接触になり感度が向上するように設計されている。尚，定性的な解析結果についての記述は文献17を参照していただきたい。ここで，本センサの構造を実現するためのプロセスは，中空構造を作製するまで凸型構造を作製するプロセスと同じである。T型は，上部電極上にSTP法により封止した後，犠牲膜としてCu膜を用いることにより形成している。T型の素材としてはポリイミド膜を用いている。実現された構造を図20に示す。図20はFIBによる断面を示したものである。0.5 μm CMOS LSI上に中空構造があり，その上にT型の突起が形成されていることがわかる。本センサによる画像取得結果を図21に示す。図21は指圧を変化した時に取得した指紋画像である。指圧が弱くても強くても指紋画像が同じように取得できることがわかる。本結果より本センサ構造の妥当性が証明されている。

なお，書面の都合で割愛するが，MEMS構造体の信頼性については，ESD耐性±8 kV以上の耐圧があること，タッピングテストでは10万回の評価で破壊しないことが確認されている[18, 19]。集積化CMOS-MEMS指紋センサLSIが信頼性上実用に耐えうることが示されている。

以上のように，CMOS-MEMS指紋センサLSIは，雨天の屋外や炎天下など厳しい環境でも，指紋認証を可能にし，「どこでも誰でも簡単に本人認証」のユビキタスな世界を実現するためのキーデバイスとなることが期待される。

5 まとめ

集積化CMOS-MEMS技術についてその背景と有効性を示した。要素技術として提案したSTP法の原理，装置化，材料検討，プロセスについて説明し，その有用性を示した。実際の事例として集積化CMOS-MEMS指紋センサLSIを説明し従来のセンサでは得られない優れた特性を示した。最後に，集積化CMOS-MEMS技術により，高機能デバイスの創出が期待できると考える。

異種機能デバイス集積化技術の基礎と応用

文　　献

1) K. Machida, H. Morimura, K. Masu, Nano Korea 2011, Aug. 24, Dig., pp.41 (2011)
2) K. Machida, H. Morimura, Extended Abstracts of the 2010 International Conference on Solid State Devices and Materials, Tokyo, pp.818 (2010)
3) N. Sato, K. Machida, S. Shigematsu, H. Morimura, K. Kudou, M. Yano and H. Kyuragi, IEDM Tech. Dig., pp.913 (2001)
4) H. Morimura, S. Shigematsu and K. Machida, *IEEE Journal of Solid-State Circuits*, **35** (5), Dec., pp.724 (2000)
5) K. Machida, S. Shigematsu, H. Morimura, N. Shimoyama, Y. Tanabe, T. Kumazaki, K. Kudou, M. Yano and H. Kyuragi, IEDM Tech. Dig., pp.887 (1999)
6) H. Morimura, S. Shigematsu, T. Shimamura, K. Machida and H. Kyuragi, Symp. on VLSI circuits Dig. of Tech. Papers, pp.171 (2001)
7) H. Ishii, S. Yagi, K. Saito, A. Hirata, K. Kudo, M. Yano, T. Nagatsuma, K. Machida and H. Kyuragi, *Proc. SPIE*, **4230**, 43 (2000)
8) M. Urano, H. Ishii, Y. Tanabe, T. Shimamura, T. Sakata, T. Kamei, K. Kudou, M. Yano and K. Machida, IEDM Tech. Dig., pp.965 (2003)
9) H. Ishii, S. Yagi, T. Minotani, Y. Royter, K. Kudo, M. Yano, T. Nagatsuma, K. Machida and H. Kyuragi, *Proc. SPIE*, **4557**, pp.210 (2001)
10) N. Sato, H. Ishii, M. Urano, T. Sakata, J. Terada, H. Morimura, S. Shigematsu, K. Kudou, T. Kamei and K. Machida, Transducers '05, Seoul, June, pp.295 (2005)
11) K. Machida, H. Kyuragi, H. Akiya and K. Imai, *J. Vac. Sci. Technol. B*, **16**, pp.1093 (1998)
12) N. Sato, K. Machida, M. Yano, K. Kudou and H. Kyuragi, *Jpn. J. Appl. Phys.*, **41**, pp.2367 (2002)
13) N. Sato, K. Machida, K. Kudo, M. Yano and H. Kyuragi, Proc. Adv. Metal. Conf., pp.31 (2000)
14) M. Kawagoe, H. Adachi, H. Saito, N. Sato and K. Machida, Proc. Adv. Metal. Conf., pp.100 (2004)
15) N. Sato, H. Ishii, S. Shigematsu, H. Morimura, T. Kamei, K. Kudou, M. Yano, K. Machida and H. Kyuragi, *Jpn. J. Appl. Phys.*, **42**, pp.2462 (2003)
16) N. Sato, K. Machida, H. Morimura, S. Shigematsu, K. Kudou, M. Yano and H. Kyuragi, *IEEE Trans. Electron Devices*, **50**(4), pp.1109 (2003)
17) N. Sato, S. Shigematsu, H. Morimura, M. Yano, K. Kudou, T. Kamei and K. Machida, IEDM Tech. Dig., pp.771 (2003)
18) Y. Tanabe, H. Unno, K. Machida, N. Sato, H. Ishii, S. Shigematsu, H. Morimura and H. Kyuragi, *Proceedings of SPIE*, **4558**, pp.81 (2001)
19) N. Sato, S. Shigematsu, H. Morimura, M. Yano, K. Kudou, T. Kamei and K. Machida, *IEEE Transactions on Electron Devices*, **52**(5), pp.1026 (2005)
20) T. Oshima, T. Tamaru, K. Ohmori, H. Aoki, H. Ashihara, T. Saito, H. Yamaguchi, M. Miyauchi, K. Torii, J. Murata, A. Satoh, H. Miyazaki and K. Hinode, IEDM Tech. Dig.,

pp.123 (2000)
21) K. Kuwabara, M. Masami, J. Kodate, N. Sato, T. Sakata, H. Ishii, T. Kamei, K. Kudou, M. Yano and K. Machida, Extended Abstracts of the 2005 International Conference on Solid State Devices and Materials, Kobe, pp.86 (2005)

第9章　エッチング技術

佐々木　実*

1　表面マイクロマシニングでのエッチング技術

　表面マイクロマシニングは，犠牲層材料の上に構造材料（代表的には，酸化膜の上に多結晶Si）の膜を加工しながら交互に積み重ねた上で，下地の犠牲層をエッチングし，機械的な可動部分を作る技術である。LSI製作プロセスに近く，プロセスや設備の共有化がし易い。加速度センサADXL150（Analog Devices社）の場合，加速度を検出するプルーフマス可動部分と集積回路（増幅，閉ループ，自己診断回路などのアナログ信号処理回路）がモノリシックに集積されている。プルーフマス材料は多結晶Siであり，基板から平均1.6μm浮いた細長い構造である。膜応力を減らして平坦にするため，1100℃の高温処理がなされている（基板は熱膨張率が同じSi）。このとき回路の熱拡散が進むため，低めの集積度のものからスタートした。ADXL50[1]から150に更新する際には，回路が最適化され，センサ分解能が1/5の10mgに高まった。

　酸化膜の犠牲層エッチングには，フッ酸による等方性ウェットエッチングが利用される。図1(a)のようにアンダーエッチングが進行する。拡散で進行するため，時間に対して飽和傾向を示す。エッチング反応はH_2Oを発生し，周辺のフッ酸濃度を下げる。高濃度フッ酸の方がアンダーエッチング量を増やすが，濃度勾配によってフッ酸が供給されるためである。図1(b)は静電駆動型ブリッジの例である[2]。犠牲層が厚さ4.5μmのTetra Ethyl Ortho Silicateを原料としたCVD（Chemical Vapor Deposition）酸化膜，構造材料が厚さ1.6μmの多結晶Siである。10×10μmのホールを，30μmピッチで用意した。49%フッ酸により約5minでリリースした。エッチングの間，構造材料はフッ酸に耐えることが求められるが，Si以外の保護膜を用意することは難しい[3]。薄膜

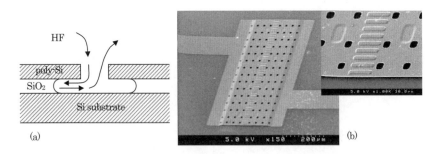

図1　(a)犠牲層の酸化膜エッチングの模式図と，(b)多結晶Si 1層の静電駆動型ブリッジの例

---

*　Minoru Sasaki　豊田工業大学　工学部　教授

第9章 エッチング技術

構造は厚み方向に変形し易く,表面張力により基板側にたわんで,スティクションの問題が生じ易い。平滑面を僅かにエッチングして(NH$_4$F溶液やバッファフッ酸液による,Siのアルカリエッチング)表面を荒らし,接触面積を小さくする技術もある[4]。続いて,表面張力の小さな液体に置換してからの乾燥や,CO$_2$超臨界乾燥処理がなされる。

よりドライな条件を利用する技術に,気相フッ酸エッチングがある。49%フッ酸水溶液ボトルを開けると白い蒸気が見えることから,フッ酸蒸気が確認できる。エッチング反応を以下に示す[5]。

$HF(gas) \rightleftharpoons HF(ads)$

$H_2O(gas) \rightleftharpoons H_2O(ads)$

$2HF(ads) + H_2O(ads) \rightarrow HF_2^-(ads) + H_2OH^+(ads)$

$SiO_2(s) + 2HF_2^-(ads) + 2H_2OH^+(ads) \rightarrow SiF_4(ads) + 4H_2O(ads)$

$SiF_4(ads) \rightleftharpoons SiF_4(gas)$

$H_2O(ads) \rightleftharpoons H_2O(gas)$

エッチングにはH$_2$Oが必要であり,水を触媒にしてHFを吸着し,生じたHF$_2^-$がSiO$_2$と反応する。水分を完全に取り除くのではなく,表面張力が働かない程度にバランスを取る。排気を行う高価な装置も市販されているが,簡便な手作り装置の報告もある[5]。筆者らが自作したものは,ホットスターラ上に置くテフロンバスの上蓋側にサンプルを固定する。N$_2$ガスが49%フッ酸の液面を通り,蒸気をサンプルに運ぶ。サンプル温度(通常70℃以上)によって,乾燥条件を調節する。高温ほどスティクションが減るが,エッチング速度が下がる。フッ酸バスは室温(低温)に留める方が良い。水の飽和蒸気圧曲線からも,フッ酸バスで水蒸気が発生すると,下流のエッチングチャンバーを高温にしても湿度を下げ難いことが分かる。アンダーエッチング量が多い構造ほど,また薄い構造ほど,湿度を下げた方が良い。

Texas Instruments社のDigital Micromirror Deviceは,CMOS回路の多層配線形成の3層目メタルからプロセスを修正して製作されている[6]。図2に,犠牲層エッチング前後に相当する,製作プロセスの一部を示す。構造材料はアルミ合金,犠牲層はUV硬化したフォトレジストである。犠牲層エッチングはアッシングとなる。LSI製作プロセスでは,プラズマ密度を上げると共に,高

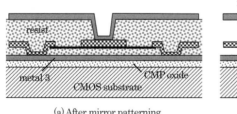
(a) After mirror patterning

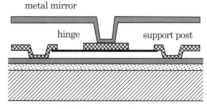
(b) After mirror release

図2 アルミ構造とフォトレジスト犠牲層からなるDMD製作プロセスの一部

異種機能デバイス集積化技術の基礎と応用

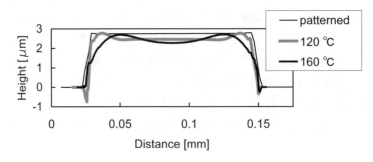

図3　フォトレジストパターンの高温による形状変形

温化によりレジストの反応性を上げている。基板温度を180から240℃にすると，アッシング速度が2.9から8.2 μm/minに増加する例もある。除去だけであれば上記温度が許される。図3は，AZ1500（38 cp）ポジレジストの熱変形の例である[7]。パターニング後の台形は，ガラス転位温度120℃を超えると変形し始める。アッシング速度は，ガラス転位温度を超えると上昇傾向が増すが，ドライプロセスであっても，薄膜構造物にストレスを与える条件は避けなければならない。

2　バルクマイクロマシニングでのエッチング技術

　バルクマイクロマシニングは，基板材料（単結晶Siや石英など）の優れた特性を利用できる。Siの異方性ウェットエッチングは，製作形状が結晶方位に依存するために任意の形状が得られないと言われる欠点は，条件（濃度，攪拌，温度など）が多少変動しても面方位で決まる形状にほぼ仕上がるとも言える。加工量が多いエッチングで有効である。CVDによるSiN膜で保護すると，侵食をほぼなくせる。ICと集積化された面圧力分布センサアレイで利用された報告例もある[8]。

　バルクマイクロマシニングは，プラズマエッチングの進歩により高度化した。代表技術がBoschプロセスである[9]。垂直に深くSiエッチングできると，斜面に比べてデバイスサイズを小さくできる。容量型センサでは，壁面を電極に利用し面積を広く取れる。エッチングには一般に，高アスペクト比，高いマスク選択比，壁の垂直性などの形状制御，高い均一性が要求される。加工量が多いバルクマイクロマシニングでは生産性のために，エッチング速度は必須である。Boschプロセスは保護膜堆積とエッチング用のガスを，時間的に交互に切り替えながら繰り返すサイクルを特徴とする。通常，保護膜堆積とエッチング用ガスはそれぞれC_4F_8とSF_6である。フルオロカーボン重合膜の形成は，チャンバー温度により変動し易いため，ヒータや水冷機構によって温度管理している。SF_6を利用したエッチングは，以下の反応を利用していると言われる。

$Si+F^* \rightarrow Si-nF$
$Si-nF \rightarrow ion\ energy \rightarrow SiF_x(ads)$
$SiF_x(ads) \rightarrow SiF_x(gas)$

第9章 エッチング技術

　小さなフッ素ラジカルF^*はSi格子中に入り込み易く，電気陰性度が大きい。Siを正にイオン化する力が強く，自発的に反応する。この化学的作用のため等方的なエッチングになる。保護膜堆積の段階では表面と溝内部の全体にフルオロカーボン膜が堆積する（図4(a)）。エッチングの初期段階では，垂直入射する高エネルギイオンの物理衝撃により，フルオロカーボン膜が取り除かれる。側壁の膜はイオンの運動方向と平行なため破壊されない（図4(b)）。サイドエッチングは抑制される。フルオロカーボン膜が取り除かれた後の残り時間で，溝底部でSiが等方的にエッチングされる（図4(c)）。エッチングと保護膜堆積の個々の条件と，両者のバランスを取ることで，全体として垂直エッチングを実現する。仮に，二つのガスを同時に導入して垂直性を得ようとすると，基板に垂直入射するイオンを利用することになる。この場合，マイクロマスクが僅かでも付くと，取り除くことができず，グラスが発生し易い。Boschプロセスでは，単独のエッチングステップは等方的なため，マイクロマスクが発生しても下部にアンダーエッチングが入り，取り除くことができる。この安定性を得るために，溝形状は全体として若干逆テーパとなり易い。

　SOI（Silicon On Insulator）ウェハと垂直エッチングで実現するデバイスが多く報告されている。埋め込み酸化膜が犠牲層となり，上述のフッ酸エッチングで可動構造を製作できる。酸化膜までのSiエッチングが要求されることになるが，到達タイミングにはある程度の幅があるため，オーバーエッチングは必要となる。エッチングは埋め込み酸化膜に到達した後，横方向に急速に進む現象があり，ノッチングと呼ばれる。図5に模式図を示す。酸化膜表面にSiエッチングで消費されなくなったイオン電荷が溜まる。電荷により形成された電界は後から入ってくるイオンを反跳させ，イオンは運動エネルギを持ったまま横にそれて側壁に衝突する。これがノッチングを引き起こす。サンプルに加えるバイアス周波数が13.56 MHzの場合には，イオン（特にエッチングに寄与するSF_4^+，SF_5^+はイオンプラズマ周波数6.4，5.9 MHzをそれぞれ持つ）は電場の時間変化に追従できない。イオンにとっては時間平均した直流電場となり，加速される。基板にほぼ垂直で深いトレンチの内部にまで入る。対して，電子は軽く3.0 GHzの電子プラズマ周波数を持つ。このため，エネルギも入射方向もランダムになる。深いトレンチの内部に入るには，基板に

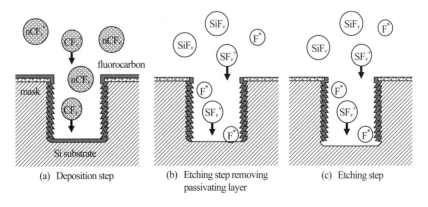

図4　Boschプロセスにおける1サイクル分の流れ

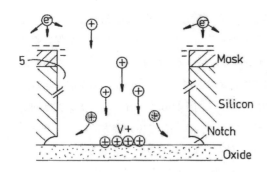

図5 Siと酸化膜境界面において，電荷蓄積により発生するノッチング

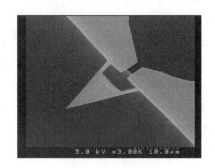

図6 ピエゾ抵抗検出機能を持つナノカンチレバー型センサ

垂直入射することが必要であるが，ほとんどの電子はこれを満たさない。その結果，トレンチ上部は電子がより多く入射し，マイナスに帯電し易く，底部はイオンがより多く入射しプラスに帯電し易くなる[10]。

簡単なノッチング対策は，Siエッチングが酸化膜に到達する直前に高圧に条件を変えることである。ガスの平均自由行程が短くなり，イオン入射方向の分布を広くする。溝の上部と下部で－と＋に帯電する現象を低減する。この方法は短時間でのみ有効である。高圧条件ではマイクロマスクが溝底部に生じ易いからである。長時間（目安として5min以上）エッチングを続けるとグラスが発生する。現在の装置では，サンプルに印加する電圧周波数を低く（例えば380kHz）するオプションがある。基板に入射するイオンは広いエネルギ分布関数を持つようになり，低エネルギのイオンが多くなる。イオンの方向が広くなり，溝上部の負の帯電を中和する。負の帯電で反跳していた電子が溝の底に到達し易くなり，酸化膜上の正の帯電を中和する。結果，ノッチングが低減する。さらに，バイアスを時間的にON/OFFパルス変調すると，より効果が高まる[11]。OFF状態で，イオン入射方向はよりランダムになる。加えてノッチングを引き起こすエネルギでもなくなる。目安として20eVを下回るエネルギになると，マスク材料の化学結合を切るレベルでもなくなり，マスクとの選択比も改善する。

単結晶Siは，結晶欠陥による内部摩擦が低く，機械的損失が少ない材料である。ナノ振動子を製作する際には，プラズマ照射で入るダメージが特性を低下させることに注意が必要となる。これを回避するため，中性粒子を利用した報告がある[12]。図6は，100nm厚のSOIデバイス層からカンチレバーを製作したものである[13]。周波数変化を利用するものもあるが，約20nm厚のボロンドープ層によってピエゾ抵抗センサが作り込まれたものである。デバイス層を高速原子線によりエッチングし，ハンドル層を垂直Siエッチングで取り除き，超臨界乾燥して製作された。プラズマを利用しないで全てをウェットエッチングで行う，高温酸化してから表面酸化膜をエッチングするなども有効である。

石英ガラスはガラス材料の中でも特に化学的安定性に優れる。紫外域まで光透過性が高く自家蛍光が低いため，蛍光観察用マイクロ流路に適する。LSI多層配線における絶縁層の加工と異な

第9章　エッチング技術

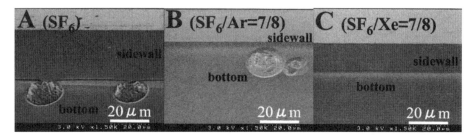

図7　ガスに(a)SF$_6$，(b)SF$_6$/Ar＝7/8，(c)SF$_6$/Xe＝7/8を利用してトレンチ加工したエッチング面　条件は，圧力0.2Pa，自己バイアス-390Vである。

り，エッチング量が10～100μm要求される。Siと同様，エッチング速度と高いマスク選択比が求められ，高密度プラズマ源とハードマスクが利用される。酸化シリコン系のエッチングには，SiとOの結合を切るために，より大きなイオン衝撃を加える条件が必要となる。F*がガラス表面に付くのみでは化学反応が進まず，物理的スパッタリング効果を相乗させる必要がある。イオンのエネルギを高くできる低圧力，大きな負バイアス電圧が必要となる。エッチングに必要なパワーが大きくなるため，サンプルステージなど装置側が条件に耐える必要がある。SF$_6$にArを添加し，Arイオンによるフッ化物のスパッタ除去を利用したガラスエッチングの報告がある[14]。Arに替わって質量がより大きなXeを添加した報告がある。マイクロマスクも効率的にスパッタ除去され，表面が平滑になる[15]。図7はガスを変えた際の，パイレックスガラスをエッチングした底面と壁面である。これより，Xeが面を平滑にする効果が分かる。ガラス成分中のAlやNaなどの金属元素はフッ化物が不揮発性であるために，マイクロマスクおよびグラスが発生し易いが，60μmのエッチングを行って表面粗さ4nm以下が報告されている。陽極接合ができるパイレックス板に貫通穴を製作しメタルを埋め込めば，配線用フィードスルーとなる[16]。また，水晶基板を部分的に薄くすると高感度質量センサに応用できる。

文　　献

1) N. Yazdi, F. Ayazi, K. Najafi, *Pro. IEEE*, **86**(8), p1640-1659 (1998)
2) J.-H. Song, Y. Taguchi, M. Sasaki, K. Hane, *Jpn. J. Appl. Phys. Part 1*, **42**(4B), p2335-2338 (2003)
3) A. Higo, K. Takahashi, H. Fujita, Y. Nakano, H. Toshiyoshi, Proc. 15th Int. Conf. on Solid-State Sensors, Actuators & Microsystems (Transducers 2009), p196-199 (2009)
4) R. Maboudian, R. T. Howe, *J. Vac. Sci. Technol. B*, **15**(1), p1-20 (1997)
5) Y. Fukuta, H. Fujita, H. Toshiyoshi, *Jpn. J. Appl. Phys.*, **42**(1-6A), p3690-3694 (2003)
6) P. F. Van Kessel, L. J. Hornbeck, R. E. Meier, M. R. Doublass, *Proc. IEEE*, **86**(8), p1687-

1704 (1998)
7) S. Kumagai, A. Hikita, T. Iwamoto, T. Tomikawa, M. Hori, M. Sasaki, *Jpn. J. Appl. Phys.*, **51**, 01AB04 (2012)
8) 江刺正喜，藤田博之，五十嵐伊勢美，杉山　進，「マイクロマシーニングとマイクロメカトロニクス」，p98-118，培風館 (1992)
9) F. Laermer, A. Urban, Proc. 13 th Int. Conf. on Solid-State Sensors, Actuators & Microsystems (Transducers 2005), 3B1.1, p1118-1121 (2005)
10) S. A. McAuley, H. Ashraf, L. Atabo, A. Chambers, S. Hall, J. Hopkins, G. Nicholls, *J. Phys. D: Appl. Phys.*, **34**, p2769-2774 (2001)
11) J. Hopkins, I. R. Johnson, J. K. Bhardwaj, H. Ashraf, A. M. Hynes, L. M. Lea, US patent 6187685 B1
12) M. Tomura, C.-H. Huang, Y. Yoshida, T. Ono, S. Yamasaki, S. Samukawa, *Jpn. J. Appl. Phys.*, **49**, 04DL20 (2010)
13) Y. Jiang, T. Ono, M. Esashi, *J. Micromech. Microeng.*, **19**, 065030 (2009)
14) T. Ichiki, Y. Sugiyama, T. Ujiie, Y. Horiike, *J. Vac. Sci. Technol. B*, **21**(5), p2188-2192 (2003)
15) L. Li, T. Abe, M. Esashi, *J. Vac. Sci. Technol. B*, **21**(6), p2545-2549 (2003)
16) X. Li, T. Abe, Y. Liu, M. Esashi, *J. Microelectromechanical Systems*, **11**(6), p625-630 (2002)

第10章　材料技術の集積化

秦　誠一*

1　はじめに

　異種機能デバイスの集積化技術は，材料技術にもインパクトを与えつつある。特に注目すべきはMEMS（Micro-Electro-Mechanical Systems）技術とコンビナトリアル技術の融合である。コンビナトリアル技術とは，組成，製作条件などのパラメータの異なるサンプルを，基板上など限定された空間に集積製作し，そのサンプル群をハイスループット評価することにより，高効率で物性や特性を調査する技術である[1~7]。

　コンビナトリアル技術を利用した材料開発（コンビナトリアル探索）のフローチャートを，図1に示す。従来の帰納的な材料開発は，組成，製作条件などのパラメータを，理論あるいは経験，予備実験等により絞り込み，一種類，あるいは少数のサンプルを製作，評価するというプロセスを，パラメータを少しずつ変更しながら逐次的に繰り返していた。しかし，コンビナトリアル探索では，パラメータの異なる大量のサンプル群を一括で製作することで探索を並列化し，さらに製作したサンプル群を高い処理能力で評価することで，1サンプルあたりの評価に要する時間を短縮することが可能となる。つまり，材料開発に要する全体の時間として，コンビナトリアル技術を導入することで大幅な高効率化が期待できる。

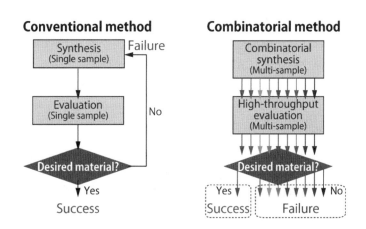

図1　従来の帰納法的な材料探索法とコンビナトリアル手法

＊　Seiichi Hata　名古屋大学　大学院工学研究科　マイクロ・ナノシステム工学専攻　教授

異種機能デバイス集積化技術の基礎と応用

2 コンビナトリアル技術による材料探索

コンビナトリアル技術による材料探索は，特に多元系の材料に有効である。Phillips[8]によれば，1980年代までに，約24,000種類の無機材料が知られていた。しかし，その内の約16,000の種類は2元系材料であり，3元系はわずか約8,000種類に留まっていた。単純に60の元素を考えれば，その組み合わせで生まれる3元系材料は34,000種類にもおよび，さらに個々の元素の組み合わせの中で，組成や組織による特性の違いが発現することを考慮すれば，パラメータの組み合わせは無限に広がる。これら全てのサンプルを逐一製作，評価することは，現実的な材料開発手法とは言えない。もちろん，材料開発は単純な試行錯誤により行われる訳ではなく，これまでの知識および研究者の高度な経験・勘により，狙い所を定め実験計画法なども駆使し作製するサンプルを最小限に留めて行われるのが常である。近年では爆発的に進化しているコンピュータを中心とした情報技術を用いて，シミュレーションにより化合物の材料特性を予測することが盛んに行われている。

しかし，どのようなシミュレーションであっても，自然界の現象を完全に再現することは困難であり，さらに全く未知の現象や原理に基づく物性の発現を否定できない以上，最終的には実験による確認が不可欠である。さらに，コンビナトリアル探索では，目標とするパラメータのサンプルのみではなく，その周辺パラメータのサンプルが広い領域で，十分なパラメータ分解能を持って同時に製作される。そのため，周辺パラメータのサンプルから思いがけず，別の優れた特性を有するサンプルを発見できる可能性（セレンディピティ）も含んでいる。

コンビナトリアル手法における，大きな研究課題は，パラメータの異なるサンプル群をいかに一括で集積製作するか（コンビナトリアル合成）と，そのサンプル群をいかに高い処理能力で評価するか（ハイスループット評価）に大別される[9]。薄膜無機系材料，特に金属材料に適したコンビナトリアル合成法として，多元のカソードを有するアークプラズマ蒸着装置による，コンビナトリアルアークプラズマ蒸着法（CAPD：combinatorial arc plasma deposition）を紹介する[10]。

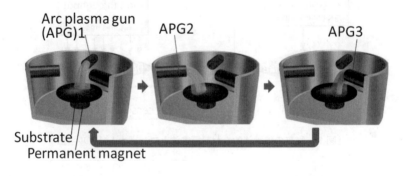

図2　コンビナトリアルアークプラズマ蒸着法概念図

第10章　材料技術の集積化

この成膜法は，図2に示すように，異なる方向に，異なる材料のカソードを有するアークプラズマガンを配置し，順次，プラズマ化した材料を放出することにより，基板上に連続的な組成傾斜薄膜を成膜する手法である。組成領域の調整は，各アークプラズマガンのコンデンサ容量と，各ガンからのプラズマ放出回数の設定により可能である。CAPDの利点は，一回のプラズマ放出で成膜される平均膜厚が，最大膜厚部分でも原子の直径以下となることである。したがって，得られる組成傾斜薄膜内で原子分布が層状にならず，離散的であるため，広い組成領域でレイヤ構造になりにくい。そのため，アニーリングによるサンプルの均質化が不要であり，薄膜アモルファス合金等のアニーリングに不向きな薄膜材料のコンビナトリアル合成に適している。

3　異種機能集積化薄膜ライブラリ

このようなコンビナトリアル合成（成膜）法の研究とともに，一枚の基板上に集積して成膜された，薄膜サンプル群（薄膜ライブラリ）のハイスループット評価法についても，多くの研究がなされてきた。薄膜ライブラリの一例を，図3に示す。この薄膜ライブラリは，サンプルサイズ1mm角，サンプル間隔0.2mmで，33×33の合計1,089サンプルが集積されている。

コンビナトリアル技術における，このような薄膜ライブラリを用いたハイスループット評価では，以下のことが要求されると，鯉沼らは主張している[11]。

- 薄膜ライブラリ上の各サンプルの区別が可能な空間分解能
- 薄膜ライブラリ全体の評価が可能な広い分析範囲
- 薄膜ライブラリ上の各サンプルの比較が可能な定量評価
- 煩雑な前処理や試料のセッティングが不要
- 基板の影響の低減

これらの要求を満たすハイスループット評価は，既存の評価法や評価装置がそのまま適用できる場合と，適用できない場合がある。そこで，評価対象とする特性に照らして，適切な評価法を選択する必要があり，既存の評価法が適用できない特性については，新しい測定原理に基づくハイスループット評価法や，評価装置の開発が必要である。

近年では，MEMS技術の発展に伴い，薄膜ライブラリ上に各サンプルの評価のためのMEMSアプリケーションを，サンプルと一緒にまさに異種機能デバイスを集積化した研究が活発化している[12~15]。図3に示した薄膜ライブラリからは，代表的MEMSアプリケーションの一つであるDMDデバイスが想起される。すなわち，材料サンプルの集積体である

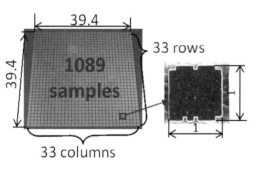

図3　薄膜ライブラリの一例

薄膜ライブラリと，電子回路要素と機械要素の集積体であるMEMSとの融合は，ある意味必然とも言える。以下に近年のMEMSと薄膜ライブラリの異種機能集積デバイスの研究例を紹介する。

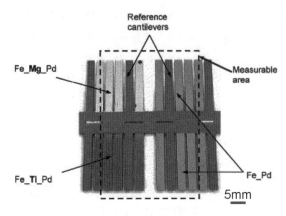

図4　水素吸蔵合金評価用の集積化カンチレバー型薄膜ライブラリ（A. Ludwigら）[15]

3.1　水素吸蔵特性

水素エネルギシステム分野への注目の高まりとともに，水素吸蔵合金の探索へのコンビナトリアル手法の適用例が報告されている。水素吸蔵合金が水素を吸収したときの体積膨張を利用した評価法が，Ludwigらによって報告されている[15]。この評価法では，MEMSプロセスにより図4のようにマイクロカンチレバーを集積した薄膜ライブラリを利用している。個々のカンチレバーは，同一のベース材料と，組成傾斜を有するサンプルから成るバイレイヤ構造である。サンプルが水素を吸収するとバイレイヤの界面に応力が発生し，カンチレバーのたわみが発生する。このたわみを，光てこ方式で検出する。

3.2　相変態温度

薄膜材料の相変態温度についても，近年，盛んにそのハイスループット評価法について研究されている。特に活発なのが，MEMSアクチュエータ材料として注目される，薄膜形状記憶合金（SMA：shape memory alloy）[16]のマルテンサイト変態温度の評価である。相変態温度のハイスループット評価は，基本的に薄膜ライブラリを加熱あるいは冷却しながら，各サンプルの相変態に起因する変化（ひずみや発熱・吸熱など）をモニタリングすることで実現される。

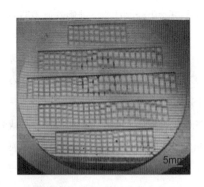

図5　形状記憶合金評価用の集積化カンチレバー型薄膜ライブラリ（I. Takeuchiら）[17]

ひずみを利用した相変態温度の評価法の代表例は，SMAのマルテンサイト変態温度での形状回復ひずみを利用する方法である。形状回復ひずみの発生を検知するために，図5のようなバイレイヤカンチレバー集積形の薄膜ライブラリを利用する。このライブラリを加熱・冷却し，SMAの相変態時に発生する形状回復ひずみによる，バイレイヤカンチレバーの変形から相変態温度を評価する[17,18]。

相変態時のサンプルの発熱・吸熱を利用した評価

第10章　材料技術の集積化

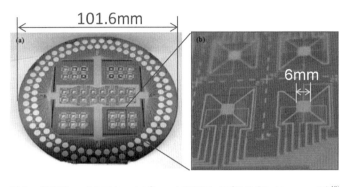

図6　集積化マイクロホットプレート薄膜ライブラリ（S. Hamannら）[13]

法は，示差走査熱量測定法（DSC：differential scanning carolimetry）の原理を応用している。これは，各サンプルが独立したメンブレン構造となる薄膜ライブラリを使用する。図6のように各サンプルに接続された電極を使用し，サンプルをジュール加熱しながら，サンプルの電気抵抗率変化により発熱，吸熱反応を検知する。この手法では，非常に高感度な相変態の検知が可能であるが，複雑な構造の薄膜ライブラリを製作する必要があり，集積度は1ライブラリあたり25個程度である[13, 19]。

3.3　疲労強度

従来の疲労試験では，繰り返し荷重の周波数は100 Hz程度が主流であり，ハイスループット評価には適さない。特に薄膜金属材料では，試験機にセットすることも困難であり，特別な工夫が必要となる。また，MEMS技術を用いて10 kHz以上の疲労試験の研究もなされているが，試験可能な材料がSi系に限定され，多種類のサンプルの測定には至っていない[20, 21]。そこでマイクロアクチュエータを利用した，多種類の薄膜金属材料を評価可能であり，かつ5 kHz以上の試験が可能な，ハイスループット疲労試験法が研究されている[22]。

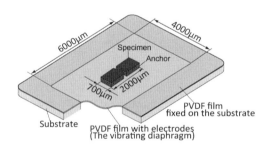

図7　PVDFアクチュエータを用いたマイクロ疲労試験概念図

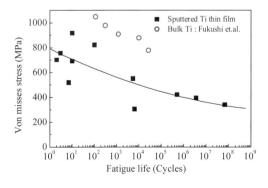

図8　Ti薄膜とバルクTi[23]のS-N曲線

提案されている疲労試験は，曲げ疲労試験法を基本とし，アクチュエータはPVDFフィルムを用いたダイアフラム形アクチュエータを用い，交流電圧を印加することで，ダイアフラムの共振を利用し振動させる。この振動により，ダイアフラム上の試験片に応力集中を生じさせ，試験を行う構造とした。試験片は，アクチュエータとは別途基板上にMEMSプロセスを用いて製作する。これにより，ア

クチュエータの製作プロセスの影響を受けないため，多様な種類の試験片を測定することができる（図7）。

製作したアクチュエータ，試験片を用いて疲労試験を行った。疲労試験は，レーザドップラ振動計により試験片の振幅を測定し，有限要素解析により振幅から応力を解析した。そして，5 kHz以上の疲労試験に成功し，従来の疲労試験の周波数100 Hzの50倍以上の周波数で試験を行うことに成功している。また，多数の試験片で疲労試験に成功し，Ti薄膜のS-N曲線を測定している（図8）。

4　おわりに

以上紹介したようにMEMS技術とコンビナトリアル技術，特にハイスループット評価技術との異種機能デバイスの融合・集積化が現在進行中であることを述べた。今後，さらにこれらの技術が進化することで，MEMSやNEMS，集積回路の画期的な材料が開発される日，すなわち「MEMSでMEMS材料を開発する日」が来るかもしれない。

文　　献

1) R. B. Merrifield, *J. Am. Chem. Soc.*, **85**, 2149 (1963)
2) S. Brocchini, *Adv. Drug Delivery Rev.*, **53**, 123 (2001)
3) T. Carell, E. A. Wintner, A. J. Sutherland, J. Rebek, Y. M. Dunayevskiy and P. Vouros, *Chemistry & Biology*, **2**, 171 (1995)
4) J.-L. Fauchère, J. A. Boutin, J.-M. Henlin, N. Kucharczyk and J.-C. Ortuno, *Chemometrics and Intelligent Laboratory Systems*, **43**, 43 (1998)
5) E. K. Kick, D. C. Roe, A. Geoffrey Skillman, G. Liu, T. J. A. Ewing, Y. Sun, I. D. Kuntz and J. A. Ellman, *Chemistry & Biology*, **4**, 297 (1997)
6) S.-A. Poulsen and L. F. Bornaghi, *Biorg. Med. Chem.*, **14**, 3275 (2006)
7) J. C. H. M. Wijkmans and R. P. Beckett, *Drug Discovery Today*, **7**, 126 (2002)
8) J. C. Phillips, Physics of High-TcSUperconductors, Academic Press, Washington DC, (1989)
9) I. Takeuchi, *Appl. Surf. Sci.*, **189**, 353 (2002)
10) S. Hata, R. Yamauchi, J. Sakurai and A. Shimokohbe, *Jpn. J. Appl. Phys.*, **45**, 2708 (2006)
11) 鯉沼秀臣，川崎雅司，コンビナトリアルテクノロジー　明日を開く'もの作り'の新世界，丸善（2004）
12) A. Ludwig, J. Cao, J. Brugger and I. Takeuchi, *Measurement Science & Technology*, **16**, 111 (2005)

13) S. Hamann, M. Ehmann, S. Thienhaus, A. Savan and A. Ludwig, *Sens. Actoators A*, **147**, 576 (2008)
14) M. A. Aronova, K. S. Chang, I. Takeuchi, H. Jabs, D. Westerheim, A. Gonzalez-Martin, J. Kim and B. Lewis, *Appl. Phys. Lett.*, **83**, 1255 (2003)
15) A. Ludwig, J. Cao, A. Savan and M. Ehmann, *J. Alloys Compd.*, **446-447**, 516 (2007)
16) S. Miyazaki, Y. Q. Fu and W. M. Huang, Thin Film Shape Memory Alloys Fundamentals and Device Applications, Cambridge Univ. Press, Cambridge (2009)
17) I. Takeuchi, O. O. Famodu, J. C. Read, M. A. Aronova, K. S. Chang, C. Craciunescu, S. E. Lofland, M. Wuttig, F. C. Wellstood, L. Knauss and A. Orozco, *Nat. Mater.*, **2**, 180 (2003)
18) A. Ludwig, J. Cao, J. Brugger and I. Takeuchi, *Measurement Science & Technology*, **16**, 111 (2005)
19) J. J. Vlassak, Abstracts of 6th International Workshow on Combinatorial Materials Science and Technology, I12 (2010)
20) W.-H. Chuang, R. K. Fettig, R. Ghodssi, *Sensors and Actuators A*, **121**, 557-565 (2005)
21) S. B. Brown, W. V. Arsdell and C. L. Muhlstein, Materials reliability in MEMS devices,in Proceeding of International Solid State Sensors and Actuators confresnce (Transducers '97), vol. 1, pp. 591-593 (1997)
22) N. Tamjidi, K. Sato, R. Suzaki, Y. Nakamitsu, J. Sakurai and S. Hata, *IEICE Electronics Express*, **9**(5), 403-409 (2012)
23) M. Fukushi, H. Miyata, A. Murakami, *Journal of solid mechanics and materials engineering*, **1**(11) (2007)

第11章　マルチフィジクス・シミュレーションによる統合設計

年吉　洋*

1　静電アクチュエータの一般的な解析手法

　MEMSの機械-電気結合を統合解析するには，通常は図1の左側のパスに示すように，出発点となるMEMSの構造設計（マスク・レイアウト）から3次元のメッシュデータを生成し，有限要素法を用いて印加応力と機械変形の関係を解析する。また，これと平行して右側のパスでは，3次元のポアソン方程式を解いて静電駆動電極間の静電容量を計算し，印加電圧と静電駆動力に関するデータを準備する。最後にこれらのデータをつき合わせて，電圧印加時の機械変形を解析するものである。従って，MEMSの構造設計を修正するたびに，機械系と電気系の解析データを再計算する必要がある。最近ではこれらを統合する専用の解析ソフトも開発されている[1~3]。しかしながら，その出発点はMEMSのマスク形状や詳細な構造パラメタであることが多く，MEMS設計・プロセスの専門知識が必要となるために，LSI設計者がシステム全体の挙動把握に使うツールとしては必ずしも適したものではない。

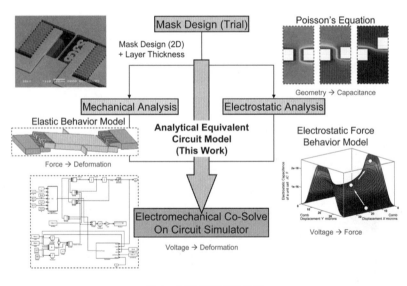

図1　MEMS解析の手順

---

*　Hiroshi Toshiyoshi　東京大学　先端科学技術研究センター　教授

第11章　マルチフィジクス・シミュレーションによる統合設計

2　回路シミュレータを用いた統合解析手法

そこで本稿では，MEMS素子を簡単な集中定数系として等価回路表現して，駆動回路や検出回路と組み合わせたときのシステム全体の挙動を容易に解析する手法を解説する[4,5]。この方法では，機械的に変形するアクチュエータ・センサを2次の共振系としてとらえ，途中で線形化などの簡略化処理は行わずに，機械系の運動方程式全体を電気回路シミュレータ上で解く。

電気機器の制御解析では，一般に，図2(a)に示すようなラプラス変換に基づく表現形を用いて

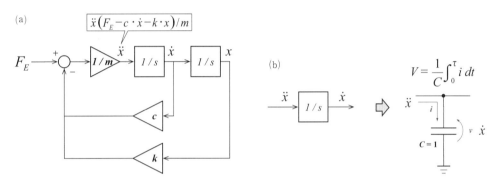

図2　電気回路による積分表現

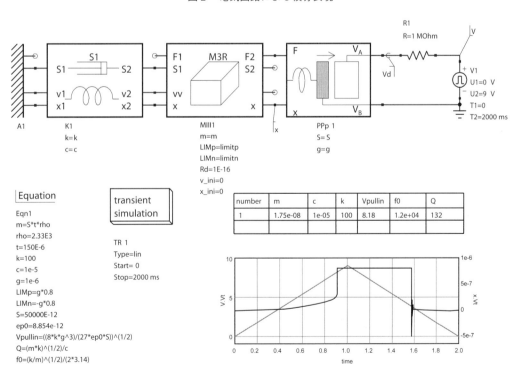

図3　電気回路シミュレータを用いた静電マイクロアクチュエータの解析

いる。これを電気回路シミュレータに移植するには，アナログ・コンピュータのモデルを電気回路として表現すればよい[6]。具体的には図2(b)に示すように，理想的な1ファラッドの容量を用いて，電流入力の積分値を電圧として表現する。この回路を2段直列のフィードバック回路として構成すれば，2次の微分方程式である運動方程式を電気回路として表現可能である。

このようにして構成したMEMSアクチュエータ用の統合解析モデルを図3に示す。機構系の部品はすべてサブサーキット化してあり，左から順にアンカー（機械的固定部位），粘弾性バネ，運動方程式ソルバー（質量），および，静電アクチュエータである。周囲の定電圧源は，これらのモジュールに与えるパラメタを電圧値として設定している。このモデルに外部から電圧を印加すると，モジュール内部では力や変位・速度がそれぞれ電流，および，電圧としてやり取りされて，駆動電圧に対する応答としての変位・速度がフィードバック回路によって計算される仕組みになっている。アクチュエータの駆動には，回路シミュレータが用意している各種電子デバイスのモデルが使用可能である。また，通常の電気回路シミュレータと同様に，DC解析，過渡応答解析，周波数解析などが可能である。

3　MEMS部品の等価回路表現

3.1　平行平板型静電アクチュエータ

本手法では，MEMS機構部品の入出力特性を数式で表現して，それを非線形従属電流源によって等価回路化している。例えば図4の平行平板型静電アクチュエータの場合，誘電率ε_0，初期ギャップgの空気層を介して面積Sの上下電極が平行に向かい合っており，それぞれ，V_A，V_Bの電位が与えられている。このとき，平行平板間に働く静電引力は，上部電極の下向き変位をxとすると，

$$F_E = \frac{1}{2}\varepsilon_0 \frac{S}{(g-x)^2}(V_A - V_B)^2 \tag{1}$$

で表される[7]。また，印加電圧により，上下電極にはそれぞれ下記の式で表される誘導電荷が発生する。

$$Q_A = \frac{\varepsilon_0 S}{g-x}(V_A - V_B) \tag{2}$$

$$Q_B = \frac{\varepsilon_0 S}{g-x}(V_B - V_A) \tag{3}$$

ここで，ε_0やgなどの固定パラメタを引数として，かつ，変位x，駆動電圧V_A，V_Bを入力値と見なすと，静電引力(1)や誘導電荷(2)，(3)は非線形従属電流源を用いて図

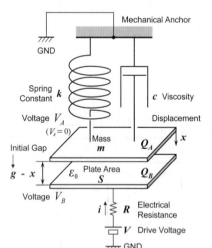

図4　平行平板型静電マイクロアクチュエータの解析モデル

第11章 マルチフィジクス・シミュレーションによる統合設計

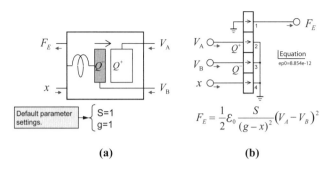

(a) **(b)**

図5 平行平板型静電マイクロアクチュエータの等価回路

5に示すような電気回路シミュレータQucs[8]の等価回路として表現できる。なお，筆者らの研究グループではLTSpice，Cadence Verilog-Aなどの言語を用いても，本手法が表現可能であることを確認している[9]。

3.2 粘弾性サスペンション

一方，静電アクチュエータの可動電極を支えるバネのモデルとして，弾性定数kのフックの法則に従うバネと，減衰係数cのダッシュポッドの並列つなぎを使用した。従って，等価回路モジュールの左右両端から電流出力される機械的復元力は，それぞれ，

$$F_L = c \cdot (v_2 - v_1) + k \cdot (x_2 - x_1) \tag{4}$$

$$F_R = -c \cdot (v_2 - v_1) - k \cdot (x_2 - x_1) \tag{5}$$

となる。ただし，変数x, vはそれぞれ変位，速度であり，インデックスの1, 2はそれぞれ粘弾性バネの左端，右端を表す。このモデルは，同じく非線形従属電流源を用いて，図6の等価回路のように表現できる。

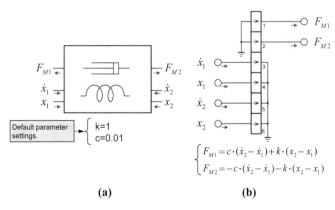

(a) **(b)**

図6 粘弾性サスペンションの等価回路

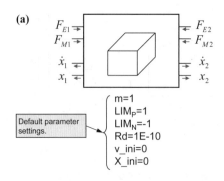

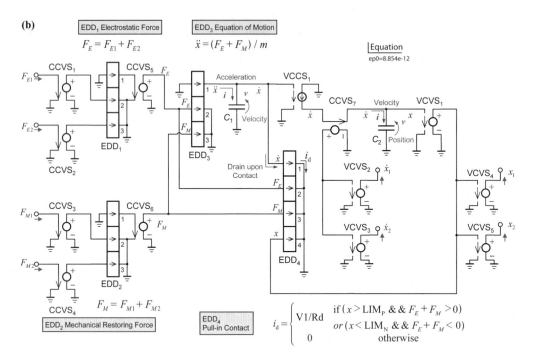

図7　運動方程式ソルバーの等価回路

3.3　運動方程式ソルバー

　図7の運動方程式ソルバーでは，静電アクチュエータや粘弾性バネの等価回路モデルが発生した力を電流として読み込んで，それらの和を取った後に質量mで割って加速度を計算する。この値を，2節で説明したように電気回路内で積分して速度と変位を計算し，外部に電圧として出力する。本研究では初期変位，初期速度，変位の上限，下限を電圧として設定できるようにプログラムした。

3.4 アンカー

最後に,バネを固定するアンカーでは,バネの一端にゼロ変位とゼロ速度を与えて,かつ,発生した復元力の電流値を終端するために,図8に示すように,1Ωの抵抗で接地する方法を取る。

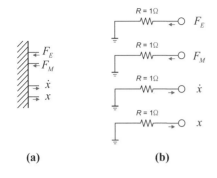

図8 物理アンカーの等価回路

4 統合解析の応用例

本研究で構築した静電アクチュエータの変位解析モデルを用いて,電圧-変位特性を計算した結果を図9に示す。平行平板型静電アクチュエータでは,可動電極の変位が初期ギャップの1/3に達した点で静電引力が復元力を上回ることから,可動電極が対向電極側のストッパ位置まで跳躍するプルイン現象があり,RF-MEMSスイッチや画像プロジェクタ用のライトバルブ素子の制御にも応用されている。一般に,解析過程で線形化を必要とするLRC近似モデル[10]ではプルイン現象を伴う非線形現象の取り扱いはできない。その一方で,本解析ではプルインのタイミングだけでなく,プルイン後のコンタクト,および,プルイン状態からの開放タイミングに至る一連のヒステリシスカーブが計算できる点に特徴があり,静電MEMS機構と制御回路の統合解析に適している。

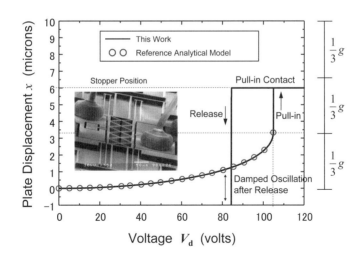

図9 平行平板型アクチュエータの動作解析例

5 おわりに

MEMSアクチュエータの運動方程式を解くモジュールを等価回路表現することで,従来は個別に行っていたMEMSの機構解析とエレクトロニクスとしての特性把握のための電気回路シミュレ

ーションを，まとめて実施できるプラットフォーム技術が構築可能である。今後のMEMS設計においては，MEMS等価回路モデルからマスクレイアウトモデルを生成する技術が必要とされるため，本手法をハードウェア記述言語（HDL）に移植する研究を行っている。

文　　献

1) IntelliSense EDA Linker web: http://www.intellisensesoftware.com/
2) J. V. Clark, N. Zhou and K. S. J. Pister, *IEEE J. Microelectromech. Syst.*, **16**(6), pp.1524-1536（2007）
3) T. L. Grigorie, in Proc. 4th Int. Conf on Perspective Technologies & Methods in MEMS Design（MEMSTECH 2008）, Lviv, Ukraine, pp.105-114（2008）
4) M. Mita and H. Toshiyoshi, *IEICE Electronics Express*, **6**(5), pp.256-263（2009）
5) M. Mita, S. Maruyama, Y. Yi, K. Takahashi, H. Fujita and H. Toshiyoshi, *IEEJ Trans. on Electrical and Electronic Eng.*, **6**(2), pp.180-189（2011）
6) R. M. Howe, *IEEE Control System Magazine*, **25**(3), pp.29-36（2005）
7) H. Toshiyoshi, in Comprehensive Microsystems, Volume 2, ed. Y. B Gianchandani, O. Tabata and H. Zappe, pp.1-38, Elsevier, Amsterdam（2008）
8) Qucs website: http://qucs.sourceforge.net/
9) T. Konishi, S. Maruyama, T. Matsushima, M. Mita, K. Machida, N. Ishihara, K. Masu, H. Fujita, H. Toshiyoshi, in Proc. 2010 Int. Conf. on Solid State Devices and Materials（SSDM2010）, The Univ. of Tokyo, Tokyo, Japan, 22-24, G-6-5（2010）
10) Y. Nishimori, H. Ooiso, S. Mochizuki, N. Fujiwara, T. Tsuchiya and G. Hashiguchi, *Jpn. J. Appl. Phys.*, **48**, 124504（2009）

〔第3編　回路・デバイス設計技術編〕

第12章　MEMS等価回路モデルを用いた統合設計

橋口　原*

1　はじめに

　等価回路モデルは，各種電動機や圧電素子などに広く利用されており，電気・機械系でエネルギー変換を伴うシステムの設計・解析には極めて有効な手法である。等価回路化により素子の有する特性の見通しがよくなり，構造寸法に対するパラメトリックな解析が回路シミュレータで容易に行えるようになる。このため，素子設計の大枠を決めるのにとても有用であり，目標とするシステム仕様を満たす構造的な仕様を決めるのに利用される。また，素子の伝達関数や入力インピーダンス，出力インピーダンスといった，周辺回路設計のために必要な情報も得られるため，性能のよいシステムを設計するためには不可欠と言ってもよいだろう。本章ではMEMSによく利用される静電型アクチュエータを中心に，その線形等価回路導出法について述べるとともに，複雑なMEMS構造を解析するためのMEMS-MEMS連成解析と静電型MEMSに現れるホワイトノイズの理論についても簡単に述べる。

2　MEMSのモデリングと線形等価回路の導出法

2.1　ラグラジアンによる静電型MEMSのモデリングと運動方程式の導出

　電気系と機械系のような異なった系を統一的にモデリングするためには，エネルギー関数であるラグラジアンを用いるのが便利である。ラグラジアンLは，それぞれの系の変数を一般化された座標qとその時間微分量しての速度$\dot{q}(=\partial q/\partial t)$で表わし，それらの変数からなる運動エネルギー$T(q,\dot{q})$とポテンシャルエネルギー$U(q)$の差として，

$$L = T(q,\dot{q}) - U(q) \tag{1}$$

で与えられる[1]。運動エネルギー，ポテンシャルエネルギーには考慮すべきシステムの自由度に併せて，電気系および機械系の有するエネルギーを全てカウントする。
　機械抵抗のようなエネルギー損失を表わすには，散逸関数Fを導入する[2]。散逸関数は一般化速度の2次形式として，

---

*　Gen Hashiguchi　静岡大学　電子工学研究所　教授

$$F = \frac{1}{2}\sum_{i,k} a_{ik}\dot{q}_i\dot{q}_k \tag{2}$$

の形に書ける。

これらの関数を用いることにより，ラグランジュの運動方程式が導かれる。

$$F_0^i + f_i = \frac{d}{dt}\left(\frac{\partial L}{\partial \dot{q}_i}\right) - \frac{\partial L}{\partial q_i} + \frac{\partial F}{\partial \dot{q}_i} \tag{3}$$

ここで添え字iは一つの自由度を表わし，左辺のF_0^i, f_iは，外力として系のポテンシャルを変化させる力の直流分と交流分である。

ラグランジュの運動方程式は考慮している自由度の数だけ立てる。では具体的に静電型アクチュエータの運動方程式をラグラジアンにより導いてみよう。

図1は平行平板型アクチュエータの解析モデルである。表1は解析に用いる変数表である。

ここでは機械系の変位としてx方向のみの1自由度とし，電気系は一つの網目回路が1自由度に相当するので全体で2自由度のシステムとして考える。一般化座標は機械系に対して変位，電気系に対して電荷量とすれば，システムのラグラジアンは次のように書ける。

$$L = \frac{1}{2}mv^2 - \frac{1}{2}k(X+x)^2 - \frac{(Q+q)^2}{2C} \tag{4}$$

ここでCは，平行平板アクチュエータの容量を表わしており，平行平板の面積をSとすると変位の関数として，

$$C = \frac{\varepsilon_0 S}{d_0 - X - x} \tag{5}$$

と書ける。

表1 解析に用いる変数表

記号	パラメータの定義
k	等価バネ定数
m	等価質量
r_f	等価機械抵抗
d_0	平行平板の初期ギャップ
X	直流電圧印加による平行平板アクチュエータの変位分
x	平行平板アクチュエータの変位の交流分
v	平行平板アクチュエータの振動速度
E_0	直流電圧
e	交流電圧
i	交流電流
Q	平行平板アクチュエータに蓄えられる電荷の直流分
q	平行平板アクチュエータに蓄えられる電荷の交流分

(4)式で右辺第1項が機械系の運動エネルギー，第2項はポテンシャルエネルギーで位置座標は直流分と交流分の和となっている。これは，直流変位座標Xの回りでの微小な変位を表わしたものである。同様に第3項は電気系，すなわち平行平板キャパシタンスに蓄えられる静電エネルギーで，電荷は直流分Qと微小交流分qの和で表わされている。電気系の一般化速度は一般化座標である電荷の時間微分，すなわち電流であるが，本モデルではイン

第12章 MEMS等価回路モデルを用いた統合設計

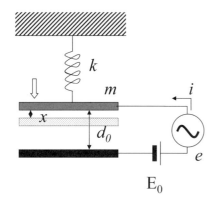

図1 平行平板アクチュエータの解析モデル

ダクタンス分は無視して考えているので,電気系の運動エネルギーに相当する項は表れていない。

一方散逸関数は,配線抵抗が無視できるとすれば,機械抵抗のみを考慮して,

$$F = \frac{1}{2} r_f v^2 \tag{6}$$

となる。

ラグラジアンと散逸関数が導けたので,次にラグランジュの運動方程式を計算する。

自由度は機械系1(座標x,速度v),電気系1(座標q,速度i)であるから,

$$\begin{aligned}F_0+f &= \frac{d}{dt}\left(\frac{\partial L}{\partial v}\right)-\frac{\partial L}{\partial x}+\frac{\partial F}{\partial v} = m\frac{dv}{dt}+k(X+x)+r_f v-\frac{1}{2}\left(\frac{Q+q}{C}\right)^2\frac{\varepsilon_0 S}{(d_0-X-x)^2} \\ E_0+e &= \frac{d}{dt}\left(\frac{\partial L}{\partial i}\right)-\frac{\partial L}{\partial q}+\frac{\partial F}{\partial v} = \frac{Q+q}{C}\end{aligned} \tag{7}$$

これで運動方程式が得られたわけであるが,平行平板アクチュエータが外部電圧で駆動されているとすれば,(7)式の第2式を第1式に代入して,

$$\begin{aligned}F_0+f &= m\frac{dv}{dt}+k(X+x)+r_f v-\frac{\varepsilon_0 S(E_0+e)^2}{2(d_0-X-x)^2} \\ E_0+e &= \frac{Q+q}{C}\end{aligned} \tag{8}$$

となり,電圧駆動の場合の平行平板アクチュエータの動作を表わす運動方程式が得られる。

このようにラグラジアンと散逸関数が考慮すべきシステムの自由度に対して不備なく得られれば,運動方程式を直ちに得ることができる。すなわちラグラジアンをたてることがモデリングということである。

2.2 線形動作方程式の導出と電気等価回路

(7)式,あるいは(8)式の微分方程式を解くことによりシステムの動作を計算することができる。微分方程式の解は一般解と特殊解からなるが,線形回路理論では,定常状態における回路方程式を解くことに帰着する。線形方程式であれば,定常解は時間微分を虚数単位jを用いて$j\omega$で置き換えることにより簡単に求めることができる。そこで(8)式の右辺を線形化してみよう。これには直流バイアス点回りでテイラー展開し,その一次項をとればよい。(8)式では直流バイアス点を表わす変数が既に現れているので,交流変数x,v,q,eのマクローリン展開として,

$$F_0 + f = g_1(v,x,e) = g_1(0,0,0) + \left.\frac{\partial g_1}{\partial v}\right|_{\substack{v=0\\x=0\\e=0}} v + \left.\frac{\partial g_1}{\partial x}\right|_{\substack{v=0\\x=0\\e=0}} x + \left.\frac{\partial g_1}{\partial e}\right|_{\substack{v=0\\x=0\\e=0}} e$$

$$E_0 + e = g_2(x,q) = g_2(0,0) + \left.\frac{\partial g_2}{\partial x}\right|_{\substack{x=0\\q=0}} x + \left.\frac{\partial g_2}{\partial q}\right|_{\substack{x=0\\q=0}} q \tag{9}$$

を計算すればよい。ここで $g_1(0,0,0), g_2(0,0)$ は 0 次項であるが，これらは直流バイアスにおけるバランスを表わしている。特に第 1 式は力の釣合いであり，外力の直流成分 F_0 を零とおくと，

$$kX = \frac{\varepsilon_0 S E_0^2}{2(d_0 - X)^2} \tag{10}$$

となって，直流電圧 E_0 を印加したときの変位 X を求めることができる。

一方 1 次項は，

$$f = m\frac{dv}{dt} + kx + r_f v - \frac{C_0 E_0^2}{d_0 - X} x - \frac{C_0 E_0}{d_0 - X} e = r_f v + j\omega m v + \frac{1}{j\omega}\left(k - \frac{C_0 E_0^2}{(d_0 - X)^2}\right)v - \frac{C_0 E_0}{d_0 - X} e$$

$$e = -\frac{E_0}{d_0 - X} x + \frac{1}{C_0} q = -\frac{C_0 E_0}{d_0 - X} \frac{v}{j\omega C_0} + \frac{i}{j\omega C_0} \tag{11}$$

ここで，$v = j\omega x, i = j\omega q, C_0 = \varepsilon_0 S/(d_0 - X)$ などを使った。

さらに(11)式の第 2 式を電流の式としてまとめ，行列の形で表わすと，

$$\begin{bmatrix} f \\ i \end{bmatrix} = \begin{bmatrix} r_f + j\omega m + \dfrac{1}{j\omega}\left(k - \dfrac{C_0 E_0^2}{(d_0 - X)^2}\right) & -\dfrac{C_0 E_0}{d_0 - X} \\ \dfrac{C_0 E_0}{d_0 - X} & j\omega C_0 \end{bmatrix} \begin{bmatrix} v \\ e \end{bmatrix} \tag{12}$$

のように表わすことができる。(12)式の非対角項は電気・機械系の変換を表わす項，すなわち電気機械変換係数であり，線形動作では絶対値が等しくなって可逆的であることが分かる。またバネ定数に対して電圧の 2 乗に比例する減少項が付加され，これがいわゆる平行平板アクチュエータの線形動作におけるソフトスプリング効果を表わしている。

次に電気等価回路を導いてみよう。ここでは電気回路素子として表現するため，電気端子からみたアドミッタンス回路として求めてみる。

まず交流的な外力 f は零としよう。そうすると(11)式の変数 v を消去できるので，

$$\frac{i}{e} = \frac{1}{Z'_m/M^2} + j\omega C_0 \tag{13}$$

と表わせる。ここで $Z'_m = r_f + j\omega m + (k - C_0 E_0^2/(d_0 - X)^2)/j\omega, M = C_0 E_0/d_0 - X$ などとおいた。

(13)式は回路のアドミッタンスがインピーダンス Z'_m/M^2 とキャパシタンス C_0 の並列接続である

第12章 MEMS等価回路モデルを用いた統合設計

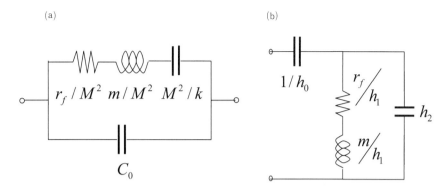

図2 平行平板アクチュエータの電気等価回路

ことを表わしているので，図2(a)のような電気等価回路が直ちに得られる。機械系の各パラメータが電気機械変換係数の2乗で除されていることに注意したい。この等価回路は平行平板アクチュエータの2端子間にあるキャパシタンスと，機械系の共振を表わす直列共振回路が並列に接続され，直感的に動作を理解できる形になっており広く使われている。一方もう一つの手法として，与えられた特性インピーダンスを表現する回路を導く回路合成の手法[3]を用いて等価回路を導出してみる。

今(11)式を複素変数 $s = j\omega$ を用いて特性インピーダンスの形で表現すると，

$$\frac{e}{i} = Z(s) = \frac{ms^2 + r_f s + k'}{s\{mC_0 s^2 + r_f C_0 s + (k'C_0 + M^2)\}} \tag{14}$$

と表わせる。ここで $k' = k - C_0 E_0^2/(d_0 - X)$ とおいた。

(14)式には $s = 0$ に極があるので，極を分離して，

$$Z(s) = \frac{h_0}{s} + Z_1(s) \tag{15}$$

の形に表わしてみる。係数 h_0 は1次の極に対する留数定理より直ちに求まって，

$$h_0 = [sZ(s)]_{s=0} = \frac{k'}{k'C_0 + M^2} \tag{16}$$

$s = j\omega$ であったことを考慮すると，(15)式の右辺第一項は $1/h_0$ の大きさを有するキャパシタンスとインピーダンス Z_1 の直列接続で表現できることが分かる。次に Z_1 は(15)式より，

$$Z_1(s) = Z(s) - \frac{h_0}{s} = \frac{M^2}{C_0^2(k' + M^2/C_0)} \left(\frac{ms + r_f}{ms^2 + r_f s + k' + M^2/C_0} \right) \tag{17}$$

今度は $s = -r_f/m$ に零点があるので，アドミッタンスを考え極の分離を行えば，

$$Y_1(s) = \frac{1}{Z(s)} = \frac{h_1}{ms + r_f} + Y_2(s), h_1 = \left\{\frac{C_0\left(k' + M^2/C_0\right)}{M}\right\}^2 \tag{18}$$

(18)式の第一項は $s=j\omega$ を考慮すると，抵抗とインダクタンスの直列回路アドミッタンス $Y_2(s)$ と並列に接続されていることを表わしている．次に Y_2 は(18)式より

$$Y_2(s) = Y_1(s) - \frac{h_1}{ms + r_{fr}} = \frac{C_0^2\left(k' + M^2/C_0\right)}{M^2}s \tag{19}$$

となるが，これはキャパシタンスである．結局等価回路は図2(b)のように書ける．図2(a)と形は異なるが同じ特性の回路を表わしている．一般的に特性インピーダンスは変数 s の有理関数で表わすことができるので，このようにして等価回路を合成していくことができる．

2.3 従属電源を用いた電気・機械等価回路

前項では電気回路側からみた等価回路の導出法について述べたが，従属電源素子を用いれば機械系をそのまま機械回路として表現できる．今機械系の外力 f を電圧，速度 v を電流として考えれば，(12)式の行列はいわゆるハイブリッドパラメータ（hパラメータ）に相当する．従って図3のようにバイポーラトランジスタの小信号交流等価回路[4]と同じ形に等価回路を書くことができる．従属電源の正負に注意されたい．機械回路では機械系の等価質量がインダクタンスに，等価バネ定数の逆数がキャパシタンス容量に，機械抵抗がそのまま抵抗となる．機械系が露わに表現されているので，機械系から外力を入力した場合の電気回路の出力などを評価でき，センサの設計には有用である．SPICEなどの回路シミュレータではこのような従属電源素子が汎用的に用意されているので，このまま回路シミュレータで特性を評価できる．

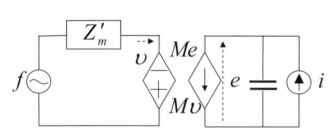

図3　平行平板アクチュエータの電気機械等価回路

2.4 電磁型MEMSのモデリング

電磁型MEMSのモデリングについて，図4に示すような1ターンのコイルからなるカンチレバーを例として述べる．磁束密度 B の中におかれたカンチレバー上のコイルに交流電流 i を流してカンチレバーを上下に振動させるモデルである．一般的に位置ベクトル $\mathbf{r}$ にある電荷 q の粒子（質量 m_q）が，電場 $E(\mathbf{r},t)$，磁束密度 $B(\mathbf{r},t)$ の中を運動するときのラグラジアンは，ベクトルポテンシャル $\mathbf{A}$ および電位 φ を用いて，

第12章　MEMS等価回路モデルを用いた統合設計

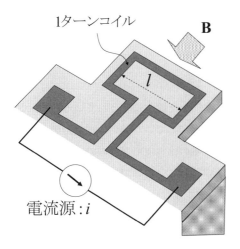

図4　電磁アクチュエータ解析モデル

$$L = \frac{m_q}{2}\dot{\mathbf{r}}^2 + q\dot{\mathbf{r}} \cdot \mathbf{A} - q\varphi \quad (20)$$

と表わせる[5]。ここで振動方向をx，コイルの先端部分を電流が流れる向きをy，磁束の方向をzとすれば，電荷の速度ベクトルは $\dot{\mathbf{r}} = \mathbf{i}v_x + \mathbf{j}v_y$（$\mathbf{i},\mathbf{j}$はそれぞれx方向，y方向の単位ベクトル）と表わされ，ベクトルポテンシャルはいわゆるクーロンゲージ $\nabla \cdot \mathbf{A} = 0$ をとれば，$\mathbf{A} = \mathbf{j}Bx$ と表わせるので，先端部分配線内の全電荷 $Q = nqlS$（n:電荷密度，q:素電荷，l:長さ，S:断面積）に対して，

$$Q\dot{\mathbf{r}} \cdot \mathbf{A} = nqv_y SlBx = iBlx \quad (21)$$

結局カンチレバー先端の変位 x と速度 v_x に対してラグラジアンは，

$$L = \frac{1}{2}mv_x^2 - \frac{1}{2}kx^2 + iBlx \quad (22)$$

ここで m, k は先端の変位 x に対するカンチレバーの等価質量と等価バネ定数であり，電荷の質量 m_q に対する運動エネルギーは無視している。

3　半導体への電界の浸み込みを考慮した静電型素子の等価回路

前節の平行平板アクチュエータのモデリングでは，キャパシタンス容量は電極間ギャップで計算できると仮定している。しかしながら材料が半導体の場合その誘電的な性質のために，電界の浸み込みが半導体に生じる。ここではそのような電界の浸み込みを考慮した場合のモデリングを櫛歯アクチュエータに対して行ってみよう。櫛歯アクチュエータの櫛歯電極である半導体に電界が浸み込み空乏層がある場合，その空乏層容量は半導体表面の表面電位 V を用いて次式で近似できる。

$$C_D(x,V) = \frac{C_{g0}}{\sqrt{1 + \left(\dfrac{2\varepsilon_0^2}{qN_A\varepsilon_s X^2}\right)V}}, \quad C_{g0} = \frac{2n\varepsilon_0 b(X+x)}{d} \quad (23)$$

ここで n は櫛歯の数，C_g はギャップの容量，X は直流バイアス印加による櫛歯の重なり距離，x は変位の交流分，d は櫛歯間のギャップ，N_A は半導体の不純物濃度，ε_s は半導体の誘電率である。櫛歯間容量はギャップ容量と空乏層容量が直列に接続された形になるので，図5に示すように印加した交流電圧を e_1，半導体の表面電位を e_2 として，この電位部を接点方程式として考えれ

97

ば，ラグラジアンは，

$$L = \frac{1}{2}mv^2 + \frac{1}{2}C_g(e_1-e_2)^2 + \frac{1}{2}C_D e_2^2 - \frac{1}{2}k(X+x)^2 \qquad (24)$$

と表わせる[6]。ここで$C_g = 2n\varepsilon_0(X+x)/d$ である。(24)式では電位を一般化速度としているので，これに相当する一般化変位は磁束であるが，インダクタンスを仮定していないので電気系のポテンシャルエネルギーは無視している。また電気系の力に相当するのは電流であるので，電流源が接続されている。また電気系に対しては二つの一般化速度を定義しているのでその自由度は2であり，機械系の1と合わせて3自由度の系である。従ってラグランジュの運動方程式も三つかけて，さらに前節で説明したような線形化を行うと次のような3行3列の動作行列が書ける。

$$\begin{pmatrix} f \\ i \\ 0 \end{pmatrix} = \begin{pmatrix} Z_m & -a_1 & -a_2 \\ a_1 & j\omega C_0 & -j\omega C_0 \\ a_2 & -j\omega C_0 & j\omega DC_0 \end{pmatrix} \begin{pmatrix} v \\ e_1 \\ e_2 \end{pmatrix} \qquad (25)$$

ここで，$a_1 = \frac{2n\varepsilon_0 b}{d}(E_1-E_2), a_2 = -\frac{2n\varepsilon_0 b}{d}(E_1-E_2) + \frac{3nbE_2}{2\sqrt{2}}\sqrt{\frac{q\varepsilon_s N_A}{E_2}}, D = 1 + \frac{3d}{8\sqrt{2}\varepsilon_0}\sqrt{\frac{q\varepsilon_s N_A}{E_2}}$ であり，E_1, E_2 は直流電位である。

これを電気・機械等価回路で表わすために(25)式の第2行，第3行を下記のように変形すれば，

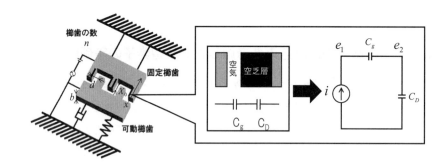

図5　半導体モデル

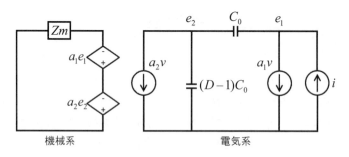

図6　半導体モデル等価回路

第12章　MEMS等価回路モデルを用いた統合設計

$$i = a_1 v + j\omega C_0 (e_1 - e_2)$$
$$0 = a_2 v + j\omega C_0 (e_2 - e_1) + j\omega (D-1) C_0 e_2 \tag{26}$$

これは二つの電位点における接点方程式に他ならないので，図5の等価回路に追加の素子を加えて図6のような等価回路になることが分かるであろう。もし電界の浸み込みが小さく E_2 が零に近くなると，D が非常に大きくなって e_2 が零電位に短絡され金属近似と同じ櫛歯アクチュエータの等価回路になる。電界の浸み込み効果は電位 E_2 の効果により電気機械結合係数を小さくするので，わずかながら変換効率が落ちることになる。しかし実際はシリコンをエッチングした表面には高密度の界面準位が存在し，これらの準位にトラップされた電荷が電気力線をターミネイトするので，よほど高抵抗のシリコンを利用しないかぎり電界の浸み込み効果は小さいと考えられる。

4　櫛歯素子の機械系多自由度等価回路

今までは機械系はx方向のみ変位すると仮定して解析してきたが，櫛歯アクチュエータが櫛歯を引き込む方向（x方向）以外に隣り合う電極の方向（y方向）にも動くような，機械系2自由度モデルを考えてみよう。図7はその解析モデルである。櫛歯電極の左右のギャップが異なっていると仮定し，櫛歯間容量を $C(x,y)$ としてラグラジアンを書けば[7]，

$$L = \frac{1}{2}mv_x^2 + \frac{1}{2}mv_y^2 - \frac{1}{2}k_x(X+x)^2 - \frac{1}{2}k_y(Y+y)^2 - \frac{1}{2}\frac{(Q_0+}{C(x} \tag{27}$$

$$C(x,y) = \frac{n\varepsilon_0 b(X_0+X+x)}{Y_1-Y-y} + \frac{n\varepsilon_0 b(X_0+X+x)}{Y_2+Y+y} = n\varepsilon_0 b(X_0+X+x)\left(\frac{1}{Y_1-Y-y} + \frac{1}{Y_2+Y+y}\right) \tag{28}$$

となる。これより線形動作方程式を導けば，

$$\begin{bmatrix} f_x \\ f_y \\ i \end{bmatrix} = \begin{bmatrix} r_x + j\omega m + \dfrac{k_x}{j\omega} & -\dfrac{A+BD}{j\omega C_0} & -D \\ -\dfrac{A+BD}{j\omega C_0} & j\omega m + r_y + \dfrac{k_y}{j\omega} - \dfrac{1}{j\omega C_y''} & -B \\ D & B & j\omega C_0 \end{bmatrix} \begin{bmatrix} v_x \\ v_y \\ e \end{bmatrix} \tag{29}$$

ここで A, B, D は構造パラメータと直流バイアスで決まる定数，C_0 は直流バイアス印加による容量である。これより電気機械等価回路は図8のようになる（x，y方向それぞれの機械系インピーダンスは省略している）。図中で $C_m = C_0/(A+BD)$ とおいており，負のキャパシタンスはソフトスプリング効果を表わしている。図9は印加直流電圧による共振周波数の変化を実際に作製したデバイスと比較したものである。y方向に関してはソフトスプリング効果により印加電圧に対して共振周波数が減少するが，等価回路で計算した共振周波数はほぼ実験結果と一致している。

異種機能デバイス集積化技術の基礎と応用

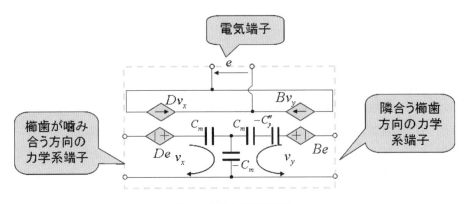

図8　2自由度等価回路

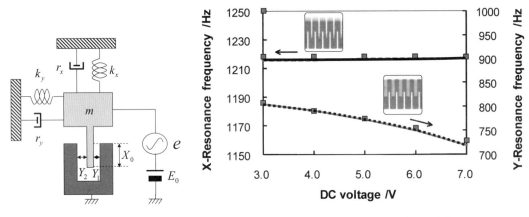

図7　2自由度解析モデル　　　　図9　2自由度モデルの実験との比較

5　MEMS-MEMS連成解析[8]

　複数のMEMS能動素子が連成した構造を解析するために，機械素子を等価回路で表わしてみる。ここでは今までの議論と同様，力を電気系の電圧，速度を電流と見なした機械回路を導出してみよう。例として図10(a)のような連成バネマスの等価回路を考える。この連成バネでは，マス1とマス2がそれぞれ異なった速度で振動すると考えられる。そこで速度v_1と速度v_2を点として機械素子の接続グラフを描く。慣性力は静止点を基準にしているので，図10(b)のような接続グラフが書けるであろう。速度v_1と速度v_2は電流として回路を描くので，速度が存在するということはそこに一つの閉ループがあるということであるので，二つの網目回路ができることになる。そして網目ループが横切る機械素子をループに沿って直列に挿入していけばよい。二つの網目に共通する素子は，その部分で二つの網目回路が接続されることを表わしているので，結局機械回路は図10(c)のようになることが分かるであろう。次に図11(a)に示すような二つの平行平板アクチュエータからなる3端子平行平板アクチュエータの等価回路を考える。振動する場所は1箇所であ

第12章　MEMS等価回路モデルを用いた統合設計

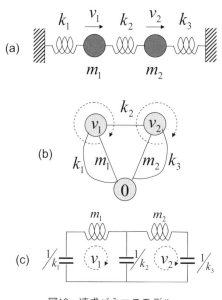

図10　連成バネマスモデル
(a)解析モデル，(b)接続グラフ，(c)等価回路

るので，図11(b)に示すようにその点と静止点からなる二つのグラフとなるが，速度点には左右のアクチュエータの力が加わっている。これらの力に対しては加える電圧と変位に向きがあるので，それを矢印で表わすことにする。つまり左側のアクチュエータの変位の向きを速度の正の向きとすれば，左側の端子に微小交流電圧をプラスとして加えた場合，その櫛歯間で電位は下がるので，上記で定めた変位の向きと逆になる。これを速度点から出て行く矢印で表わす。一方右側のアクチュエータは同じく微小交流電圧をプラスの向きに加えたとき電位は下がるが，このとき変位の向きは正の向きと一致するので矢印の向きを速度点側にとる。速度vの電流の向きを右回りに定めたとき，速度点に矢印がある力を電源として正の向きに描けば図11(c)のような機械等価回路が描ける。なおソフトスプリング効果を表わす負のキャパシタンスは両方の平行平板アクチュエータに対して付加する必要がある（全体を一つのラグラジアンで表わして確認することをお奨めする）。このように接続グラフは異なる変位をする部分を速度点として機械構造の見た目で書けるので，複雑なMEMS構造でも簡単に機械回路を描くことができる。

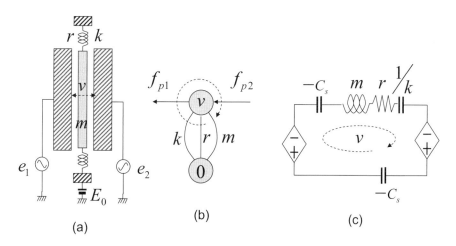

図11　3端子平行平板モデル
(a)解析モデル，(b)接続グラフ，(c)等価回路

6 　静電型MEMSのホワイトノイズ解析

最後にセンサなどの設計で問題となる静電型MEMSのノイズについて言及する。静電型ではキャパシタ容量の変化がセンサとなっていることが多い。キャパシタは直流電流が流れないので，ショット的なノイズよりむしろサーマルノイズがホワイトノイズとなってセンサに発生すると考えられる。この大きさについて議論してみる。容量型センサを最も簡単な等価回路として記述すると，図12に示すような抵抗（配線抵抗含む）とキャパシタからなるローパスフィルタの形で表わせる。

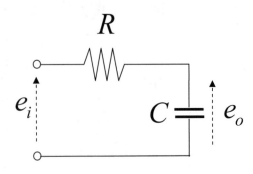

図12　静電型MEMSのRC等価回路

抵抗で発生するサーマルノイズがこのローパスフィルタを通ってキャパシタンスのノイズとなっているとしよう。一般的に線形システムにおいては，その伝達関数を$H(\omega)$とすると入力信号の電力スペクトル$S_i(\omega)$に対して出力のスペクトルは，

$$S_o(\omega) = |H(\omega)|^2 S_i(\omega) \tag{30}$$

で計算できる。抵抗値Rで発生するサーマルノイズの帯域制限のない場合の電力スペクトルは$S_W = 2k_B TR$ [9]であり，伝達関数は，

$$\frac{e_o}{e_i} = H(\omega) = \frac{1}{1+j\omega CR} \tag{31}$$

であるので，キャパシタンスノイズの電力スペクトルは，

$$S_C(\omega) = \frac{2k_B TR}{1+\omega^2 C^2 R^2} \tag{32}$$

これよりウィナー・ヒンチンの定理を使ってキャパシタンスノイズの自己相関関数$R(\tau)$を計算すれば，

$$R_C(\tau) = \frac{2k_B T}{C^2 R} \times \frac{1}{\pi}\int_0^\infty \frac{\cos\omega\tau}{\omega^2+(1/CR)^2}d\omega = \frac{2k_B T}{\pi C^2 R}\times\frac{\pi CR}{2}e^{-\frac{|\tau|}{CR}} = \frac{k_B T}{C}e^{-\frac{|\tau|}{CR}} \tag{33}$$

と計算されるが，ノイズ電圧の実効値の2乗は自己相関関数において$\tau=0$として，

$$V_n^2 = \frac{k_B T}{C} \tag{34}$$

となる。これはサーマルノイズが抵抗値に関係なくキャパシタンスと温度で決まるということでkT/Cノイズ[10]と呼ばれているものである。例えば1pFの容量に対しては室温で60μV程度となる。ある一定の間隔でサンプリングを行う場合は，CR定数とサンプリング時間t_sの関数となり，

第12章　MEMS等価回路モデルを用いた統合設計

$$V_n^2 = \frac{2k_B T}{C} \frac{1}{2+t_s/CR} \tag{35}$$

と計算される[11]。

　以上のように線形システムのホワイトノイズは理論的に取り扱うことが可能であり，前節まで説明したようなMEMSの線形等価回路を用いて伝達関数を計算すれば，機械構造を含めた形でノイズの計算ができる。また自己回帰法[11]と呼ばれる手法を用いればホワイトノイズのシミュレーションもできるので，センサ設計には有用であろう。特に抵抗やキャパシタンス容量の大小などで，同じノイズの実効値でもノイズ信号波形は異なってくるので，ノイズ源の特定などにシミュレーションは有効な手段である。

7　おわりに

　静電型MEMS素子を中心に線形等価回路による設計手法について述べた。この他，圧電材料を使ったユニモルフ振動子，音響素子の等価回路などはマイクロマシンセンターの等価回路ジェネレータ[12]を参照されたい。

文　　　献

1) 江沢　洋，解析力学，p.27，培風館 (2007)
2) ランダウ，リフシッツ（広重　徹，水戸　巌訳），力学，p.95，東京図書 (1974)
3) 例えば，古賀利郎，電子情報通信学会編　回路の合成，第3章，第4章，コロナ社 (1981)
4) 例えば，藤井信生，アナログ電子回路，p.49，昭晃堂 (1984)
5) 江沢　洋，解析力学，p.53，培風館 (2007)
6) 植木真治ほか，電学論E，**130**, 388 (2010)
7) Y. Nichimori *et al.*, *Jpn. J. Appl. Phys.*, **48**, 124504 (2009)
8) N. Fujiwara *et al.*, *IEEJ Trans.on Electrical and Electronic Engineering*, **4**, 352 (2009)
9) 中川正雄，真壁利明，確率過程，p.85，培風館 (2002)
10) 角南英夫，川人祥二編著，メモリデバイスイメージセンサ，p.187，丸善 (2009)
11) 小倉久直，確率過程入門，p.148，p.139，森北出版 (1998)
12) http://memspedia.mmc.or.jp/WebLibrarySystem/

第13章　集積化MEMSセンサ実現のための回路設計

高尾英邦[*]

1　集積化MEMSセンサの構造と回路接続の影響

　近年，集積化MEMS技術により，各種センサと信号処理回路を一体化した高性能集積化MEMSセンサが実用化されている。その優れた性能を実現するため，MEMSセンサの駆動と，その信号処理を行う周辺回路との一体化は多くの場合有効である。これらの集積化センサは，MEMS技術で形成したセンサチップとその専用信号処理集積回路（ASIC：Application Specific Integrated Circuit）をパッケージのレベルで一体化した「ハイブリッド回路型」と，同チップ上でASIC部分とセンサを一体集積化した「モノリシック回路型」に大別される。図1は，信号処理機能を担うCMOS-ASICと，センサデバイスの機能を生成するマイクロ機械要素を一つのチップ上で形成する「モノリシック回路型」集積化MEMSセンサの構成概略図である。可動構造を形成するMEMS部分は，単結晶シリコンの基板そのもの（バルクシリコン）や絶縁層を介した単結晶であるSOIウェハの活性層，結晶性を改善した多結晶シリコン堆積層（エピポリ）等を用いて構成される。図1はSOIウェハの活性層を用いてMEMS部分を形成するモノリシック回路型集積化センサの構成概略図である[1]。埋め込み酸化膜を犠牲層とし，厚膜単結晶シリコン層を可動構造に用いて，直近に集積化されたCMOSのアナログインターフェース回路と最短距離で接続される。集積化MEMSセンサの回路設計においては，従来CMOS回路に含まれなかった新しい回路要素であるMEMS構造をどのように設計へと取り入れるか，また，MEMSとCMOSの入力回路節点間の接続がどのように行われているかについて，十分な理解と検討が必要となる。

　多くの場合，MEMSデバイスの信号となる電圧・電流の変化やインピーダンスの変化は非常に微弱であるため，各デバイスとの接続性がセンサ性能に与える影響は大きい。また，デバイスを実現するコストを踏まえると，集積回路とMEMSのチップは別々に製作して実装する構成が商業上の成功を納めるケースが多く見受けられる。現に，2012年時点でマイクロ加速度センサの半数を超えるシェアを獲得したデバイスは，ハイブリッド回路構成を選択している。これは，従来の半導体集積回路製品と集積化MEMS

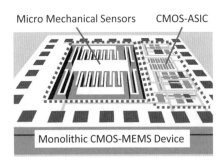

図1　「モノリシック回路型」集積化MEMSセンサの構成概略図[1]

＊　Hidekuni Takao　香川大学　微細構造デバイス統合研究センター　副センター長，准教授

第13章　集積化MEMSセンサ実現のための回路設計

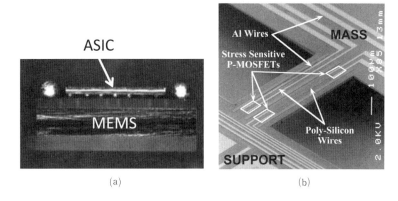

図2　集積化センサデバイスの形成事例
(a)ハイブリッド回路型：Chip on MEMS[2]，(b)モノリシック回路型：CMOS集積化3軸加速度センサ[3]

センサがおかれている状況の違いを示しており，モノリシック型が常に最高性能を発揮するとは限らないことの現れでもある。図2は，「ハイブリッド回路型」と「モノリシック回路型」の実際の事例である。「2チップ構成」とも言われるハイブリッド回路型では，各チップ間距離ができるだけ短くなるようバンプ等を用いて接続し，回路との間に生じる寄生素子の影響をできるだけ抑えるようなパッケージ構成となっている。図2(a)の事例においては，ウェハ上に形成したはんだボールを介して，CMOS-ASICがフリップチップ接合されており，工程の最後にアンダーフィルを流し込むことで表面の保護と信頼性向上を実現している[2]。一方，図2(b)の「モノリシック回路型」集積化3軸加速度センサにおいては，バルクシリコンをセンサ構造の重りとバネの形成に用い，その表面に形成されたCMOS回路を用いておもりの偏向を検出し，加速度入力を取得する[3]。

　MEMSデバイスとCMOSの物理的な距離を考慮すれば，モノリシック回路型が寄生素子の観点から見て有利であることは明らかである。また，それらの配線接続は薄膜蒸着とリソグラフィー技術を用いた一括加工による配線であり，集積回路が持つ利点である低いミスマッチ誤差率と相対精度の高さを最大に活かすことができる。また，デバイス集積密度の観点から見ても，モノリシック構成は配線密度を向上できることから大いに優れているといえる。このことは，32 nm-CMOSメモリの実装に用いられるTSV技術の貫通配線ピッチが最小で現状50 μm程度であり[4]，モノリシックに集積化されるCMOS上の配線間隔と比較して1～2桁以上大きいことからも容易に理解できる。

　一方，ハイブリッド回路型集積化システムにおいては，センサ，アクチュエータ部分の製作においてシリコンという材料や集積回路プロセスとの互換性に縛られない多種多様な加工技術と構成材料を利用したデバイス開発を行うことができる。また，近年ではフリップチップ実装や3次元実装技術が集積回路分野で急速に発展を遂げてきたことから，図2(a)の事例に示されるように，モノリシック回路構成に近い状態でASICを実装可能となっている。また，信号処理を担うASIC

部分は通常CMOS技術で形成されており，年々微細化・高集積化・低電圧化に向けた改良が進められている。近年，モバイル機器に多く搭載されるようになった加速度センサに見られるように，デバイスの「コモディティー化」が進みつつある成熟した市場においては，価格原理に従い，要求されるセンサ性能を最安のコストで実現する製品が必然的に競争力を持つ。このような事情も考慮すれば，一定以上の性能を持ち，システムの構成をフレキシブルに変更しやすいハイブリッド回路構成は，価格競争の激しいセンサの市場で大変強い利点を発揮していると見なすことができる。それに対して，モノリシック回路構成には，より高性能かつ高機能が必要とされる応用分野にむけて，ハイエンド指向のセンサ製品開発が求められる傾向にある。

2　集積化MEMSセンサ実現に必要な回路設計の考え方

2.1　MEMSセンサデバイスの表現方法

　集積化MEMSセンサにおいては，センサとして働くMEMSデバイス部分，ならびに，MEMSとCMOS間の接続配線構造が，システム回路としてどのような性質に影響するかについて十分配慮した設計を行う必要がある。はじめに，回路設計におけるMEMSセンサデバイス部分の取り扱いについて説明する。図3は，回路解析に向けたMEMSセンサの等価変換の考え方を示している。MEMSセンサは一種のトランスデューサであり，検出対象のシグナルがもつエネルギーを最終的には電気エネルギーへと変換し，電気信号として情報を取り出す。多くのMEMSセンサでは，デバイスの構造自体に何らかの微細構造を有しており，対象から受け取ったエネルギーが振動や変位，変形などの機械的エネルギーへと一旦変換される。この機械的な信号（機械出力）は，共振現象などを含む構造特有の周波数応答性を表現する機械系等価回路で表され，電極の変位による静電容量変化や，応力に比例するピエゾ抵抗効果を介した抵抗変化など，電気的信号の変化へと変換されて，電気インピーダンスの等価回路と共に後段の回路へと出力される。その際，センサ入力に対する機械出力を電気系等価回路における信号電圧源（または電流源）に変換する「機械-電気変換係数」は，センサの感度に影響を与える重要な性能指標となる。

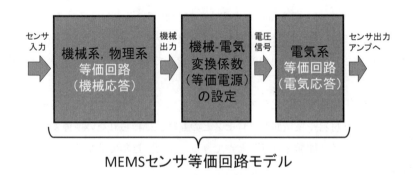

図3　回路解析に向けたMEMSセンサの等価変換

第13章　集積化MEMSセンサ実現のための回路設計

物理的入力に対するMEMSセンサ構造の機械的な応答特性については，機械振動モデルや熱等価回路モデルなどに見られるようなLCR回路を用いて，電子回路と相似的な表現を行うことができる。ただし，この時点で得られる等価回路の出力は，振動速度や変位，それに伴う内部応力などの機械的情報であり，電気回路の信号や素子定数とは直接対応していないことに注意が必要である。一方，センサの出力信号を受け取るアナログ回路から見た場合，MEMSセンサは，電圧・電流信号源と内部インピーダンスを有する回路ブロックとして認識されることになる。電子回路の利得解析と同様に，小信号等価回路モデルで静電容量型センサを一例として表す場合，センサは入力に比例して値が変わる可変容量として表現される。ピエゾ抵抗型センサの場合，入力に対する小信号出力はすでにブリッジ回路を通して電圧に変換されており，ブリッジ回路の出力抵抗と，機械信号に比例して変化する電流源の積として信号電圧を表すことができる。この電気等価回路をSPICE等の電子回路設計ツールで取り扱うには，センサの物理入力を表現する電圧を信号として入力しなければならない。入力の大きさ1に対する機械出力の変換係数をFEM解析などで求め，単位電圧1Vに相当する入力の重みを与えることで，センサの入力から出力までを全て電圧で扱うことができるようになり，集積回路システム設計ツール内でMEMSセンサを扱うことができる。

図4は，上記の考え方に基づくMEMSセンサの小信号（線形）等価変換回路の一例である。ここでは，MEMSセンサで一般的なホイートストンブリッジを用いた，ピエゾ抵抗型センサの等価変換回路を示している。前段の機械系電気等価回路はセンサの機械応答特性を表現しており，物理入力y_{in}に応答して機械出力X_ωを出力する機械振動系のQ値や固有振動数を表す抵抗，LC共振回路などで構成される。ここで，機械出力（ここではMEMS上の応力）と物理入力（加速度，圧力などの機械量）の関係を解析等で実際のデバイス構造に対応させることで，物理入力y_{in}に対応する入力電圧$v(y_{in})$を設定することができる。

中段の機械-電気変換部分は，前段で得られた機械出力X_ωを電気信号に変換し，その利得，すなわちセンサの感度を決定する変換係数S_0を与える。センサ内部の機械信号はここで電流変化に

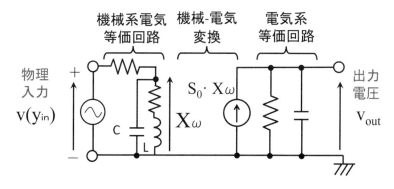

図4　ホイートストンブリッジ型センサの等価変換回路

変換され，最終的には後段の電気系等価回路のインピーダンス，すなわちセンサデバイス自体の出力インピーダンスによって電圧信号へと変換される。本等価回路は，電子回路の交流設計に用いるトランジスタの小信号等価回路と類似であり，本センサは，機械系電気等価回路を入力インピーダンスとする能動素子と見なすことができる。このように，MEMSセンサの等価回路が示されることで，アナログ回路を含む全体回路の中で，特性を制御すべき伝達関数を支配する要素が明らかになるなど，実用上のメリットも大きい。

2.2　MEMSとCMOS間の接続配線構造の表現方法

次に，集積化MEMSセンサにおけるMEMS-CMOS間の接続配線構造が，システム全体の性質にどのような影響を及ぼすかについて，2.1項同様に等価回路モデルを用いて説明する。第1節で示したように，モノリシック回路構成とハイブリッド回路構成の集積化MEMSセンサにおいては，センサを構成する構造体部分と回路の入力節点を配線接続する際のデバイス構造に最も大きな違いがある。通常，配線の抵抗やインダクタンス，配線周囲の誘電体構造などから生じる寄生的な線間容量や対地容量などが，寄生素子としてセンサ特性に影響を与える。その影響の大きさに違いはあるものの，モノリシック回路型とハイブリッド回路型の両方がこれら寄生素子の影響を受けるという点では共通の課題となる。接続部の寄生素子モデルを確立できれば，モノリシック，ハイブリッド共に共通の考え方に基づいてASICのアナログ回路部を設計することができる。

図5(a)は上記の寄生素子の考え方を図で表したものである。本図はモノリシック回路型（1チップ構成）でもハイブリッド回路型（2チップ構成）の何れでも成り立ち，MEMSセンサ部分（またはセンサチップ）とCMOSアナログ回路部分（またはASICチップ）を接続する配線部分に寄生素子が含まれている。図では2.1項のホイートストンブリッジ型MEMSセンサと配線寄生容量の組み合わせを示している。実際には，センサの検出原理によって，内部インピーダンスの影響は大きく異なってくる上，駆動信号の周波数によっては配線のインダクタンスが無視できない状況も生じる。適宜，動作条件の実情に即した精度の素子モデルが必要である。

このMEMSセンサと配線接続部，ならびに，フロントエンド回路を含めた小信号等価回路モデルの例を図5(b)に示す。MEMSセンサの物理等価回路モデルは，図4と同じである。ここでは，フロントエンド増幅器の入出力インピーダンスと利得が小信号等価回路モデルで表現されているとともに，配線接続部分も等価回路で表現され，センサと増幅器の回路を結んでいる。この配線接続部分の等価回路モデルこそが，モノリシック回路型，ならびに，ハイブリッド回路型の電気的特性を特徴づける箇所であり，それがバッチプロセスによる集積回路のバス配線であるか，ボンディングパッドを含めたバンプやワイヤーの配線であるかにより，等価回路の構成と素子定数は大きく変化することとなる。等価回路を一見して分かるように，集積化MEMSセンサ全体の回路特性に影響を及ぼす要素は，単に寄生素子の種類や素子定数の大きさで決まるのではなく，MEMSセンサの信号帯域における出力インピーダンスと後段回路の入力インピーダンスに寄生素子のインピーダンスとがどの程度の比率で影響するかによって決まってくる。高精度の等価回路

第13章 集積化MEMSセンサ実現のための回路設計

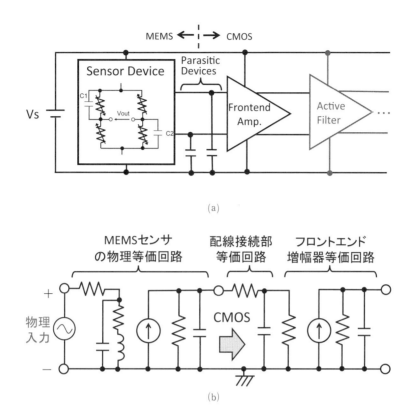

図5 MEMSセンサとCMOS間の接続配線構造
(a)MEMSセンサとCMOSアナログ回路の集積，(b)MEMSセンサ，配線接続，フロントエンド回路を含めた等価回路表現

モデルを構築できれば，ハイブリッド回路構成を選択した場合の性能低下の見積もりが正確に行えることから，集積化手段の選択判断がより確実に行えるようになる。さらに，集積化センサの性能を決めるボトルネックとなる箇所への改善効果も，一層正確に予測することが可能となるであろう。

3 まとめ

本章では，集積化MEMSセンサ実現のための回路設計をテーマとして，集積化MEMSセンサの構造と回路接続の影響を考察し，集積化MEMSセンサ実現に必要な回路設計の考え方の概略について説明した。実際にアナログ回路設計をある程度行った経験のある方であれば，MEMSセンサと配線接続部の等価回路表現を用いて，各種のアナログ回路設計環境へ融合化することができるとお分かりになるだろう。紙面の都合上，実際の集積化MEMSセンサの設計への適用例については割愛したが，基本的なアナログ回路モデルの知識と理解があれば，その考えを本モデルの構

築に展開することは比較的容易である。本モデルは至極普遍的な要素のみから構成されるため，今後登場する様々な実現形態の集積化MEMSセンサについても有効性を維持することができる。

文　　献

1) H. Takao, T. Ichikawa, T. Nakata, K. Sawada, M. Ishida, *ASME/IEEE Journal of Microelectromechanical Systems*, **19**(4), pp. 919-926 (2010)
2) Murata Electronics Oy　日本支店，チップオンMEMS-MEMSとASICのワンチップ化：http://www.murata.co.jp/mfi/products/technology/mems/index.html
3) H. Takao, Y. Matsumoto and M. Ishida, *IEEE Transactions on Electron Devices*, **46**(1), pp. 109-116 (1999)
4) M. G. Farooq, T. L. Graves-Abe, W. F. Landers, C. Kothandaraman, B. A. Himmel, P. S. Andry, C.K. Tsang, E. Sprogis, R. P. Volant, K. S. Petrarca, K. R. Winstel, J. M. Safran, T. D. Sullivan, F. Chen, M. J. Shapiro, R. Hannon, R. Liptak, D. Berger, S. S. Iyer, 2011 International Electron Devices Meeting (IEEE IEDM2011), 7.1, Washington, DC, Dec. 5-7 (2011)

〔第4編　NEMS技術編〕

第14章　NEMSと異種機能集積化への期待

永瀬雅夫*

1　はじめに

　微細加工技術の進歩は目覚ましく，100 nmを切るナノ構造体は既に多くの身近な半導体デバイスに取り入れられている。MEMSの領域でも今後は微細化が進み，ナノ構造体を用いたNano Electro Mechanical system（NEMS）[1]デバイスが多く登場することが期待される。

　現在，NEMSの領域ではその極限性能の追求と，量子デバイス等との複合化による新たな機能の探索が行われている。また，走査プローブ顕微鏡用の探針カンチレバーはその先端がナノ構造で，以前よりNEMSと呼べる構造となっており広く用いられている。（これらについては，後節で詳しく述べられる。）

　NEMSといってもすべてのサイズがナノオーダーの独立したナノ構造体のみで構成することは現状の技術では不可能であり，基盤技術としては従来のマイクロデバイス技術を用いる必要がある。マイクロ構造体の上にナノ加工技術を用いてナノ構造体を集積化したり，マイクロ構造体の一部にナノ材料を用いればNEMSが構成できることとなる。

　ナノ構造体を用いることにより従来のMEMSデバイスでは到達できない極限的な計測が可能となることが期待される。さらに，新規なナノ材料を用いることにより従来にはない機能を付加することも可能となろう。

　当面のNEMSの用途としては，極限的な高感度計測や，従来にはない高分解能な計測といった，先端的な計測の分野で用いられるいわゆるナノツールとして役割が期待される。ナノツールを活用して，新たなナノ材料等の開発が進展することが望まれる。

　本章では，筆者らが取り組んでいる走査プローブ顕微鏡（SPM）用の集積化ナノプローブ技術を紹介し，マイクロ構造体上へナノ構造体を集積化するいくつかの方法を紹介する。さらに，ナノ材料の一つであるグラフェン薄膜のNEMSへの応用例を示す。

2　集積化ナノプローブ

　ナノ材料のような新たな電子材料の開発には導電性の評価が欠かすことができない。従来の導電性評価には，四探針法や拡がり抵抗法が用いられており，いずれも100 μm程度の太さの複数のプローブで計測を行っている。これらの手法は本質的に破壊検査であり，極薄膜の計測には不向

---

　*　Masao Nagase　徳島大学　大学院ソシオテクノサイエンス研究部　教授

きである。また，空間分解能も低くナノ材料の開発には十分な性能を有していない。

一般的なSPMのプローブはSi-MEMS技術で作製されており，Siカンチレバーの先端部にナノオーダーの先端部を有する探針が形成されている[2,3]。カンチレバーの幅は30 μm程度あるため，ナノ加工技術を用いれば，容易にナノ構造体を集積化できる。そこで，筆者らは複数のプローブをSPM用プローブの上に集積化することを試みた。SPMシステムを用いることにより低荷重で非破壊に計測が可能である。さらに，画像化も期待できる。

2.1 集積化Siナノ電極プローブ

図1は四本のAl電極をあらかじめ作製したSPM用Siカンチレバーの先端に，別途，作製したSiナノ電極を集積化した例[4]である。この例のSiナノ電極は，SOI（Silicon-On-Insulator）基板上のSi層を電子線露光技術を用いて加工・形成している。図1(b)の走査電子顕微鏡（SEM）像に示すように，100 nmピッチの四つのSi電極が形成されている。通常の加工技術で基板上に作製したナノデバイスを集束イオンビーム（FIB）を用いたエッチングにより切り出し，カンチレバー先端に設置した後，FIB-CVD（chemical vapor deposition）法によりW（タングステン）配線を施して電気的接続を得ている。いわばナノ実装技術により構成されたNEMSである。このような，微細な加工体をハンドリングする技術は透過電子顕微鏡の試料作製法[5]として既に確立されており，さほど難易度の高いアセンブリ技術ではない。

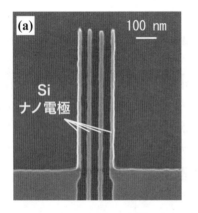 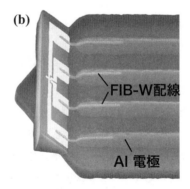

図1　集積化Siナノ電極プローブSEM像
(a)ナノ電極，(b)カンチレバー先端部

2.2 集積化ナノ四探針プローブ

図2は，マイクロ加工技術を駆使して構築したシステムに，ナノ加工技術により作製した四探針プローブを集積化した例[6]である。形状観察用プローブと電気計測用プローブの二つのプローブを集積化してある（図2(a)）。それぞれのプローブの変位をカンチレバーの根元のたわみ自己検知用抵抗体で検出することが可能である。通常は形状観察プローブの先端の探針で試料と接触し

第14章　NEMSと異種機能集積化への期待

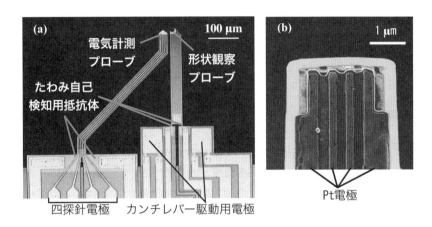

図2　集積化ナノ四探針プローブ
(a)全体像，(b)先端部SEM像

ているが，カンチレバー駆動用の電極で形状観察プローブを上方に変位させることにより，電気計測プローブが試料と接触する仕組みとなっている。電気計測用のプローブの先端部は図2(b)に示すように，四つに分割されたPt電極で構成されており，ナノ四探針プローブとなっている。Pt電極の分割にはFIBエッチングを用いている。この例では，大部分の構造は，マイクロ加工技術で作製されており，ごく一部に集束イオンビームによるナノ加工が適用されている。

2.3　ナノカーボン四探針プローブ

FIB加工を用いるとナノ導電構造体を三次元形成することが可能であるため，この技術を用いてカンチレバー上に直接，ナノプローブを形成することも可能である。図3は，フェナトレンガス（$C_{14}H_{10}$）を用いたFIB-CVD法[7,8]により，Siカンチレバー上の四本のAl配線上にナノカーボンプローブを形成した例[9]である。プローブと試料との高さの差を吸収するために，プローブの根本はスプリング構造となっている。このFIB-CVDナノカーボンはバネ鋼と同程度の弾性定数

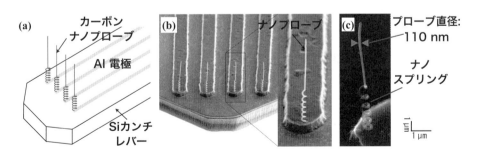

図3　ナノカーボン四探針プローブ
(a)概略図，(b)先端部SEM像，(c)プローブ部SEM像

異種機能デバイス集積化技術の基礎と応用

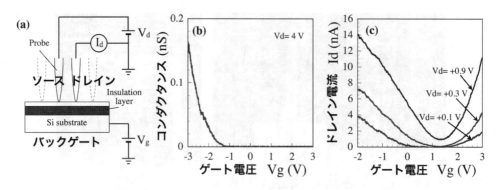

図4　ナノプローブによる電界効果特性計測
(a)概略図，(b)SOI薄膜，(c)ナノカーボン薄膜

を有するため，ナノオーダーのスプリングとして機能することが確かめられている。また，カーボン堆積に用いたイオンビームのGa原子が構造体の中心部に留まってコアを形成しており，この部分が導電性を有している。四本のプローブを同時に試料と電気的に接触させることが可能であり，四探針プローブとして機能する。

図4は，ナノカーボン四探針を用いて，導電性薄膜の特性を計測する手法と，結果を示している[10]。本プローブは四探針法のプローブとしても使用可能であるが，この例では，二本のプローブをソース／ドレイン電極として用いて，半導体薄膜の電界効果特性を取得している。測定対象の薄膜と導電性基板（Si基板）の間の絶縁膜（SiO_2）をゲート酸化膜として，基板をゲート電極にすることによりバックゲート構造の電界効果トランジスタ（FET）特性を計測することが可能である（図4(a)）。図4(b)は，SOI基板上の薄層Si（10 nm）のFET特性を示しており，P-typeのFETであることが判る。図4(c)は，ECR（Electron Cyclotron Resonance）スパッタ法[11]により堆積したカーボン膜（50 nm）のFET特性である。グラファイト系カーボンの特徴である両極性（ambipolar）特性を示している。以上のように，FIBナノリソグラフィ技術で作製したナノカーボンプローブで実際に導電性評価が可能である。この手法では，基板をゲート電極とすることによりデバイス加工を行うことなく，薄膜状態で簡便に電界効果特性の取得ができる。加工技術も確立されていない段階での新たな導電材料の探索に威力を発揮すると期待される。

2.4 集積化ナノギャップ電極プローブ

集積化ナノプローブのようなナノツールに期待される重要な機能として，ナノイメージングがある。通常の技術で実現可能なマルチプローブ系[12]の実効的なプローブ間距離は100 nm程度までであり，真のナノオーダー分解能の実現は困難である。そこで，この問題を集積化ナノプローブにより解決した事例[13〜15]を紹介する。

図5(a)はFIB加工法により作製したナノギャップ電極のSEM像である。30 nmのギャップで隔てられたPt電極対がプローブの先端に形成されている[13]。FIB加工をカンチレバープローブの背

第14章　NEMSと異種機能集積化への期待

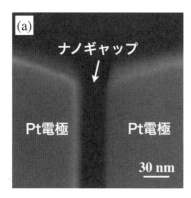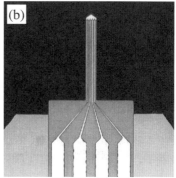

図5　集積化ナノギャップ電極プローブ
(a)先端部SEM像, (b)全体像

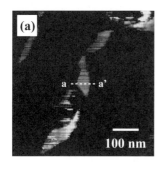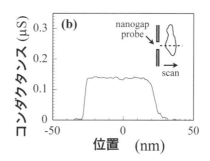

図6　集積化ナノプローブで観察したグラフェンナノ構造
(a)導電率像, (b)コンダクタンスプロファイル

面から行うことにより，FIBの実効分解能に近い加工が行える。図5(b)に示すように，カンチレバー先端のPt電極はAl電極により基体部まで配線されており，走査プローブ顕微鏡システム上で導電計測を行うことができる仕組みとなっている。二つのプローブ電極間の電流を計測するため，絶縁基板上に形成された構造体であっても導電像が得られる[14]。カンチレバーは斜めに実装されるため，このプローブは先端部のエッジで試料とコンタクトすることとなる。ナノオーダーの二つのエッジコンタクト間を流れる電流は，対向する電極端に集中するため，極めて高い空間分解を持つ2端子プローブである。

図6(a)に，SiC基板上に作製したグラフェンナノ構造の導電率像[15]を示す。100 nm程度の大きさのナノ構造が明瞭に観察される。このグラフェンナノ構造は半絶縁性基板上に形成された導電性のナノ構造体であり，従来のプローブ系では電流の画像化はできない系である。図6(b)は図6(a)中のa-a'部分のコンダクタンスプロファイルである。ギャップ電極端での電界集中により極めて高い分解能で観察ができていることが判る。

以上，いくつかの集積化ナノプローブについてその概略と結果の一部を示した。マイクロ加工

技術を基盤にナノリソグラフィ技術を駆使して集積化を行った集積化ナノプローブの有用性が示せたと思う。これらのナノツールを用いて，今後も，新規なナノ材料の探索が続けられることを期待する。

3　ナノ材料とNEMS

CNT[16]やグラフェン[17]，各種のナノワイヤー[18]等のナノ材料を組み込んだNEMSの提案がなされている。ナノ化することにより比表面積が増大するため，センサ等の用途には好適である。また，ナノ化により結晶欠陥が減少し強度が上がる場合もありNEMSにとっては好都合である。特に，グラフェンは薄く軽量で機械強度が高く，導電性にも優れるためNEMSの素材としては理想的ともいえるナノ材料である。グラフェンは，その移動度の高さからポストシリコンの電子材料として期待されているが，バンドギャップを持たないためON/OFF比が低く電子デバイスとしては大きな欠点を抱えている。しかし，単純なスイッチであってもNEMSとして構成が可能であればその可能性は大きい。

ここでは，その一つの可能性を示す例としてSiC上グラフェンの物性評価結果[19]を述べる。

SiC上グラフェンには一部がメンブレン化した構造を作製することが可能である。図7(a)は，ナノメンブレン部の電流像である。中央の部分がメンブレン化した部分である。形状測定からは平坦なグラフェンに覆われていることが判っており，図7(b)に示したようにグラフェン下のSiC基板に0.5 nm程度の深さのボイドが発生して空隙となっている。図7(c)はプローブとグラフェンとの接触コンダクタンスのコンタクトフォース依存性を示している。ナノメンブレン部では周囲のSiC上グラフェンに比べてコンタクト抵抗が4桁以上高くなっている。走査プローブを可動電極

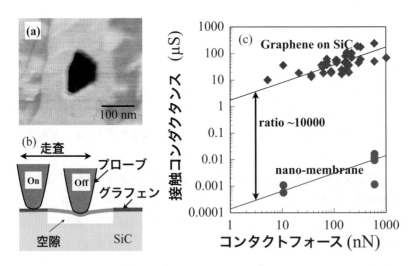

図7　グラフェンナノメンブレン
(a)電流像，(b)ナノメンブレン概略図，(c)コンタクト特性

第14章 NEMSと異種機能集積化への期待

と考えれば，グラフェンのスイッチが実現されていると考えることが可能である。通常のグラフェンデバイスでは困難な高いON/OFF比を簡単なNEMS構造で実現できる可能性を示している。

4 NEMSへの期待

人類がナノテクノロジーを操れるようになって久しいが，多くの技術が従来技術，特に，微細加工技術の延長線上にあり，ナノ領域の本質に迫ったとは言い難い。そこで，ナノ領域の本質に迫る技術として各種のNEMS技術に期待したい。今後も，ナノ領域の探索が続くとともに，そこから新たな知見・技術が生まれることとなるであろう。

文　献

1) H. G. Craighead, *Science*, **290**, 1532 (2000)
2) M. Nagase et al., *Jpn. J. Appl. Phys.*, **34**, 3382 (1995)
3) M. Nagase et al., *Jpn. J. Appl. Phys.*, **35**, 4166 (1996)
4) M. Nagase et al., *Jpn. J. Appl. Phys.*, **43**, 4624 (2004)
5) J. Szot et al., *J. Vac. Sci. Technol. B*, **10**, 575 (1991)
6) M. Nagase et al., *Jpn. J. Appl. Phys.*, **42**, 4856 (2003)
7) S. Matsui et al., *J. Vac. Sci. Technol. B*, **18**, 3181 (2000)
8) J. Fujita et al., *Jpn. J. Appl. Phys.*, **41**, 4423 (2002)
9) M. Nagase et al., *Jpn. J. Appl. Phys.*, **44**, 5409 (2005)
10) M. Nagase et al., *Jpn. J. Appl. Phys.*, **45**, 2009 (2006)
11) S. Hirono et al., *Appl. Phys. Lett.*, **80**, 425 (2002)
12) S. Yoshimoto et al., *Jpn. J. Appl. Phys.*, **44**, L1563 (2005)
13) M. Nagase and H. Yamaguchi, *J. Phys., Conf. Series*, **61**, 856 (2007)
14) M. Nagase and H. Yamaguchi, *Jpn. J. Appl. Phys.*, **46**, 5639 (2007)
15) M. Nagase et al., *Nanotechnol.*, **19**, 495701 (2008)
16) V. Sazanova et al., *Nature.*, **431**, 284 (2004)
17) C. Chen et al., *Nat. Nanotechnol.*, **4**, 861 (2009)
18) X. L. Feng et al., *Nano Lett.*, **7**, 1953 (2007)
19) M. Nagase et al., *Appl. Phys. Express*, **3**, 115103 (2010)

第15章　NEMSによる新機能素子の探求

山口浩司*

1　はじめに

　NEMSとはNano Electro Mechanical Systems の略である。そのままの意味をとると、ナノスケールの電気機械システムということになる[1]。すなわちMEMS（Micro Electro Mechanical Systems）における機械構造がミクロンサイズ以上であるのに比べ、NEMSにおいてはさらに微細化したナノメートルスケールの構造を用いるというわけである。実際、グラフェンやカーボンナノチューブを用いた機械的機能を持つ素子の研究が最近盛んであるが[2]、その厚さや直径は数ナノメートルしかない。まさに「ナノ電気機械システム」の名前にふさわしい構造と言える。しかしながら、トップダウンのリソグラフィー手法で作られたNEMSと呼ばれる構造に関しては、実際には様々なサイズのものが含まれているのが実情である。種々の文献を見わたしてみると、構造のどこかのサイズがサブミクロンスケール以下のものもNEMSと呼ばれているように思われる[1~7]。そういった意味で、構造サイズとしてのMEMSとNEMSの境界は、あまりはっきりとしていないようである。筆者はむしろ、その研究フェーズに大きな違いがあるように考える。すなわち、MEMSにおいてはアクチュエータやセンサなどの実用素子としての役割・位置付けが明確であるのに対し、NEMSはMEMSをさらに微細化した時に出現する新しい機能が期待される構造、ということになるのではないかと思う。現時点ではMEMSと大差ないサイズであっても、さらなる微細化や集積化によって、こんなすばらしい機能が期待されるのだ、という点をデモンストレーションすることがNEMS研究の立ち位置になっているのではないか。本稿ではこのような視点に立ち、MEMSをさらに微細化あるいは集積化した時に期待される新しい機能について、我々の研究を含めて紹介することにする。

2　NEMSの特徴—なぜナノスケールが必要か—

　最初に、機械構造がさらに微細化すると一体何が起きるのか、という点について簡単にまとめてみる。「機械」といっても、一般にNEMSの世界で扱われている構造は至ってシンプルなものが多い。その典型は「梁」と呼ばれる構造である。最も単純な梁構造は、片持ち梁、すなわち「カ

---

*　Hiroshi Yamaguchi　日本電信電話㈱　NTT物性科学基礎研究所
　　　　　　　　　　　量子・ナノデバイス研究統括　上席特別研究員

第15章 NEMSによる新機能素子の探求

ンチレバー」(英語でcantilever beamあるいは単純にcantilever)と両持ち梁(英語でdoubly clamped beam あるいは単純にbeam)である(図1)。これらの力学特性が微細化とともにどのように変わるかを考えてみる。

まず,最も特徴的な点の一つは外部から加えられる力に対して驚くほど敏感になるという点である。長さl, 幅w, 厚さdのカンチレバーのばね定数kは,Eをヤング率として,

$$k = Ewd^3/4l^3 \tag{1}$$

で与えられる[8]。従って,長さを一定に保ったままスケールダウンすると,幅の1乗,厚さの3乗に反比例してばね定数は小さくなる。IBMの研究グループは,この特徴を利用して電子スピン一個が磁気共鳴したことによる驚くほど小さな力を検出することに成功している[9]。これに用いられたカンチレバーは単結晶シリコンによって作製され,厚さ100 nm, 長さ70 μm, ばね定数が0.6 mN/mしかない。この値は通常AFMに用いられるものに比較して2〜4桁小さい。このように,微細化により極めて小さな力が検出できることがNEMSの大きな特徴の一つである。

もう一つの特徴的な点は,高周波化である。同じく梁の持つ共振周波数はρを密度として,

$$f_r = \frac{\lambda^2}{2\pi l^2}\sqrt{\frac{Ed^2}{12\rho}} \tag{2}$$

で与えられる[1,10]。ここでλは梁の形状と振動モードの次数で決まる定数であり,最低次のモードに対してカンチレバーの場合$\lambda=1.88$, 両持ち梁の場合$\lambda=4.73$である(すなわち両持ち梁の方が数倍高い共振周波数を持つ)。トップダウンの手法によって作製できる構造として,例えば長さ0.5ミクロン,厚さ50 nmのシリコン両持ち梁を考えると,その共振周波数は1.5 GHzになる。このように,NEMSにおいては微細化により共振周波数がGHz領域に至るまで高くできることは大きな特徴である。これは,素子動作の高速化とともに,機械構造の量子力学的性質を調べる上で重要な特徴である。これについては後ほどもう少し詳しく述べることにする。

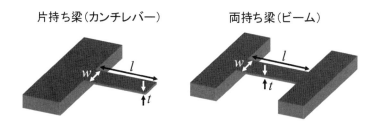

図1 最も基本的な機械構造としてのカンチレバーならびに両持ち梁

3 NEMSに用いられる材料系

さて，このようなNEMSの特徴を活かすために，昨今様々な研究が行われているわけであるが，次にその材料的な側面を整理しておく。NEMS研究の草分け的研究グループの一つはCaltechのM. RoukesとA. Clelandらのグループである（A. Clelandはその後UCSBに移籍した）。彼らはSiメサパターンの側面酸化を巧みに使い，70 MHzという高い周波数で振動するNEMS共振器を初めて実現した[11]。この研究は，その後多くのNEMS研究の立ち上げを促したといっても過言ではないであろう。Siを用いることのメリットは優れた機械特性（低い密度と高い弾性定数，単結晶性からくる低い内部エネルギー損失）と精密な微細加工技術が確立している点である。またSiとSi酸化膜とのエッチング選択性が高く，立体構造を作製するのが容易である点も重要である。このため，多くのNEMS研究はSiを用いて開始された。その延長線上として，昨今CVD成長したSiNが頻繁に使われるようになってきた。SiNは単結晶ではないが，極めてシャープな共振特性を有するNEMS振動子が作製できる[12]。この理由は，CVD成長において加えられる高い引っ張り歪みである。一般に引っ張り歪みは共振のQ値を桁違いに高くすることが知られており，実際，Cornel大のグループは歪SiN薄膜を用い室温で100万のQ値を実現している[13]。

一方，もう一つの流れとして圧電材料の利用も進んでいる[14〜19]。特に化合物半導体を用いた研究は盛んに行われており，梁を構成する材料自身が圧電性を持つため自己励振・検知が可能なNEMS構造が作製できる。まず用いられたのはSiと同様に微細加工技術が進んでいるGaAs/AlGaAs系の構造である[15,16]。この材料系では分子線エピタキシ（MBE）や有機金属気相成長法（MOVPE）などを用いて，原子レベルで平坦な界面を有する単結晶構造をNEMSに組み込むことが可能であり，Si系に比べてより多機能のNEMS素子の実現が期待される。特に化合物半導体は光半導体としての機能が高く，光素子との機能融合も期待できる。またGaAsとAlGaAsの間の高いエッチング選択性も魅力である。さらに最近ではAlNの利用が活性化している[17,18]。まだ多結晶薄膜の場合が多いが，AlNでは圧電係数ならびに弾性定数が大きいため，より高速かつ高効率の電気機械変換が可能である。最近ではAlNの薄膜機械共振器を用いて機械振動のエネルギー量子が確認され，NEMSの物理研究において大きなブレークスルーとなっている[19]。

もう一つ触れておかなければいけない重要な材料系は，カーボン系材料である。先にも述べたが，カーボンナノチューブとグラフェンは共にNEMS研究において最も注目されている材料系である[2]。小さな質量と高い剛性，表面を含めてすべて単結晶で構成されているという優れた物性は，ある意味最も理想的なNEMS材料であると言える。実際，UCBのZettleらのグループは，カーボンナノチューブを用いて金原子一個を検出するセンサーを実現した[20]。これはカーボンナノチューブが極めて小さな質量とばね定数を持つことを最大限に利用した成果として注目される。一方，問題点としては，やはりそのハンドリングの難しさがあげられる。SiやGaAsなどの半導体系材料のようなトップダウン加工が難しく，素子の歩留まりや再現性に問題がある点は無視できないように思われる。

第15章 NEMSによる新機能素子の探求

このような背景のもと、我々は化合物半導体を用いたNEMSの研究を進めている。最初に言い訳をしておくと、我々が作製している構造は厚さがせいぜい100 nm程度であり、NEMSと呼ぶにはまだサイズ的に大きなものである。しかし最初に述べたように、将来的な微細化・集積化とともに、従来のMEMSとは全く異なる機能が出現するものと理解していただけると幸いである。以下では化合物半導体を用いて作製したカンチレバーならびに両持ち梁構造を共振器として利用し、光による新しい振動制御[21,22]、極限センサ[23]、論理情報処理の新しい手法[16]などを提案した結果について示す。

4　キャリア励起を用いた新しい光機械結合素子

化合物半導体の大きな特徴の一つは、光半導体としての機能である。GaAsは直接遷移半導体であり、優れた光吸収特性や発光特性を有している。GaAsの吸収特性と圧電効果を活かして実現した新しい光機械結合機能を紹介しよう[21,22]。

素子の構造を図2(a)に示す。このカンチレバーは表面側に100 nm厚の導電性SiドープGaAsと、200 nm厚の非ドープ絶縁性GaAsの2層構造からなる。GaAsバンドギャップ波長近傍のcwレーザ照射（Ti:Saレーザ）によりGaAsカンチレバーの振動振幅が大きく変化する。この光-機械結合は励起キャリアにより生み出される圧電効果に起因している。光励起された電子と正孔は2層構造による内部電界により空間的に分離し、カンチレバーを構成するGaAsに圧電応力が生ずる。この光圧電応力がカンチレバーに反作用を与え、カンチレバーの熱振動は影響を受ける。[110]方位を向いたカンチレバーではこの反作用が正のフィードバックを与え、熱振動は増幅する（図

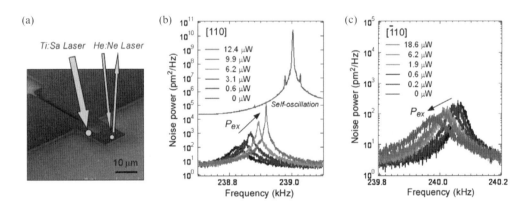

図2　(a)カンチレバーのSEM像。カンチレバーは100 nm厚のn-GaAsと200 nm厚のi-GaAsからなる2層構造を有する。Ti:Sa cwレーザは歪の大きなカンチレバーの足部に照射される。一方、カンチレバーの熱振動はHe:Ne cwレーザを用いてレーザ干渉計により検出される。測定は真空中、50 Kで行った。(b) [110] 方位カンチレバーと、(c) [-110] 方位カンチレバーにおける変位ノイズパワースペクトルのレーザ強度依存性（Ti:Saレーザの波長はバンドギャップに相当する840 nm）[21,22]

2(b))。またレーザ強度が閾値を超える（$P_{ex} > 10\,\mu W$）とダンピングが消え，カンチレバーは自励振動する（図2(b)）。一方，[-110]方位を向いたカンチレバーでは圧電効果が逆向きとなるため負のフィードバックが生み出され，振動の減衰が起こる（図2(c)）。この光圧電効果によるフィードバックは歪による光吸収変化に起因しており，歪に敏感な吸収端近傍のレーザ波長（840 nm）において反作用は増強される。近年マイクロメカニカル素子において，光キャビティーにより生み出される放射圧や光熱応力によりメカニカル素子に反作用を与え，振動の増幅や自励発振，また減衰や振動モードの冷却を実現した例が数多く報告されている。ここで紹介した光励起キャリアを介した光-機械結合は，光キャビティを必要とせず，半導体光デバイスとの融合性において大きな利点がある。また，キャリアの動的過程や歪効果，キャリアに関連したエネルギー散逸などの半導体物性を研究するツールとしても期待される。

5 NEMSによる極限計測

次に，超電導量子干渉素子（Superconducting Quantum Interference Devices：SQUID）とNEMS共振器を融合し，量子極限に迫る変位計測を実現した例について紹介しよう[23]。図3は作製した素子のSEM像とその動作原理を説明した図である。破線の長方形で囲まれた部分がSQUIDになっており，その回路の一部が約2 MHzの共振周波数を持つ梁構造に加工されている。水平方向から磁場をかけると，梁のたわみにより磁束の一部はSQUID回路を貫くが，その磁束数は回路の面積に比例するため梁が振動すると磁束数が変化する。SQUIDは超高感度の磁束計であるため，この梁の振動による磁束数の変化を高感度に検出し，梁の振動を計測することが可能となる。実験では100 mKという極低温における熱振動を検出することに成功している。この時の振動検出限

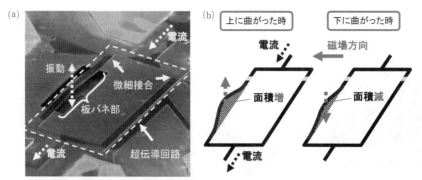

図3 (a)作製した素子のSEM像。板ばね部は半導体であるInAsに超電導体であるNbを蒸着した構造からなる。また，微細接合においては500 nm程度の幅でNbが取り除かれており，超電導電流はInAs中を近接効果により流れる。(b)動作原理を説明した図。機械共振器（板ばね）が上下に振動すると超電導回路を貫く磁束数が変化し，回路全体の抵抗値の変化として検出される[23]

第15章　NEMSによる新機能素子の探求

界を求めると約 4 fm であり，およそ原子核の直径程度の大きさである。この大きさは梁の振動における量子力学的な揺らぎの約30倍程度であり，NEMSと超電導回路を集積化することにより，このような機械振動の量子力学的な振る舞いをも調べることが可能となりつつある。詳しくは文献23を参照してほしい。なお，最近この分野は著しく発展しており，類似の手法により実際に機械振動のエネルギー量子を検出したという報告もなされている[19]。

6　NEMSによる信号処理

　一方，このような基礎科学への応用だけでなく，実用的な装置への応用も盛んに議論されている。もちろんMEMSが広く応用されているセンサやアクチュエータは言うまでもないが，NEMSの持つ非常に小さなエネルギー散逸を活用し，省エネルギー素子として活用できないかという試みもある[15,16,24,25]。まだ将来技術としての可能性を議論している段階ではあるが，このような試みの一つとして我々が提案した論理情報処理への応用について簡単に説明する[16,24]。

　このような「ナノ機械コンピュータ」の元となるアイデアは，約50年前に提案されたパラメトロンと呼ばれるものである[26]。パラメトロンでは，パラメトリックに励振されたLC共振器において生じる位相の異なる二つの振動状態を，「 0 」および「 1 」のビット状態に対応させる。1950年代に日本において勢力的に実用機が開発されたパラメトロンは，その後，速度や微細化の問題によりトランジスタに主役の座を奪われた[27]。我々は圧電効果を用い，同様の機能を化合物半導体による機械振動子に持たせることに成功した[16]。図4に実験に用いた梁構造を上面から見た顕微鏡写真を示す。この梁構造はGaAsとAlGaAsのヘテロ構造を結晶成長して作製した変調ドープ構造を用いて作製してある。梁の上面には金のショットキーゲート（写真において明るいコントラストの部分）が形成されている。変調ドープ構造は化合物半導体による高速FETなどに用いられ

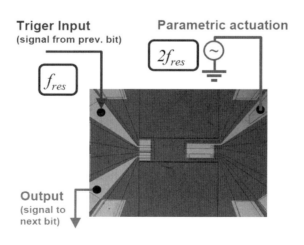

図4　作製した素子の光学顕微鏡写真と信号の流れ

ているもので，梁構造の形成以外は通常の化合物半導体プロセスと殆ど同じ手順で作製することができる。この素子では，ゲート電圧を介した周波数変調の機能を用いることにより機械振動のパラメトリック励振が可能であり，パラメトロンと同様に「0」および「1」のビット情報を操作できる。我々は，これとは異なるパラメトリック周波数変換の手法であるが，同じ素子により複合ゲートを動作させることにも最近成功している[24]。機械振動を維持するのに必要なエネルギーは極めて小さいため，桁違いに小さな電力で動作可能なコンピュータが将来的に実現できる可能性がある。現在のCMOSを置き換えることはもちろん容易ではないが，新しい原理の情報処理システムとしての可能性を探索している。

7 おわりに

　以上，化合物半導体を用い，半導体素子と機能融合した新しいNEMSの例について触れた。このような研究はまだ始まったばかりであり，これからいろいろな新しいアイデアが提案されていくものと期待される。19世紀の半ば，イギリスのCharles Babbageはプログラム可能なコンピュータを世界で初めて提案した[28]。彼が考案した「解析機関」と呼ばれるコンピュータは，トランジスターでも真空管でもなく，歯車やバネなどの機械部品により論理演算を行うものであった。それから約150年経った現在，コンピュータは半導体を用いたトランジスタにより構成されていることは周知の事実である。Babbageによる「機械部品によりコンピュータを構成する」という独創的な考え方は，現在のナノテクノロジ技術を用いれば，チップ上の微細機械により，ひょっとすると将来実現できるかもしれない。

謝辞

　本稿で紹介した研究は，岡本創氏，Imran Mahboob氏，Samir Etaki氏，小野満恒二氏をはじめとした多くの共同研究者の協力によってなされたものです。ここに深く感謝いたします。

文　　　献

1) 基礎から書かれたNEMSに関する教科書としては，A. Cleland, "Foundations of Nanomechanics", Springer（2003）
2) P. Poncharal, Z. L. Wang, D. Ugarte, W. A. de Heer, *Science*, **283**, 1413（1999）
3) V. Sazonova, Y. Yaish, H. Üstünel, D. Roundy, T. A. Arias and P. L. McEuen, *Nature*, **431**, 284（2004）
4) B. Lassagne, Y. Tarakanov, J. Kinaret, D. Garcia-Sanchez, A. Bachtold, *Science*, **325**, 1107（2009）

5) J. S. Bunch, A. M. van der Zande, S. S. Verbridge, I. W. Frank, D. M. Tanenbaum, J. M. Parpia, H. G. Craighead, P. L. McEuen, *Science*, **315**, 490 (2007)
6) R. A. Barton, J. Parpia, H. G. Craighead, *J. Vac. Sci. Technol. B*, **29**, 050801 (2011)
7) K. L. Ekinci and M. L. Roukes, *Rev. Sci. Instrum.*, **76**, 061101 (2005)
8) 高橋幸伯, 町田 進, 基礎材料力学（改訂版）, p110, 培風館 (1998)
9) D. Rugar, R. Budakian, H. J. Mamin and B. W. Chui, *Nature*, **430**, 329 (2004)
10) 國枝正春, 実用機械振動学, p165, 理工学社 (1984)
11) A. N. Cleland and M. L. Roukes, *Appl. Phys. Lett.*, **69**, 2653 (1996)
12) S. S. Verbridge, J. M. Parpia, R. B. Reichenbach, L. M. Bellan and H. G. Craighead, *J. Appl. Phys.*, **99**, 124304 (2006)
13) S. S. Verbridge, H. G. Craighead and J. M. Parpia, *Appl. Phys. Lett.*, **92**, 013112 (2008)
14) T. Itoh and T. Suga, *Appl. Phys. Lett.*, **64**, 37 (1994)
15) S. C. Masmanidis, R. B. Karabalin, I. De Vlaminck, G. Borghs, M. R. Freeman, M. L. Roukes, *Science*, **317**, 780 (2007)
16) I. Mahboob and H. Yamaguchi, *Nat. Nanotechnol.*, **3**, 275 (2008)
17) G. R. Kline and K. M. Lakin, *Appl. Phys. Lett.*, **43**, 750 (1983)
18) M. Faucher *et al.*, *Appl. Phys. Lett.*, **94**, 233506 (2009)
19) A. D. O'Connell *et al.*, *Nature*, **464**, 697 (2010)
20) K. Jensen, K. Kim and A. Zettl, *Nat. Nanotechnol.*, **3**, 533 (2008)
21) H. Okamoto, D. Ito, K. Onomitsu, H. Sanada, H. Gotoh, T. Sogawa and H. Yamaguchi, *Phys. Rev. Lett.*, **106**, 036801 (2011)
22) H. Okamoto, D. Ito, T. Watanabe, K. Onomitsu, H. Sanada, H. Gotoh, T. Sogawa, and H. Yamaguchi, *Phy. Rev. B*, **84**, 014305 (2011)
23) S. Etaki, M. Poot, I. Mahboob, K. Onomitsu, H. Yamaguchi and H. S. J. van der Zant, *Nature Phys.*, **4**, 785 (2008)
24) I. Mahboob, E. Flurin, K. Nishiguchi, A. Fujiwara and H. Yamaguchi, *Nature Communications*, **2**, 198 (2011)
25) D. N. Guerra, A. R. Bulsara, W. L. Ditto, S. Sinha, K. Murali and P. Mohanty, *Nano Lett.*, **10**, 1168 (2010)
26) E. Goto, *Proc. IRE*, **47**, 1304 (1959)
27) 詳しくは情報通信学会のホームページhttp://museum.ipsj.or.jp/index.htmlを参照
28) C. Babbageの提案した計算機について英国サイエンスミュージアムのホームページに詳しい解説がある。http://www.sciencemuseum.org.uk/onlinestuff/stories/babbage.aspx

第16章　ナノ領域を捉えるカンチレバー

北澤正志＊

1　はじめに

　走査型トンネル顕微鏡（STM）が発明されて以来[1]，様々な走査型プローブ顕微鏡（SPM）が開発された。1986年に発表された原子間力顕微鏡（AFM）[2]は，測定試料の導電性の有無を問わずに，また真空中・大気中・液中などの様々な測定環境で，分子や原子レベルの試料表面構造の観察が可能であることから，多くの研究者に用いられるようになった。その後，AFMは，無機・有機の薄膜の表面粗さ測定，シリコンウェーハの表面粗さ検査，DVD, Blu-rayディスクのマスターピット形状の転写性検査，磁気ディスクの表面粗さ検査など，工業用途にも広がり，産業界になくてはならない顕微鏡になった。

　AFMのプローブ（探針）には，半導体IC製造技術を用いて作製した100 μm長さ程度のマイクロカンチレバープローブ（以下，カンチレバー）が使われる[3]。バッチ処理で作製されるカンチレバーは，探針形状の個体差が少なく品質が安定しており，AFM用途でカンチレバーに求められる共振周波数，バネ定数などの機械特性を実現し易い。オリンパスではこれまで窒化シリコン（SiN）カンチレバーやシリコン（Si）カンチレバーを製品化してきた[4]。

　AFMは，半導体ICのパターンサイズ測定用途，溝深さ測定用途でニーズがあり，特に，深さ測定用途については，断面観察測定前の試料処理（FIB加工による断面出し）なしでも狭い溝の深さ測定ができるため期待が大きい。しかし，年々微細化が進む半導体ICのこの測定用途には，従来型カンチレバーの探針形状ではアスペクト比が足りず，忠実な凹凸形状や溝底面の情報を得ることが難しくなっていた。1999年，カーボンナノチューブ（CNT）を探針として用いるカンチレバーが[5,6]，これらの測定に適う超高アスペクト比探針として発表され注目を集めた。オリンパスでは，探針先端のアスペクト比を5以上に尖らせたSi探針カンチレバーを開発し，さらに，Si探針の先端にカーボン細線を選択成長させたカーボンナノファイバー（CNF）探針付きSiカンチレバーを開発して[7〜12]，このカテゴリーの製品の充実を図っている。

　本稿では，広く用いられているSiカンチレバーの構造，特性について述べ，そこに異種材料であるカーボン細線を探針先端に形成した高アスペクト比探針など最近の開発製品について触れる。

　＊　Masashi Kitazawa　オリンパス㈱　研究開発センター　マイクロデバイス開発部
　　　チームリーダー

第16章　ナノ領域を捉えるカンチレバー

2　Siカンチレバー

　現在カンチレバー市場の約7割を占めるのが，Siカンチレバーである。一般にレバーのバネ定数，共振周波数，機械的Q値が高いことが特徴であり，ダイナミックモード測定あるいはACモード測定と呼ばれる測定手法で用いられる。探針が先端に形成されたカンチレバーをその共振周波数で振動させながらX方向，Y方向に走査し，探針先端が試料表面に間欠的に接触すると，試料表面と探針先端の相互作用力の大きさに対応し共振周波数が変化する。この変化から微弱な力の変化を検出しつつ，試料の表面凹凸として三次元マッピングを行うのがこの測定手法の原理である。試料表面を探針が連続的になぞりながら測定するコンタクトモードに比べ，探針にも試料にもダメージを与えにくい。

　ダイナミックモード測定などに用いられる当社のSiカンチレバーは「OMCL-AC160TS-R3」に代表される。共振周波数300 kHz，バネ定数26 N/mと剛性が高く，"TipView"と呼ぶ構造上の特徴をもっている（図1(a)）。TipViewカンチレバーでは，レバーの自由端に探針が形成され，レバー先端と探針位置が一致している。すなわち，レバー先端からの探針位置オフセットがない。光学顕微鏡が付属しているAFM装置に取り付け，カンチレバーと試料を同じ視野内で光学観察しながらレバー先端を試料の測定部位に合わせるだけで，探針先端と試料上の測定部位との位置合わせが完了する。これにより，AFM測定前の探針位置合わせにかかる時間を短縮することができる。また，使い易さの向上のため，カンチレバーの固定端側，すなわちChipにも工夫をこらしている。カンチレバー軸方向に対し直角な方向のChip断面が長方形となるよう加工して，Si欠けを起さずにChipをピンセットで容易に掴めるようにした（図1(b)）。

　探針は，高さ15 μm（Typ.）で，三角錐（テトラヘドラル型）をしている。三角錐の頂点はシリコンプロセス上理論的に一点終端することから，この三角錐状の探針先端も安定して尖る。実際の場面では，プロセスのバラツキがあるので，その低減のために尖鋭化酸化処理を加えている。その結果，探針先端は先端曲率半径7 nm（Ave.）と，非常に尖っている。

　当社ではその他にも，図2に示すように，バネ定数が9 N/m，2 N/mの比較的軟らかなレバー

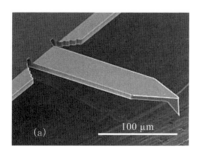 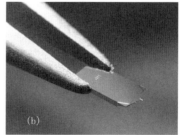

図1　長方形断面をしたシリコンChip「OMCL-AC160TSカンチレバー」
(a)シリコンカンチレバーの拡大写真，(b)Chipをピンセットで掴んだ写真

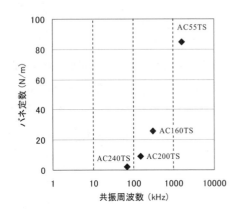

図2 オリンパス製シリコンカンチレバーの特性

特性を有する「OMCL-AC200 TS-R 3」,「OMCL-AC240 TS-R 3」を製品化している。これらは,半導体プロセスで使用されるレジストのパターン形状やポリマーなどの比較的軟らかな表面状態の測定に用いられることが多い。さらに最近,高速走査の要求から共振周波数が大気中で1 MHzを超える高共振周波数カンチレバー「OMCL-AC55 TS-R 3」を取りそろえ,測定に応じた様々な選択肢を用意している。一般にカンチレバーの構造設計は式(1), (2)を用いて行う。今回このメガヘルツ領域の高い共振周波数を実現するために,レバー長55 μmという小型のカンチレバーが必要になった。カンチレバーを作製する上では寸法ばらつきを抑えることが難しくなるが,逆にレバー表面積を少なくできることから低熱雑音(低ノイズ)でレバーを振動させることができる。これによりレバー周りの環境への影響を小さくすることが可能で,液体・固体界面などの従来測定が難しいとされた領域でも高速・高分解能な測定を可能にした。AFM装置の性能が向上し,ノイズ低減回路などが組み込まれる一方で,測定試料と間近に向き合うカンチレバーに関しては装置メーカーや研究者らからノイズ低減への期待は大きい。

$$f_{\text{res}} = 0.56 \frac{t}{L^2} \sqrt{\frac{E}{12\rho}} \tag{1}$$

$$k = \frac{wt^3}{4L^3} E \tag{2}$$

上記カンチレバーは,式(1), (2)を用いて,レバー長,レバー厚,レバー幅の構造設計を行う。ここで,E:ヤング率,ρ:密度,L:長さ,w:幅,そしてt:厚さである。

3 CNFカンチレバー

前述のSi探針カンチレバーは,テーパー形状の探針であり,根元から先端に向かい徐々に細くなる"鉛筆型"構造が特徴である。一方,CNTに代表されるナノ細線を応用した探針は,柱状"シャーペン芯型"が特徴であり,探針アスペクト比が大幅に改善された構造である。細い探針が測定試料の狭い溝の奥まで入り込み,より忠実な測定ができるようになる。このため近年,ナノ細線を探針に応用したカンチレバーの開発が盛んになっている。

カーボン系ナノ細線をカンチレバーの探針として作製する方法としては,化学気相合成(CVD)によるCNTのバッチ処理成長方法[13~15],あるいは集束した電子ビームを照射しアモルファス状のカーボンを堆積する直接成長法(EBD),アーク放電法などで形成した良質なCNTを,電子顕微

第16章 ナノ領域を捉えるカンチレバー

鏡の中でカンチレバー探針を微動させながら先端へ接着させる方法[5,6]などがある。CVD法は一気に多数のカンチレバーにナノ細線を成長可能であるが、探針先端のみに1本形成することは非常に難しく、長さや方向制御にも課題がある。また、EBD法やCNT接着法は電子顕微鏡の中で観察しながら形成できるため、1本のみ探針先端に長さや方向を制御して形成するのは容易であるが、1Chipずつの処理となるため大量生産が難しい。

当社では、名古屋工業大学 種村眞幸教授と共に、複数のカンチレバーにArイオンを照射させるという簡便な方法に着目し、探針先端に選択的にCNFをバッチ成長させたカンチレバーを開発した[11]。図3(a)からわかるように、数nmのカーボン膜がカンチレバー全体に形成されているものの、Siカンチレバーの探針先端以外にはCNFは成長しない。そして図3(b)の丸で示すように、先端から角度制御された1本のCNFが成長していることがわかる。

本製品「OMCL-AC160 FS/AC240 FS-B 2」では約200 nm長のCNFを、テーパー形状をしたSi探針の先端に形成している。柱状細線の太さは直径20〜50 nm程度である。原理上、イオン照射領域のchipの突起先端に必ず1本CNFがイオン照射方向に向かって成長するため、カンチレバー探針として最適な方法といえる。このCNF探針は、カーボンを主成分とした非晶質材料からなるバルク構造であり、中空構造のCNTとは異なっている。最近の研究成果からCNFのヤング率は150 GPa程度であり、マルチウォールタイプのCNTと同程度の剛性を有していることがわかった[16]。

CNF長を比較的短めの200 nm程度に制御することで、AFM走査で屈曲なしに急峻な立ち上がり立ち下がり部位をもつ試料であっても安定した測定ができる。狭い溝や急峻な角度をもつ微細構造に入り込んで、より正確な表面形状測定が可能となった。

図4(a)に市販のSiグレーティング試料をSiカンチレバー同様のパラメーターによってダイナミックモード測定を行った例を示す。図4(b)に示すように切り立ったエッジを左右対称に80度以上の角度で捉えることができた。また、カンチレバー探針形状評価用として、異なる数十nmの溝幅を有するトレンチ構造や、10 nm幅の孤立パターンが形成された試料のAFM像を図5に示す[17,18]。図5(a)は溝幅の異なるライン上面図であり、図5(b)は、それに対応した断面ラインプロファイルを示す。溝幅の違いにより測定できる深さ(探針先端が溝に入り込む深さ)が異なる様子がわか

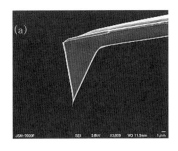 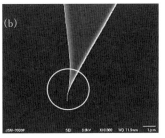

図3 カンチレバー先端のシリコン突起の先端にCNFを選択成長させたカンチレバー
(a)CNF探針カンチレバーの全体SEM写真, (b)探針先端の拡大写真

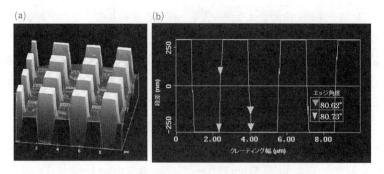

図4　CNF探針カンチレバーを用いたAFM測定例
(a)Si製グレーティングのAFM鳥瞰図，(b)断面ラインプロファイル
（試料：NT-MDT 社製　TGX01，高さ0.7μm，3μmピッチ）

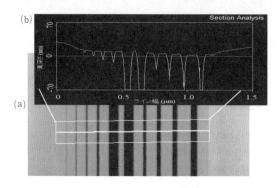

図5　トレンチ試料の溝幅と深さ
(a)微細トレンチ構造の上面図，(b)断面ラインプロファイル

る。そこでこの試料を用いて，Siカンチレバーとアスペクト比の高いCNFカンチレバーの両者で，ダイナミックモード測定を行った結果を図6に示す。

　CNFカンチレバーの探針先端は，溝幅が40 nmであっても100 nm下の溝底面を捉えていることがわかる。それに対してSiカンチレバーは70 nm溝幅以上でなければ底面を捉えられないことが明らかとなった。このように探針の先端形状によってAFMデータは変わってしまう。ナノ領域の微細化されるパターンを測定する上で，探針頂角が重要な鍵を握っているといって良い。我々の研究ではイオン種やイオン照射条件によって，CNF直径が変わることがわかっており，さらに細い直径に制御させることも可能である。このように数nm径に制御したCNFは，今後のAFM測定には欠かせないであろう。

　さらに，多数回試料を走査しても測定画像の解像度の劣化が少ないことが特徴としてあげられる。テーパー状のSi探針は，走査につれ先端部が磨耗する際の形状変化の度合が大きく，柱状のCNF探針は磨耗しても変化度合いが小さい。これは上述した"鉛筆型"と"シャーペン芯型"の特徴が現れているためである。

第16章 ナノ領域を捉えるカンチレバー

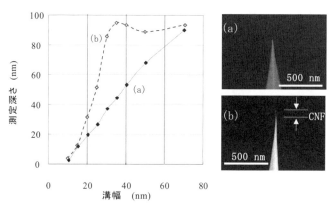

図6 トレンチ溝幅と測定深さの関係
(a)Siカンチレバー，(b)CNFカンチレバー

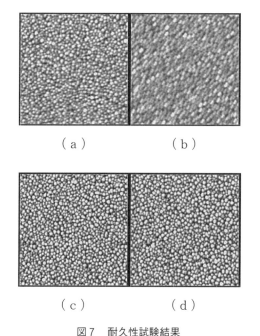

図7 耐久性試験結果
(a)Siカンチレバー1画面目，(b)Siカンチレバー60画面目
(c)CNFカンチレバー1画面目，(d)CNFカンチレバー60画面目

図7(a)〜(d)にはポリシリコン薄膜を形成したシリコンウェーハをダイナミックモードで繰り返し測定した時の初回走査時と60回走査時の画像を示す。Si探針との比較から明らかなように，CNF探針では画質の劣化が極めて少ない。

さらに，CNF探針は300回連続走査を行ったが，初回画像と殆ど変化はなかった。走査後の探針SEM観察の結果，Si探針は先端が磨耗し綿状の付着物が確認できた。それに対して，CNF探針は数十nm長さが短くなったものの，CNF柱状部は残っており，さらなる高分解能な走査が期待できる。このように，AFMにおいてカンチレバーは画質を維持するために頻繁に交換されるが，画質の変化が小さければ交換頻度を低減することができる[10]。

4 おわりに

今回示していないが当社では，1N/m以下の低バネ定数のレバー特性を有するSiNカンチレバーを1991年から製品化している。また異種材料を組み合わせた製品として，0.1N/mという低バ

ネ定数のSiNレバー自由端に先端を尖らせたSi探針を形成した「BL-AC40 TS-C 2」も，それぞれの異種材料特性を活かした製品であり，ラインナップの充実を図ってきた．

今回取り上げたSiカンチレバー探針先端への選択的に成長させたCNF探針は，正に異種材料の特性を利用した製品である．加工性に優れたSi材にてカンチレバーの機械的特性を十分に引き出し，探針先端部を剛性に優れ，導電性も兼ね備えているカーボンにてアスペクト比の高い細線を形成するものであり，高分解能でしかも高耐久性な測定を可能とする．しかも本方法は，複数のチップに一括で狙った位置に，1本のみ，方向，長さ，太さを制御しつつ，下地のシリコン探針とも密着性良く作製できることが特徴である．また，現在研究レベルではあるが，積極的に導電性を付加したCNFカンチレバーへの期待も大きい．金属材料であるAu，Ag，Ptはもちろん，磁性材であるFe，Ni，Coなどの材料も直径20 nm程度のCNF柱に内包させることが可能である．今まで測定できなかった形状はもちろん，ナノ領域の物性を捉えることができ，AFM測定の必要性が今まで以上に広がっていくであろう．

謝辞

カンチレバー開発および生産に関係されている各位に対しまして，この場をお借りして感謝いたします．

文　　献

1) G. Binnig, H. Rohrer, *Helv. Phys. Acta.*, **55**, 726 (1982)
2) G. Binnig, C. F. Quate, Ch. Gerber, *Phys. Rev. Lett.*, **56**, 930 (1986)
3) T. R. Albrecht, C. F. Quate, *J. Vac. Sci. Tech.* A, **6**(2) (1988)
4) http://probe.olympus-global.com/jp/
5) S. Akita, H. Nishijima, Y. Nakayama, F. Tokumasu, K. Takeyasu, *J. Phys. D. Appl. Phys.*, **32**(9), 1044 (1999)
6) H. Nishijima, S. Kamo, S. Akita, Y. Nakayama, K. I. Hohmura, S. H. Yoshimura, K. Takeyasu, *Appl. Phys. Lett.*, **74**, 4061 (1999)
7) M. Tanemura, J. Tanaka, K. Itoh, Y. Fujimoto, Y. Agawa, L. Miao, S. Tanemura, *Appl. Phys. Lett.*, **86**, 113107 (2005)
8) M. Tanemura, M. Kitazawa, J. Tanaka, T. Okita, R. Ohta, L. Miao, S. Tanemura, *Jpn. J. Appl. Phys.*, **45**, 2004 (2006)
9) M. Kitazawa, R. Ohta, J. Tanaka, M. Tanemura, *Jpn. J. Appl. Phys.*, **46**, 5607 (2007)
10) M. Kitazawa, R. Ohta, T. Okita, J. Tanaka, M. Tanemura, *Jpn. J. Appl. Phys.*, **46**, 6324 (2007)
11) M. Kitazawa, R. Ohta, Y. Sugita, K. Inaba and M. Tanemura, *J. Vac. Sci. and Tech.* B, **27**(2), 975 (2009)

12) K. Inaba, Y. Sugita, T. Suzuki, M. Tanemura, A. Hayashi, Y. Hayashi, M. Kitazawa, R. Ohta, *Jpn. J. Appl. Phys.*, **49**, 08LB15 (2010)
13) J. H. Hafner, C. L. Cheung, C. M. Lieber, *Nature*, **398**, 761 (1999)
14) N. R. Franklin, Y. Li, R. J. Chen, A. Javey, H. Dai, *Appl. Phys. Lett.*, **79**, 4571 (2001)
15) M. Ishikawa, M. Yoshimura and K. Ueda, *Appl. Surf. Sci.*, **188**, 456 (2002)
16) K. Inaba, K. Saida, P. Ghosh, K. Matsubara, M. Subramanian, A. Hayashi, Y. Hayashi, M. Tanemura, M. Kitazawa, R. Ohta, *CARBON*, **49**, 4191 (2011)
17) H. Itoh, S. Fujimoto, S. Ichimura, *Rev. Sci. Instrum.*, **77**, 103704 (2006)
18) D. Fujita, H. Itoh, S. Ichimura, T. Kurosawa, *NanoTech.*, **18**, 84002 (2007)

〔第5編 センサ技術編〕

第17章 センサと電子回路集積化への期待

前中一介*

1 はじめに

　センサは，物理量や化学量などの諸量を検出し，もっぱら電気信号へと変換する素子である。計測器とは異なり，厳格なトレーサビリティを要求されないことが多いが，逆に民生品への組み込みなどのために，小型・低価格，高生産性，使いやすさなどを要求されることが多い。一部のセンサは極めて古くから民生用に供されており，例えばカメラ用の露出計用フォトセンサやバスのステップに組み込まれた光電管などは戦前～戦後にすでに開発され，一般的に使用されていた。また，圧力センサや力センサ，磁気センサなども比較的古くから開発・実用化されている。今日では，MEMS（Micro Electro Mechanical Systems）技術の進展に伴って，これらのセンサがMEMS技術で再開発され，また，加速度センサや角速度センサといった，従来小型化・低価格化することが難しかったセンサまで実現できるようになり，多種・大量に市販され，またそれぞれの高機能化が進むに至っている。これは，検出器たるセンサと電子回路とが異種集積化された結果である。すなわち，MEMS─マイクロなエレクトロニクスとメカとをシステム化する─そのものが，センサと異種機能集積化の代表的な実践例であることを示している。本章では，MEMSセンサを中心に，過去，現在を概観し，未来への期待を示すことにする。

2 センサと集積回路

　MEMS（我が国では当初マイクロマシニングと呼ばれた）のベース技術の開発は実は1960年代にすでに始まっていた。図1は，1965年に提案された，MOSトランジスタのゲートを片持梁の可動構造体にして，これを電気信号（静電引力）で駆動し，梁が共振する周波数のみ選択的にドレイン電流出力とする，すなわち機械的なバンドパスフィルタを形成するデバイスである[1,2]。このデバイスは，機械構造と電子部品を融合した世界初のMEMSである，といわれている。同時期，Gordon Mooreはいわゆるムーアの法則（集積回路の複雑さは毎年およそ2倍に倍増する）を提唱し[3]，集積回路の急激な発展を予測し，その予測は現実のものとなった。集積回路の急激な発展を支えた技術の一つにバッチ処理技術がある。これは，一枚のウエハ上に同じ回路を多数焼き付け，一括処理で同時に大量のデバイスを実現する技術であり，一つの素子を作るのと同じ手間

---

* Kazusuke Maenaka　兵庫県立大学　大学院工学研究科　電気系工学専攻
　　　　　　　　　回路・システム工学部門　教授

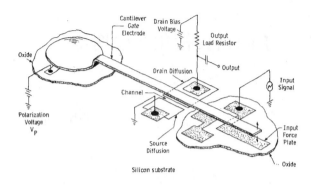

図1　Resonat Gate Transistor

で何千，何万の素子を同時に作ることができる技術である。これによって，大量に生産できる，価格が低下する，需要が増えそのために技術が進歩する，さらに大量に生産できる，というループができた。

さて，センサについて考えると，一般にセンサの出力は小さく，あるいは非線形性や動作条件依存性などを持ち，さらにセンサを動作させるために適切な駆動機構を持たなくてはならないことが多い。このことから，センサと電子回路との結合はある意味必然であった。従来は単品のセンサと，個別部品で専用設計した電子回路とを組み合わせてセンサシステムを構築していたが，これらを集積回路技術で融合すれば画期的なデバイスが実現できるのではないか，との考えが現れた。集積回路技術を用いてセンサを実現するとなると，集積回路の素材すなわちシリコンを材料にしてセンサが実現できれば都合が良い。幸運にも，機械材料としてのシリコンの特性は極めて優秀であり[4]，また各種のシリコン加工技術が集積回路技術から借用できるため，微細化やバッチ処理によるセンサ実現が可能である。さらに，1980年前後にはセンサとマイクロプロセッサを組み合わせ，センサデバイス自身にインテリジェンスを持たせたい，という集積化センサ，インテリジェントセンサ，スマートセンサという考え方も出てきた[5,6]。もっとも，1980年当時の技術レベルではセンサと集積回路を歩留まり良く融合することが難しく，上のようなデバイスが開発され市販され始めたのはセンサ種にもよるが，例えば加速度センサの場合は1990年代中旬以降である。それ以降，乗用車のエアバッグ作動用の衝突センサやカメラ手ぶれ補正用の角速度センサ，スマートフォンなどの自位置検出用の磁気センサ，携帯電話のマイクロフォン等々，主に民生品からの要求が強まり，2010年代にはすでに超小型のセンサに高機能なディジタルLSIが内蔵されるに至っている。

3　シリコンによるセンサ構造体

もともとシリコンには，光導電効果，光起電力効果，抵抗温度特性，ピエゾ抵抗効果，ホール効果など，多種類のセンシング効果が発現するが[7]，このような効果をそのまま使用するだけでなく，シリコンの微細加工を組み合わせてセンサとすることができる。代表的な加工技術を図2に示す。バルクマイクロマシニングはウエハそのものをエッチング除去などで加工する手法で，圧力センサの多くやマイクロフォン，一部の加速度センサなどに用いられている。表面マイクロマシニングは，主にポリシリコン薄膜を構造体として，ウエハ上に堆積，加工するもので，加速度センサや角速度センサに用いられている。SOIウエハ（ウエハ貼り合わせ，あるいはEpi-Poly

第17章 センサと電子回路集積化への期待

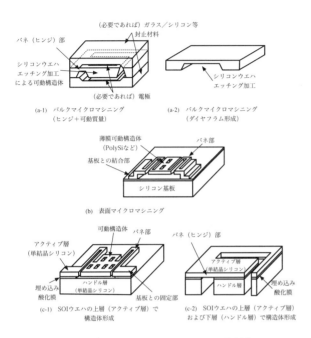

図2 バルク／サーフェイス／SOI各技術

技術[8]などで実現する）を用いる加工は，加速度センサや角速度センサに多用されている。

図3は，シリコンウエハを素材としたセンサ例である。

(a)はホール効果を用いた磁気センサで，この素子の場合は3軸の磁界を検出し，磁界に比例した電圧を出力する。

(b)はpn接合を用いた光センサで，光強度に比例した短絡電流を出力する。

(c)は圧力センサで，薄膜のダイヤフラムが圧力でたわみ，ダイヤフラム上に形成した歪みゲージ（単なる不純物拡散で形成した抵抗）の抵抗値がピエゾ抵抗効果によって変化することを利用する。

(d)はマイクロフォンで，極めて薄い薄膜が音圧によって振動し，固定電極との距離が変化することによって静電容量が変化することを検出原理としている。

(e)は湿度センサで，吸湿膜を挟んで金属電極が設けられており電極間で静電容量を形成している。湿度が与えられると吸湿膜内の水分が増えて誘電率が増加し，静電容量変化として湿度が検出できる。

(f)は3軸の加速度センサで，バルクマイクロマシニングを使用している。中央の重りに加速度が加わると重りが変位し，重りを吊っている梁の応力が変化する。梁上にはピエゾ抵抗素子が設けられており，与えられた歪みを抵抗値変化として出力する。最近では，(g)のジャイロのように，重りの変位を静電容量変化として検出する例が増えている。

(g)は3軸の角速度センサ（ジャイロ）である。ジャイロは物理センサとしては実現が難しい部類で，常時構造体を振動させておかなければならない。この構造では，四つの質量を静電アクチュエータで振動させ，角速度が加わったときに発生するコリオリ力による構造体変位を電極間の距離変化に基づく静電容量変化として取り出している。出力は交番信号であり，これを同期検波することによって角速度出力とする。この構造の場合，x，y軸周りの角速度は質量のz方向の変位，z軸周りの角速度は全体が回転するトルクとなって検出できる。

上記(a)～(g)の写真は，(d)を除いて我々の研究室で試作したデバイス写真であるが，現在各社から市販されているものも原理的には同様な構造となっており，シリコンを素材として，ガラスとの貼り合わせやシリコン自体の深いエッチングなど若干標準集積回路プロセスから外れるプロセスも含むものの，基本的にはフォトファブリケーション，バッチプロセスで実現でき，集積回路

異種機能デバイス集積化技術の基礎と応用

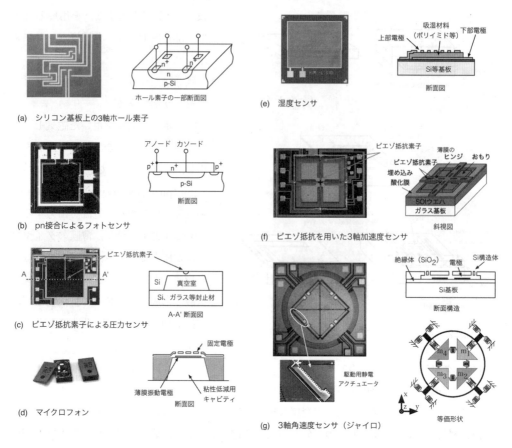

図3　各種のセンサ

技術との相性が良いものとなっている。

4　センサシステムと必要な回路機能

図3で例示したセンサデバイスは，センサ種によって電圧出力，電流出力，抵抗値出力，静電容量出力など，様々な形態を取っている。センサと接続する回路は，まず，これらの物理量を一般的な電圧出力，あるいはディジタル出力へ変換せねばならない。また，一般にはセンサ出力は極めて小さく（電圧出力でmVのオーダ，静電容量出力でサブfFのオーダのセンサは普通に存在する），S/N良く増幅する必要がある。また，温度特性や非線形性などを補正する必要があるものも多い。ここでは，センサに接続すべき回路の要求項目について考察を加えてみたい。

・センサから，信号を悪化させることなく情報を取得する。S/Nを向上させるためには，センサの直近に増幅回路を設置することは重要である。また，同期検波などを用いれば，必要とする信号のみを取り出すこと（例えば微小な静電容量を検出したいとき，高い周波数の信号を静電容量

第17章　センサと電子回路集積化への期待

で変調し，増幅後復調するなど[9]）が可能な場合も多い。
- センサ駆動回路。素子を定電流で駆動しなければならない場合には定電流駆動回路，ジャイロや振動型センサ[10]のように，内部構造体を常時振動させなければならない場合には自励発振回路などの駆動回路が必要である。また，近年電池駆動装置をはじめ，システムの電源電圧を低下させたいという要求が強いが，センサを動作させるために高い電圧が必要な場合には電圧増倍回路なども必要になることがある。
- 各種補正。個々のセンサ素子の特性ばらつきを電気的に調整し，オフセットや感度，直線性などを規格値に補正する。また，温度依存性がある素子の場合，温度を計測して補正するなど，センサ素子そのものの特性が悪い，あるいはばらついていても適切な電子回路によって修正が可能である。
- 自己診断。エアバッグ作動の判断を行う衝突センサなどは極めて高い信頼度が要求されるデバイスでは，何らかの自己診断機能を設け信頼性を向上させる。例えば衝突センサの場合には，電気的に衝突検出子を動かして，検出子が動作するかどうか，毎回エンジンスタート時などにチェックしている。
- 狭義の信号処理。例えばフィルタリング，フーリエ変換などを行い，特徴抽出した上で出力する。また，判断機構を組み込んで，必要なときのみ出力を出すように構成すれば不要なトラフィックが低減でき，大規模システムあるいは低消費電力システムなどに有効になる。
- インターフェイスのための信号処理。センサを使用するシステムでは規模が大きくなってくると，多種類多量のセンサ出力をディジタルプロセッサで処理するケースが多い。この際，信号のディジタル化，通信ケーブルを減らすための直列伝送化，あるいはCANバス[11]のような規格に則った出力をデバイスそのものが出せるような回路を組み込む。
- 究極的には，発電機構（Power MEMS[12]）の組み込み，無線通信機構の組み込み（RF MEMS[13]なども含みうる）による完全自立型センサノードの実現。

以上のように，センサをシステムとして高度に完結させるためには様々な機能を持つ集積回路を内在する必要がある。次の節では，センサ構造体と回路機能を物理的に融合させる手法について議論する。

5　センサ構造体と回路との融合—パッケージング手法

センサと回路を一体化融合する手法として，もっともエレガントな手法はモノリシック集積化，すなわち，一つのウエハ上でセンサと回路を同時に形成し，ウエハをカットすれば回路を含むセンシングシステムが1チップで得られる，という手法である。この手法で実用化され市販されているMEMSセンサも少なくない。しかしながら，今日ではこの手法が必ずしもビジネスとして最適な手法かどうか疑問となってきた。最大の理由は，（ムーアの法則に従って）急激に進む集積回路の微細化，およびそれに伴うチップエリアに対する価格の上昇である。MEMS技術も集積回路

異種機能デバイス集積化技術の基礎と応用

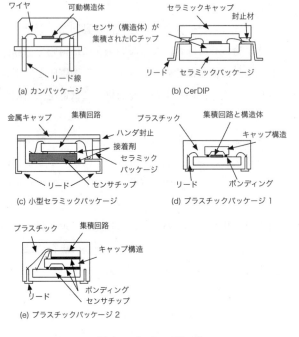

図4 パッケージング

に遅れてムーアの法則に従うという説[14]があるが、年代の指数に比例するこの法則は、年代が進むにつれてMEMSデバイスと集積回路デバイスの面積単価の差の絶対値が増大する、ということを意味する。現在のMEMSセンサの場合、センサ構造体領域は数十〜数百μm角程度で、例えば数十nmゲートの集積回路チップの中にセンサ構造体用としてこの大きなエリアを空けておくことが有効かどうか、という問題になる。また、同一ウエハが集積回路工程、構造体工程の両工程を通るため、プロセスコンパティビリティの問題もある。さらには、同一ウエハに構造体と集積回路を同時に組み込むため、これらを別々に改良するのも難しい。このような観点から、最近では集積回路チップと構造体チップを別ウエハで作成し、アセンブリの工程で両者を電気的・機械的に接続する例が多い。この接続方法には、パッケージの中に複数チップをマウントし、ワイヤボンディングで結線する例と、両チップをチップレベルで、または両ウエハをウエハレベルで貼り合わせて集積化を実現する例がある。昨今では、MEMSデバイスも集積回路と同様に究極の低価格化が求められ、このパッケージング手法にビジネスとしての成否の鍵があるといっても過言ではないだろう。特に、加速度センサでは加速度で変位する重りの可動領域の確保、圧力センサや湿度センサでは外気導入、光関連デバイスでは光導入など、集積回路とは違った工夫が必要で、センサの種類によって特有の最適解が存在するものと思われる。

図4に、各種のパッケージング技法を示す。加速度センサなど、可動構造体を持つデバイスの場合、構造体の運動を確保するために空間が必要である。同図(a)〜(c)は、パッケージそのものに本質的に空間がある、カンパッケージ、CirDIPパッケージ、金属蓋を用いるセラミックパッケージにセンサシステムを納めた例である。これらは実装が極めて簡単であるが、小型化・低価格化には限界がある。(d)および(e)は、構造体部分にキャップ構造を貼り付け、可動領域を確保した上でプラスチックモールドした例である。この方法によると、キャップを貼り付けた後は通常の集積回路と同等に扱え、集積回路用の標準アセンブルプロセスを利用することができるため、最近ではこの手法が主流となっている。

第17章　センサと電子回路集積化への期待

6 高機能センサシステムのアルゴリズム

　すでに現在，センサシステムのディジタル化は高度に進んでいる。通常センサにはマイクロプロセッサが接続されることが多いが，そのインターフェイスのためのI^2CやSPIなどのデータ変換はもちろんのこと，これらのバスを備えることによってマイクロプロセッサからセンサ側への通信も可能になり，センサの機能を外部からダイナミックに変更することもできるようになった。例えば加速度センサにおける0G（落下）の検出機構，可変帯域のフィルタリング機能，データ蓄積（バッファリング）機能，可変レンジ（感度変更）機能など，もはや一般的ともいえるようになった。今後ますますセンサシステムの高機能化が進んでいくものと思われる。

　高機能センサシステム実現のためには，センサシステムと，それに接続されるシステム（現在のところマイクロプロセッサを核としたマスター）間の双方向通信が重要であると思われる。センサの機能や特性を動的に書き換え，アダプティブなシステムを構築すると，例えば雑音の多い環境下では自動的にフィルタリングするとか，センシング対象が高速に変動したときのみサンプリング速度を上げて，詳細情報を欠落させずに平均サンプリング速度を低下させる（低消費電力化，メモリ量の低減などが可能）などのコントロールが可能である。このようなコントロールは，外部のプロセッサがマスターになって，スレーブたるセンサに向かって制御信号を発しても良いが，センサそのものが自発的に自分自身をコントロールしても良い。この場合，マスターの存在が必要なくなるかもしれない。

　また，複数種のセンサを融合させて，より上位のセンサシステムを構築する動きもある。例えば，3軸加速度センサ，3軸角速度センサ（ジャイロ），3軸磁気センサを組み合わせると，自律慣性航法などに用いられるIMU（Inertial Measurement Unit：慣性力の履歴から動きや現在の位置を求める）の簡易版が実現できる。従来の宇宙船などに用いられる完全自律型IMUは極めて高性能な加速度センサやジャイロ（もちろん大きく重く，高額）を組み合わせて実現されており，とてもハンディ機器に組み込めるものではない。一方，MEMSの加速度センサやジャイロは小型で低消費電力，安価ではあるが，その出力を積分して現在位置を求めるにはあまりにも精度不足（特にジャイロのゼロ点安定性）である。これを補正するために磁気センサを用いて地磁気を計測し，現在位置の絶対方向を情報として追加すると，MEMSの加速度センサとジャイロだけでは到達し得ない位置計測精度を得ることができる。このように，単独のセンサではなく複数種のセンサを同時に用いることによって，これまで取得できなかった情報が得られる可能性がある。この発想は，IMUだけではなく，例えば他に生体の情報取得にも有意義であると考えられる。例えば，生体に心拍と運動量，標高の変化，日射，外気温，体温などを計測するセンサを取り付け，これらの出力を総合的に判断すると，そのときの生体の状況が相当に詳細に理解できるかもしれない（例えば大きな運動，標高上昇，心拍増大，強い日射，高い外気温，体温上昇，が同時に起これば，夏場の山登りのように相当強い負荷がかかっていることが想像され，例えば熱中症を未然に警告することができるかもしれない）。さらに，現在のところMEMSセンサとして物理センサは

非常に良く発展しているが，若干進歩が遅れていると思われる化学・バイオセンサがより使いやすく安価になり生体の化学成分分析も含めて容易に情報取得ができるようになれば，生活習慣を認知した上で早期の疾患発見も可能になるかもしれない。

以上のように，センサシステムの高機能化についてはセンサの基本特性もさることながら，センサシステムがどのようなアルゴリズムを持つか，ということも今後大きな焦点になるものと思われる。

7 まとめ

本章ではセンサと集積化する異種機能として，電子回路（集積回路）およびアルゴリズムについて概観した。すでにセンサと集積回路の融合は市販素子レベルで進んでいるが，現在のところ単体のセンサとそれ専用の集積回路を組み合わせる，というステージである。もちろん，この組み合わせにおいてもその内容はまだまだ進化するものと思われるが，さらに未来には，複数のセンサの組み合わせやネットワークや電源，無線まで含めたセンサシステムの高度化が行われるものと考えられる。

「人」は極めて高度なセンシングシステムである。このシステムは複数種のセンサが分散して配置され，検出された信号はセンサ内でも必要な処理がなされて集中処理装置（脳）へ到達し，処理・判断・記憶を行った上で，必要があればこれもまた分散配置された各種のアクチュエータを駆動する。筆者は，この「人」という高度センシングシステムに，一つのシステムとしての完成形を感じている。

文　　献

1) H. C. Nathanson *et al.*, *Applied Physics Letters*, **7**, 84（1965）
2) H. C. Nathanson *et al.*, U.S. Patent 3,413,573（1968）
3) G. E. Moore, *Electronics Magazine*, **19**, April（1965）
4) K. E. Petersen, *Proc. IEEE*, **70**, 420（1982）
5) S. Middelhoek *et al.*, *IEEE Spectrum*, **42**, Feb.（1980）
6) R. A. Breckenridge *et al.*, Proc. AIAA/NASA Conf. on Smart Sensors, Hampton, 1（1978）
7) 藤田博之編著，"センサ・マイクロマシン工学"，p.83-127 オーム社（2005）
8) D. Galayko, ESSDERC '02, 447（2002）
9) K. Maenaka *et al.*, Tech. Dig. of the 15th Sensor Sym., 271（1997）
10) 例えば，K. Maenaka *et al.*, Transducers '07, 1207（2007）
11) Road vehicles-Controller area network（CAN），ISO11898その他 ISO11519, SAE J2284/

J2411など
12) 鈴木雄二, 電気学会誌, **128**, 7, 435 (2008)
13) V. K. Varadan *et al.*, "RF MEMS and Their Applications", Wiley (2003)
14) K. Petersen, Tech. Dig. Transducers '05, 1 (2005)

第18章　バイオセンサ

澤田和明[*]

1　はじめに

　半導体集積回路の今後の進展を予想する，ITRS（International Technology Roadmap for Semiconductors）ロードマップによれば，ロジックデバイスは2012年にはゲート長が16 nm程度になり，CMOSを超える（Beyond CMOS）デバイスが切望されている。一方，CMOSデバイスを基盤とする多様化（More than Moore：Diversification）により，次の世代の活路を見い出すことが模索されている。その中でもバイオセンサとの融合は私たちの健康・医療，食の安全・安心のための，21世紀のプロダクトイノベーション推進エンジンになることが期待される。

　CMOSとバイオセンサの融合によるメリットは大きく二つ存在すると考える。①集積化することでより迅速，高性能なシステムが実現できること，②LSIとバイオセンサを集積化することでこれまで存在しないような新しい知見を得ることができるシステムが可能になること，が大きな意義であると考える。

　本稿では，上に記したようなCMOS技術とバイオセンサ技術との融合による新たなメリットが生まれる可能性の動きの一例を紹介したいと思う。またバイオセンサを，化学センサと比較して，「生体の材料を認識部位に利用したセンサ」として取り扱うことが多いが，本稿ではバイオ・化学現象を検出するセンサとして，広義な意味でバイオセンサという言葉を扱いたい。バイオ現象をCMOSに取り込むためには，酸化還元電流などに代表される電流を計測する方法（アンペロメトリー），電気二重層で形成される溶液・固体界面の電位を計測する方法（ポテンショメトリー），蛍光，発光などの光を計測する方法を物理的なプローブとして用いるとたいへん好都合である。本稿ではバイオ現象を電流をプローブとして取り扱うバイオセンサと，電圧をプローブとしてCMOS回路技術との融合例を述べる。

2　電流をプローブとした集積化バイオセンサ

　従来の電気化学アナライザは多くの機能を持たせるためにスタンドアロンの装置が主流であるが，例えば体着センサへの応用を考えた時に，被測定者にとって負担のなるべく小さい極小型の計測装置が望まれる。また，バイオ分野応用を考えた時に，少ない量の試薬で多くの要素が計測できることが必要となってくる。現在のシステムのさらなる小型化が可能で高機能化が期待でき

＊　Kazuaki Sawada　豊橋技術科学大学　電気・電子情報工学系　教授

第18章　バイオセンサ

るCMOSとの一体化は，大きな魅力である。電気化学センサに関しては，1987年にターナー（R. Turner）らによって，電気化学センサを駆動するポテンショスタットをCMOSで構築する提案[1]がなされている。ターナーらは，酵素反応を直接測定できる電流計測に注目し，CMOSを用いてポテンショスタットを実現している。測定電極系を含めたシステム全体をチップ上に一体化するというアイディアによる一体型集積化センサの提案は，チャング（J. Zhang）らによって，2005年になされた[2]。これだけ時間がかかった原因として，①電気化学という学問と半導体工学という分野に隔たりがあり，異種センサの一体化を行うまでには，半導体工学の成熟を待たなければならなかったこと，②電気化学センサに用いられるセンサ電極は一般的に貴金属や炭素などであり，これらの材料とCMOS製造工程との整合性が良くなかった点が挙げられる。1チップ上に電気化学測定に必要な参照電極（Reference Electrode），対向電極（Counter Electrode），作用電極（Working Electrode）が搭載され，電極を駆動するポテンショスタット回路及び，ポテンショスタットに印加する電圧波形を調整するコントローラ回路が組み込まれている。徳田らは2007年に光センサと電気化学センサを同一チップに作り込むことで，異機能の集積化に関する報告をした（図1）[3]。2008年になって，レビン（P. M. Levine）らは，大型で高価な光学装置が必要であったDNAのハイブリダイゼーション検出を，CMOS集積回路と酸化還元センサを一体化させた，集積化電気化学センサに置き換えることでワンチップ化の可能性を示した[4]。さらに，山崎らは電気化学測定に必要な参照電極，対向電極，及び参照電極をチップ上に一体化し，駆動回路もチップ上のオペアンプを用いて実現したグルコース，乳酸の検出が可能な集積化電気化学センサを実現している[5,6]。そのセンサチップの写真を図2に示す。それぞれの検出物質に対応する酵素であるグルコースオキシダーゼ，及びラク

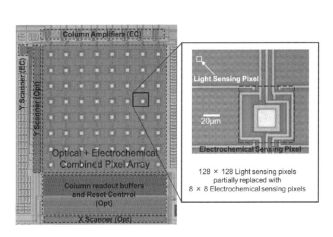

図1　光センサと電気化学センサを同一チップに作り込んだイメージセンサ

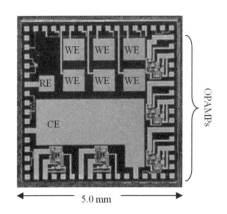

図2　参照電極，対向電極，及び参照電極，駆動回路をワンチップ化した集積化電気化学センサ

テートオキシダーゼをポリイオンコンプレックス[7]を用いて固定化している。一方，電気化学センサを微細化してアレイ化したマイクロ電極アレイは，"LSIとバイオセンサを集積化したことでこれまで存在しないような新しい知見を得ることができるシステムが可能になる"というメリットを目指している。これまでのバイオセンサは，様々な現象を"点"における"数値データ"として扱ってきたが，センサをCMOS技術でアレイ状に並べることで，"面"の情報を，"画像"として扱うことが可能となる。マイクロ電極アレイは，微細加工技術で作製したマイクロメートルサイズの電極をアレイ状に並べて作製したセンサである。シリコンの微細加工技術を用いて製作可能である。集積回路と一体化することにより，各画素へのアクセスが容易になる。メリットとしては，高速に多画素での測定ができることである。林らが，64チャネルの炭素電極を並べ，パラレルに信号を引き出すことにより，レドックスイメージを得ている[8]。各電極は64チャネルのポテンショスタットに直接接続され各画素上で生じる酸化還元反応による反応電流を直接測定している。今後CMOSによるポテンショスタットを集積化することでコンパクトな酸化還元反応を画像として取り扱うことができるイメージセンサの実現が期待できる。

3 電圧をプローブとする集積化バイオセンサ

　電気二重層で形成される溶液・固体界面の電位や細胞膜電位を計測することで様々な生体などの情報をとらえるバイオセンサが開発され，CMOS技術との融合により新たな発展がみえてきた。電気二重層で形成される溶液・固体界面の電位をFETのゲート電極で直接読むISFET（Ion Sensitive Field Effect Transistor）が知られている[9]。ゲート電極にイオン選択性を持つ様々な感応膜を修飾することでNaイオン，Kイオンなどを検出することも可能である[10,11]。宮原らは集積回路技術を駆使してワンチップに複数のイオンを検出するセンサと集積回路を一体化したチップを開発してきた[12]。この研究例は"集積化することでより迅速，高性能なシステムが実現できること"に相当する。現在，生化学の分野，医療の分野，環境など様々な分野において化学計測が行われている。坂田らは，バイオ応用の分野ではISFETを用いてDNAのシーケンシングが可能なことを示している[13]。図3に彼らが開発している遺伝子トランジスタを示す。また，標準的なCMOS LSIプロセスを応用し，読み出しの回路を一体化したISFETの研究も行われている[14]。
　一方電位を計測できる容量結合した電極を二次元にアレイ化して細胞外電位分布を計測する"LSIとバイオセンサを集積化したことでこれまで存在しないような新しい知見を得ることができるシステム"の研究が進んでいる。Infineon Technologiesは，Max Planck Instituteと共同で16384個（128×128）の容量結合型電位センサを集積させたCMOSアレイセンサを開発した[15〜17]。チップに集積されたデコーダーによって128列の1列を選択して読み出し，信号増幅回路によって信号の増幅と処理を行う。また，計測する前に画素ごとのFETの校正が行われ，デコーダーの制御信号によって計測モードと校正モードに切り替えられる。毎秒2000以上の信号値を記録し，そのデータをカラー画像に変換することで，画像的な解析も可能にした。1画素は細胞外電圧計測用FET，

第18章　バイオセンサ

図3　半導体チップ上でDNA検出のシーケンシングが可能である遺伝子トランジスタ

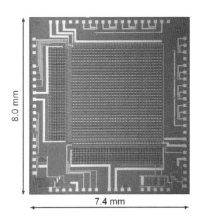

図4　CCD/CMOSイメージセンサ技術によりイオン分布の計測可能なイオンイメージセンサ

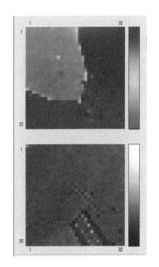

図5　光学像とイオン像を同時に撮像した例

画素選択用FET，校正用FETの三つのFETで構成されている。チップサイズは5 mm×6 mmで，1画素の直径は4.5 μm，画素ピッチは7.8 μmである。このセンサを用いてカタツムリの脳から採取した神経細胞による細胞外記録の実験により，各ニューロンから発生した電気信号を同時に測定する解析が行われた[18]。

前述したイオンセンサをCCD技術とCMOSイメージセンサ技術を用いてアレイ化することで，二次元のイオン分布をリアルタイムに計測する技術が開発されてきた[19〜21]。さらにイオン信号を電荷に変換し取り扱うことで，イメージセンサ独特の電荷蓄積動作による高感度計測が可能となった[22]。そのイオンイメージセンサチップの一例を図4に示す。さらにイオン画像と光画像を同時取得できるマルチモーダルバイオイメージセンサが開発されている[23]。撮像した一例を図5に示す。イオンの二次元分布を計測するイメージングシステムとして，LAPS（light addressable potentiometric sensors）[24,25]や走査型電気化学顕微鏡（scanning electrochemical microscopes：SECM）[26]がこれまで報告されているが，光やプローブを二次元に操作する必要があり細胞などからのイオン放出をリアルタイムで観察することは困難であった。神経伝達物質の中でも重要なものの一つであるアセチルコリン（ACh）の動態をラベルフリーでイメージングするセンサの開発が進んでいる。水素イオン分布をリアルタイムでイメージングできる電荷転送型イオンイメージセンサ上[20]に酵素膜（AChE）を修飾することで，ACh-AChE

147

の酵素反応により発生した水素イオンを検出し，AChをラベルフリーでイメージングするセンサが開発されている[27]。ラベルフリーでアセチルコリン拡散をイメージングできるだけではなく，本センサはアセチルコリンの定量分析も可能である。

文　　献

1) R. F. B. Turner, D. J. Harrison, H. P. Baltes, *IEEE J. Solid-State Circuits*, **SC-22**, pp. 473-478 (1987)
2) J. Zhang, Y. Huang, N. Trombly, C. Yang, A. Mason, *Proc. IEEE Sensors*, pp. 385-38 (2005)
3) T. Tokuda, K. Tanaka, M. Matsuo, K. Kagawa, M. Nunoshita, J. Ohta, *Sens. Actuators A*, **135**, pp. 315-322 (2007)
4) P. M. Levine, P. Gong, R. Levicky, K. L. Shepard, *IEEE J. Solid-State Circuits*, **43**, pp. 1859-1871 (2008)
5) T. Yamazaki, T. Ikeda, M. Ishida and K. Sawada, *Japanese Journal of Applied Physics*, **50**, 04DL02, pp. 1-4 (2011)
6) T. Yamazaki, T. Ikeda, B. Lim, K. Okumura, M. Ishida and K. Sawada, *Journal of Sensors*, **2011**, 190284, pp. 1-7 (2011)
7) F. Mizutani, S. Yabuki, Y. Hirata, *Denki Kagaku*, **63**, p.1100 (1995)
8) K. Hayashi, T. Horiuchi, R. Kurita, K. Torimitsu, O. Niwa, *Biosens. Bioelectron.*, **15**, pp. 523-529 (2000)
9) P. Bergveld, *IEEE Trans. Biomed. Eng.*, **17**, 70 (1970)
10) S. D. Moss, J. J. Janata, C. C. Jonson, *Anal. Chem.*, **47**, 2238 (1975)
11) S. D. Moss, C. C. Jonson, J. J. Janata, *IEEE Trans. Biomed. Eng.*, **25**, 49 (1978)
12) Y. Miyahara, T. Moriizumi and K. Ichimura, *Sensors and Actuators*, **7**, 1-10 (1985)
13) T. Sakata and Y. Miyahara, *Angewandte Chemie International Edition*, **45**, 2225-2228 (2006)
14) Y.-L. Chin, J.-C. Chou, T.-P. Sun, W.-Y. Chung, S.-K. Hsiung, *Sensor and Actuators B*, **76**, 582-593 (2001)
15) B. Eversmann, M. Jenkner, F. Hofmann, C. Paulus, R. Brederlow, B. Holzapfl, P. Fromherz, M. Merz, M. Brenner, M. Schreiter, R. Gabl, K. Plehnert, M. Steinhauser, G. Eckstein, D. Schmitt-Landsiedel and R. Thewes, *IEEE J. Solid-State Circuits*, **38**(12), pp. 2306-2317 (2003)
16) M. Voelker, P. Fromherz, *Small*, **1**(2), pp. 206-210 (2005)
17) G. Zeck, A. Lambacher, P. Fromherz, *PLoS ONE*, **6**(6) (2011)
18) S. K. Brandt, M. E. Weatherly, L. Ware, D. M. Linn and C. L. Linn, *Neuroscience*, **172**, pp. 387-397 (2011)

19) K. Sawada, S. Mimura, K. Tomita, T. Nakanishi, H. Tanabe, M. Ishida and T. Ando, *IEEE Transactions on Electron Devices*, **46**(9), pp. 1846-1849 (1999)
20) T. Hizawa, K. Sawada, H. Takao, M. Ishida, *Sensors and Actuators B*, **117**, 2, pp. 509-515 (2006)
21) T. Hizawa, K. Sawada, H. Takao and M. Ishida, *Japanese Jounal of Applied Physics*, **45** (1-12), pp.9259-9263 (2006)
22) H. Nakazawa, M. Ishida and K. Sawada, *Japanese Journal of Applied Physics*, **49**(4), Article No. 04DL04 (2010)
23) S. Nomura, M. Nakao, T. Nakanishi, S. Takamatsu, K. Tomita, *Anal. Chem.*, **69**, 977-981 (1997)
24) T. Yoshinobu, H. Iwasaki, Y. Ui, K. Furuichi, Y. Ermolenko, Y. Mourzina, T. Wgner, N. Nather, M. J. Shöning, *Methods*, **37**, 94-102 (2005)
25) A. J. Bard, F. R. F. Fan, J. Kwak, O. Lev, *Anal. Chem.*, **61**, 132-138 (1989)
26) R. E. Gyurcsanyi, G. Jagerszki, G. Kiss, K. Toth, *Bioelectrochemistry*, **63**, 207-215 (2004)
27) S. Takenaga, S. R. Lee, M. M. Rahman, H. Takao, M. Ishida, K. Sawada, Proc. 15th Int. Conf. on Solid-State Sensors, Actuators and Microsystems (Transducers '09), Denver Colorado USA, June 21-25, pp. 975-978 (2009)

第19章　磁気センサ

柴﨑一郎*

1　序論

　半導体の磁気センサは小型で，高感度，さらに高い信頼性があり，近年その応用は拡大している。代表的なものは，ホール素子とホールICである。半導体のプロセスで製作でき，樹脂による小型で強固なパッケージが可能な半導体素子の一種であり，磁界の磁束密度を直接検出するセンサ機能を有する。図1には，半導体の磁気センサの系譜を示した。ホール素子は，InSb薄膜のものが多いが，InAsやGaAsのホール素子も使われる。当初は，サイズが小さいマイクロモータに属する小型のDCブラシレスモータ，別名ホールモータを中心に応用を伸ばしてきた[1]。

　さらに，Si集積回路技術を応用した集積化磁気センサであるホールICも多数使われる。ホールICは，磁界の検出，非検出の2値出力のデジタル磁気センサである。このため，非接触スイッチ或いは非接触センサとして使用され応用が拡がっている。主にバイポーラICのプロセスで製作されていた。Siは電子移動度が小さく，磁界検出のホール電圧が小さく，一方でオフセット電圧が小さくできないことや，歪などに敏感なSiのホール素子の特性が，磁界を高感度で検出するホールICの製作上の課題であった。このSiのホールICの課題を解決する方法として，ハイブリッドホールICが提案された。ハイブリッドホールICは，高感度のInSb等化合物半導体のホール素子と

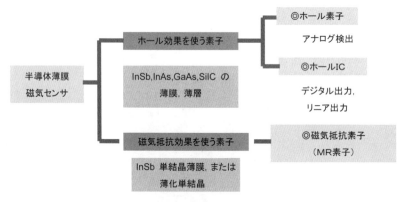

図1　半導体薄膜磁気センサの系譜
　　磁界の検出原理は，ホール効果，磁気抵抗効果が使われ，磁束密度を直接検出できる。

---

*　Ichiro Shibasaki　豊橋技術科学大学　大学院テーラーメイド・バトンゾーン教育推進本部
　　特命教授；（公財）野口研究所　顧問

第19章　磁気センサ

Siのアンプをワイヤーで接続し，一つの樹脂パッケージに収めた異種機能集積によって製作する磁気センサであり，近年，各方面で使われる。新しい回路技術として，ホール素子の入力と出力を入れ替えて駆動し，ホール電圧を平均してオフセットをゼロにするスピニングカレント法が実用化され，CMOSのホールICが造られるようになった。

図1に示したように，ホールICはホール素子をセンサ部に応用した磁気センサであるが，その機能は極めて単純，かつ，基本的なものであり，ホール素子とは異なった機能の独立な磁気センサとして考えるのが自然である。いまやホール効果を磁気検出の原理とするホール素子やホールICは，汎用性の高い電子部品仕様の非接触センサとして多くの電気，電子機器に使われている。また，化合物半導体磁気センサとSiのICリニアアンプの異種機能を一つのパッケージにしたハイブリッドリニアホールICが開発された。ホール素子を磁気センサに使う電流検出器では，このリニアホールICが使われ始めた。本稿では，このような異種機能の磁気センサをSiの集積回路と組み合わせた集積化磁気センサであるホールIC，ハイブリッドホールIC，リニアハイブリッドホールIC等の技術と現状，応用等について紹介する。

2　ホール素子とその特性

2.1　ホール効果とホール素子の動作原理

ホール素子は半導体中の電流に磁界が作用（電流を運ぶ荷電粒子の運動方向に直角な方向に磁界が作用して生ずるローレンツ力）することによって生じるホール効果を利用した磁気検出素子，即ち磁気センサである。ホール効果素子，ホールセンサ，ホール発電器とも呼ばれ，磁界の磁束密度を検出して電気信号として出力する磁電変換素子（magneto-electric transducer）である。本稿ではホール素子と記し，InSbやInAs，GaAs等の現在実用的に使われている薄膜のホール素子について述べる。

基本となるホール素子は，図2に示すように厚さd，幅W，長さLの半導体の薄膜に二個の入力電極（1,3）とセンサ出力を取り出す二個の電極（2,4）を形成した構造であり，駆動電圧V_{in}を入力電極1,3に加えた状態で，薄膜に垂直に加えられた磁界の磁束密度Bに比例した電圧V_Hが出力電極2,4からセンサ出力として得られる磁気センサである[2〜4]。

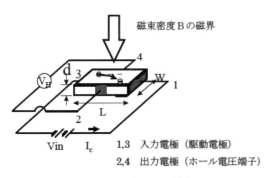

図2　ホール素子の駆動原理
電流を流す薄膜面に垂直な磁界の磁束密度を検出。

磁界の検出信号であるホール電圧（ホール出力電圧）V_Hの表現は，ホール素子の駆動方法によって二通りある。その一つである駆動電圧V_{in}が一定の定電圧駆動では，ホール効果を生じる材料の電子移動度μ_Hに比例し，電子のみが存在する最も簡単なモデルでは，次式

151

で表される。

$$V_H = \mu_H \cdot \frac{W}{L} \cdot B \cdot V_{in} \tag{1}$$

ここで，W/Lはホール素子の磁界検出部の形状比（図2を参照），Bは素子に印加された磁界の磁束密度である。この式により，ホール素子を一定の電圧で駆動する場合は，電子移動度の大きい材料が大きなホール電圧V_Hを生じる。

第二の駆動法である駆動電流I_c（制御電流とも言う）が一定の定電流駆動では，ホール電圧V_Hは次式で表される。

$$V_H = R_H \cdot \frac{B \cdot I_c}{d} \tag{2}$$

ここで，$R_H = 1/en$はホール係数，eは電子の素電荷，nは電子密度である。

この場合は，ホール電圧V_Hはホール係数R_Hや半導体の膜厚に逆比例して大きな値が得られる。実用的な高感度ホール素子は，電子移動度の高い，また，電子濃度が不純物ドープで自由に変えられるⅢ-Ⅴ族の化合物半導体であるInSb，InAs，GaAsなどの化合物半導体，特にその薄膜が用いられる。

実際のホール素子では，ホール電圧は素子のパターン形状に若干依存する。このため，(1)，(2)式で，右辺に，形状因子Gを加えてホール電圧を表現する場合がある。Gは1に近い定数で，G≒1としても実用上は差し支えない。ホール素子を使う上では考慮の必要はない[2]。

さらに，実際のホール素子では，ホール電圧の他に，オフセット電圧V_u（不平衡電圧とも言う）がある。これは，ホール素子を駆動するときに，磁界を加えなくても出力端子間に発生する微小な電圧であり，ホール電圧と区別できない。磁界検出部の形状の非対称や抵抗値の不均一性などからやむを得ず発生する電圧である。実用ホール素子はこのオフセット電圧またはV_u/V_Hをできる限り小さくすることが求められる。

2.2　実用ホール素子の特性

表1には，現在単独の素子として使われている化合物半導体の薄膜または薄層を磁気検出部に使う代表的な実用ホール素子の特性を示した。また，磁界検出部の材料やその構造により素子を分類した。実際にホール素子を使う場合は，メーカのカタログまたは仕様書の確認が必要であるが，ここでは目安となる代表的な特性を記した。Siのホール素子は，感度も低く，単独で使われることはなく，集積回路の増幅器と組み合わせてホールICとして使われる。

表1の(1)は磁気増幅型InSb薄膜ホール素子である。高い磁気検出感度が特徴の代表的なホール素子で，現在，最も多く生産され，使われている。真空中で蒸着して製作された厚さ1ミクロン程度の多結晶InSb薄膜のホール素子部（磁界検出部）を軟磁性のフェライトで上下からサンドイ

第19章　磁気センサ

表1　各種実用ホール素子の電気，磁気特性例

	ホール電圧 V_H (0.05 T)	不平衡電圧 V_u	入力抵抗値 R_{in}	駆動電圧 V_{in}
(1)InSb薄膜ホール素子（磁気増幅型）	122〜320 mV/1 V	<±7 mV/1 V	240〜550 Ω	1.0 V
(2)InSb単結晶薄膜ホール素子	52〜67 mV/1 V	<±6 mV/1 V	265〜410 Ω	1.0 V
(3)InAs薄膜ホール素子（Siドープ単結晶薄膜）	100 mV/6 V	<±8 mV/6 V	240〜550 Ω	6.0 V
(4)InAs量子井戸ホール素子（InAsDOWホール素子）	90〜130 mV/3 V	<±6 mV/3 V	750〜1150 Ω	3〜6 V
(5)GaAsホール素子（Siイオン注入）	55〜75 mV/6 V	<±11 mV/6 V	650〜850 Ω	6.0 V

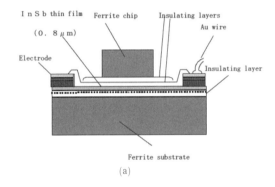 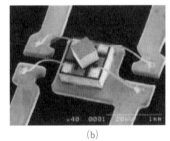

(a)　　　　　　　　　　　　(b)

図3　磁気増幅型InSb薄膜ホール素子
(a)断面構造，(b)パッケージ前の写真

ッチした構造（磁気増幅構造）のホール素子である。図3(a)に，磁気増幅型InSb薄膜ホール素子の断面構造，(b)にパッケージ前のホール素子チップ写真を示した。

一般にInSb薄膜ホール素子が磁界感度は最も高い。中でも，上述の磁気増幅構造のInSbホール素子はさらに感度が高く，DCブラシレスモータの磁気センサなど応用上も重要なホール素子であり，現在最も多く製作されている。

図4には，磁気増幅型InSb薄膜ホール素子の磁束密度とホール電圧の関係，V_H-B特性を示した。低磁界は極めて高感度で，ホール電圧は磁束密度に比例するが，フェライトの磁化の飽和が原因で，高磁界ではこ

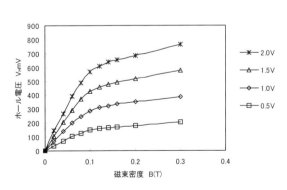

図4　磁気増幅型InSb薄膜ホール素子の磁束密度とホール電圧の関係（V_H-B特性）

図5　InAs薄膜ホール素子の例

の関係は変わる。これは磁気増幅型のInSb薄膜ホール素子の特徴である[5,6]。

ホール電圧の温度依存性は，定電圧駆動すれば室温周辺では殆ど変化せず小さい。しかし，定電流駆動のホール電圧の温度依存性は，-1.8%/℃程度で若干大きい。同様に抵抗の温度依存性も室温周辺では-1.8/℃である。

表1の(2)，(3)，(4)のホール素子は，GaAs基板上に製作したInSb，InAs単結晶薄膜，InAs量子井戸のホール素子（InAsDOWホール素子ともいう）である。表1の(5)はイオン注入によりGaAs単結晶基板上に製作したn型の薄層を動作層に使うGaAsホール素子である。これらのホール素子は，高感度で，極めて小さいパッケージが可能のため携帯機器などにも適合して使われる。図5には，ホール素子の実例として，表1の(2)に示した半絶縁性のGaAs基板上に製作したSiをドープしたInAs薄膜ホール素子（基板上の十字パターン）の写真を示した。この例では，図2に対応して十字パターンの4端に入力電極（素子駆動電極），出力電極（ホール電圧端子）が製作されている。InAs薄膜の厚さは0.5ミクロン，基板のGaAsチップのサイズは0.3mm程度である[3]。

表1の(2)，(3)，(4)，(5)のホール素子の磁界特性であるが，定電流駆動すれば，いずれの素子も高い磁束密度に至るまで磁束密度に比例したホール電圧が得られる。

ホール素子の特徴は，そのものが磁界を磁束密度に比例したセンサ信号，かつ，磁界の正負（磁石のN極，S極）を区別して検出できることであるが，もう一つ実用上重要なことは，ホール素子が極めて小さく，半導体のウエーハはプロセスで製作できることである。このためSiの集積回路と組み合わせ，磁界をON-OFF検出，及び，N極磁界，またはS極の磁界を検出するデジタル磁気センサを製作できる。さらに，Siのリニアアンプと組み合わせて，出力が数〜20V程度まで磁速密度に比例した磁気センサ（ハイブリッドリニアホールICと呼ぶ）を実現できる。これらの異種機能をハイブリッド的に組み合わせた集積化磁気センサは，その機能から極めて基礎的，かつ，電子部品的な条件を備えた磁気センサとして使え，その非接触センサ応用は限りなく広い。次節では，こうしたホール素子の集積回路との組み合わせの磁気センサについて述べる。

3　ホールIC

3.1　ホールICとは

ホールIC（HIC）は集積回路技術を利用した磁気センサである。古くから使われ，よく知られているものは，ホール素子の検出する磁束密度に比例したホール電圧を波形成型しデジタル信号に変換する増幅回路がホール素子に付加され，磁界の検出に対応した2値の電圧を出力する構成の素子である。一定の閾値以上の磁束密度の磁界の検出-非検出に対応したON-OFFの2値出力が得られるもの（正または負の一方の磁界のみで動作），もしくは，一定の閾値以上の正-負の磁

第19章 磁気センサ

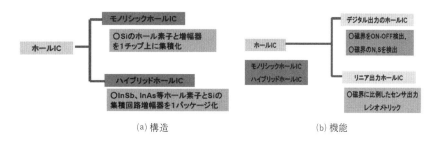

(a) 構造　　　　　　　　　　　　(b) 機能

図6　ホールICの分類
(a)構造上の違い，(b)センサ機能の違いからの分類

束密度の磁界検出に対応したON-OFFの2値出力，または，磁束密度の正，負に対応した，正，負の2電圧出力が得られるものがあり，いずれもデジタル出力の磁気センサである。また動作磁束密度は，ON-OFFに対応して異なった閾値が設定できるので，動作磁束密度に関して常にヒステリシスを有することも基本的な特徴である。ホールIC（HIC）はホール素子と増幅回路をSiの1チップ上に製作したモノリシック型が一般的によく知られている。古くから，バイポーラICのプロセスで製作されてきたが，近年は，CMOSプロセスも用いられるようになった[7]。

　現在のホールICは，その構成上の違いにより二種類ある。①集積回路の製作プロセスを利用して，Siのホール素子と増幅器をSiの基板上に集積化したモノリシックホールIC（MHIC），もう一つは，②例えば，InSb薄膜ホール素子など化合物半導体の薄膜のホール素子と集積回路プロセスで製作したSiの増幅器チップを組み合わせ，一個のパッケージに収めた構造のもので，ハイブリッドホールIC（HHIC）と呼ばれている。図6では，ホールICの(a)構造上からと，(b)機能上からの分類を示した。いずれも現在使われており，ホール素子と同様，今や重要な磁気センサである。

　ホールICは，出力電圧の形式から分類すると，①磁界の検出，非検出に対応したON-OFF的なデジタル出力のホールICがある。この他に，②ホール素子が検出した磁界検出信号であるホール電圧をリニアアンプで増幅し，検出した磁界に比例する増幅出力を得られるものがあり，リニアホールICと呼ばれている。駆動電圧の中点電位からの電位差が検出磁界の磁束密度に比例するレシオメトリックな出力が得られ，比較的最近開発されて使われ始めたものである。モノリシックリニアホールICとハイブリッドリニアホールICの二種ある。

　ハイブリッドホールICと同じような構成で，ホール素子の信号を様々な形でSiのIC回路で増幅し，より機能的な，且つ，特定用途向けのセンサとして製作する素子も開発され使われている。一例は，DCブラシレスモータ駆動の回路が，ホール素子を内蔵したホールドライバICがある。携帯電話やスマートフォンに使われる方位センサも磁気センサとSiの回路が1パッケージに収納されている。広い意味でホールICの仲間であるが，本稿では，混乱を避けるため，ホールIC，または，ハイブリッドホールICとの呼称は，上述の極めて一般的な，かつ，汎用的なデジタル，またはリニア出力の機能を有するものに限った。特定用途向けのものは，通常，用途名や対応する機能名を付けた呼称で呼ばれるからである。

3.2 デジタル出力型ホールIC（デジタル磁気センサ）

ホールIC（HIC）はホール素子と増幅回路をSiの1チップ上に製作した磁気センサで，磁界の検出-非検出に対応したON，OFFの2値出力が得られるデジタル磁気センサである。当初は，バイポーラプロセスによるモノリシックホールICが開発され使われた[8,9]。

図7には，オープンコレクタタイプの出力形式の最も一般的なホールICの基本的な回路構成を示した[8~10]。図中では，ホール素子は＋で示されており，ホール電圧V_Hをデジタル増幅する回路に接続されている。増幅後のホールICのセンサ出力はV_{out}で示されている。

図8にはホールICの動作特性を示した。図8(a)の例では，動作磁束密度にヒステリシスを有し，センサ出力である電圧V_{out}は磁束密度がBop以下では，駆動電圧V_{cc}と同一電圧（High level = V_{cc}：OFF）である。磁束密度が増加してBopを超えるとV_{out}はゼロ電圧（Low level = Gnd：ON）=磁界検出電圧となる。磁束密度が減少してBrpより小さい磁束密度ではHigh level（OFF）=磁界非検出となり，Bop-Brpの差に対応するヒステリシスを有し，磁界の検出，非検出に対応した2値信号が出力されるセンサである。図8(b)の例では，ホールICの動作は，磁束密度の正（N）磁界-負（S）磁界の検出に対応してLowレベル（ゼロ電圧），Highレベル（電源電圧レベル）の2値信号を発生する動作特性である。回転検出等に使われる。

バイポーラプロセスによるモノリシックホールICでは，Siのn型の導電層をホール素子に使う。このSiのホール素子の感度は低く，歪に敏感なSiの特性から，ホール電圧に対してオフセット電圧が大きく，高感度のホールICの製作が難しく，応用も限られていた。そうした問題点を解決するためにオフセット電圧がセンサ出力に対して小さい，高感度のInSb薄膜ホール素子を磁気センサ部に使い，増幅回路をSiの集積回路で製作し，一つのパッケージに収めたハイブリッドホールICが開発された。図9には，高感度InSb薄膜ホール素子を磁気センサ部に使い，バイポーラプロセスによるSiIC増幅器を組み

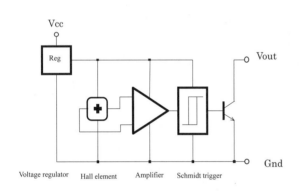

図7　ホールICのコンセプトを示す回路構成図
＋印は磁気センサであるホール素子[8~10]。

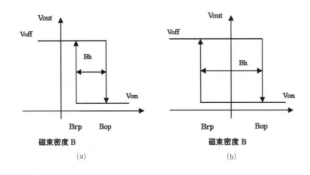

図8　ホールICの動作特性
(a)片側磁界動作，(b)N磁界検出（ON）-S磁界検出（OFF）による動作：B＜Brpでは出力電圧はVoff = V_{cc} level，B＞BopではV$_{on}$ = Gnd level，Bhはヒステリシス。

第19章 磁気センサ

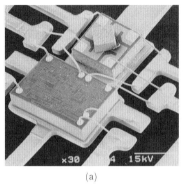
(a)

(b)

図9 高感度InSb薄膜ホール素子を磁気センサ部に使い，SiIC増幅器を組み合わせた2チップ構成のハイブリッドホールICの写真
(a)SiICチップと高感度のInSbホール素子チップが金線で接続されている様子，(b)ホール素子とSiICの増幅器がパッケージされた製品の写真[10]。

合わせたハイブリッドホールICの写真を示した。同図(a)にはSiICチップと高感度のInSbホール素子チップが金線で接続されている様子を，(b)ではパッケージされた商品を示した[8〜10]。

さらに，表2には高感度InSb薄膜ホール素子を磁気センサとしたハイブリッドホールICとCMOSプロセスによるSiモノリシックホールICの特性例を示した。CMOSプロセスのホールICの場合は図5で出力形式が若干変わり，CMOS形式となる[7]。

デジタル出力のホールICは，駆動電圧の大きな自由度があり，磁界の磁束密度が小さく閾値以下（B＜Brp）のOFFレベルでは，センサ出力（出力端子電圧），は駆動電源の電圧に対応しV_{cc}である。閾値以上（B＞Bop）の磁束密度を検出したときのセンサ出力電圧，即ち，ONレベル電圧は，通常はV_{cc}に比べて一桁小さい電圧が設定されている。

ハイブリッドホールICでは，最初はバイポーラプロセスで製作されたアンプが使われたが，消費電力の少ないCMOSアンプも可能である。歴史的にはバイポーラプロセスのSiモノリシックホールICが最初に開発された。次いで，比較的最近になって，ホールICの高感度化や信頼性などの性能アップのためInSb等化合物半導体のホール素子を使うハイブリッド型のホールICが開発された。さらに，消費電力の少ないCMOSプロセスでも近年はモノリシックホールICが製作されるよ

表2 高感度InSb薄膜ホール素子を磁気センサとしたハイブリッドホールICとSiモノリシックホールICの特性

	ハイブリッドホールIC	ハイブリッドホールIC	SiモノリシックホールIC
磁気センサ	InSb薄膜ホール素子	InSb薄膜ホール素子	Siホール素子
駆動電圧 V_{cc}	4.5〜24 V	4.5〜24 V	1.6〜5.5 V
On磁束密度 Bop	12.0 mT	3.2 mT	3.0 mT
Off磁束密度 Brp	9.0 mT	2.4 mT	2.2 mT
V_{out}（B＞Bop）	V_{on}＜0.2 V	V_{on}＜0.2 V	V_{on}＜0.4 V
V_{out}（B＜Brp）	$V_{off}=V_{cc}$	$V_{off}=V_{cc}$	V_{off}＞V_{cc}-0.4 V
出力形式	オープンコレクタ	オープンコレクタ	CMOS形式
オフセットキャンセル	なし	なし	あり*
動作温度範囲	−20〜+115℃	−20〜+115℃	−20〜+115℃

＊ホール素子の入力，出力を入れ替えて出力電圧を平均して出力するスピニングカレント方式のダイナミックオフセットキャンセル駆動方式を採用している。

うになった。CMOSモノリシックホールICでは，ホール素子は，駆動電力を少なくするため，50〜100ms程度の周期でのパルス駆動方式が採られている。一方，当初は，CMOSプロセスによるSiホール素子は，ホール電圧に対してオフセットが大きく実用化上大きな問題であった。しかし，比較的最近，ホール素子の入力，出力を入れ替えて出力電圧を平均して出力することでオフセット電圧をキャンセルするスピンニングカレント方式と呼ぶ技術が発明され，CMOSホール素子の大きなオフセットの問題が解消し，CMOSプロセスによるモノリシックホール ICは，大きな性能上の進歩が実現した。

ここでは先に述べた「スピンニングカレント法（オフセットキャンセル付ホール電圧増幅回路）」について簡単に理論の概要を述べる。

モノリシックホールIC（MHIC）は，オフセット電圧が大きく，ホール電圧が極めて小さいことが開発当初から問題であった。しかし，ホール素子の駆動電源端子（入力）とホール電圧端子（出力）を入れ替えてホール電圧を測るとホール電圧は同符号であるが，オフセット電圧が逆符号になり，この二つの電圧を平均化処理するとオフセット電圧がキャンセルしてホール電圧のみが得られる。この電圧を増幅するとオフセット電圧の極めて少ない増幅後の磁束密度に比例した電圧が得られる。この操作は，スピニングカレント法と呼ばれる[11]。この技術により，Siのホール素子の課題であった磁界検出感度が低くオフセット電圧がホール電圧に対して大きいという問題点がほぼ解決しCMOSホールICの製作が可能となった。あえて残る問題を挙げれば，ホール電圧の平均操作のため，10ms程度以下の早い磁束密度変化の検出が難しいことである。しかし，磁界変化が緩やかな非接触スイッチなどの応用については極めて有用で，CMOSプロセスで製作されるモノリシックホールICの実用性を拡げた。またこの方法は，ハイブリッドホールICの増幅回路にも適用できる。一方，ハイブリッドホールICは，ホール電圧に対するオフセット比率の小さい高感度の薄膜ホール素子が磁気センサとして使えるので，通常はスピニングカレント法を使う必要がなく，高感度で，高速の動作が可能なホールICの製作が可能である。この点は，ハイブリッドホールICの優れた点である。当初は各種の位置検出や無接触スイッチ用のセンサ，ハードディスクドライブ（HDD）のモータ等に使われていたが，今や異機能が集積化されたホールICはそれぞれの特徴を生かして非接触のセンサとして応用は拡大している。

3.3 リニアハイブリッドホールIC
3.3.1 リニアハイブリッドホールICの原理，構造，特性

ホール電圧を，リニア増幅し，磁束密度に比例した増幅信号の得られるリニア出力のホールICも開発されている[12,13]。その原理は，磁気センサであるホール素子とSiICのリニアアンプを組み合わせたものである。Siホール素子を磁気センサに使うモノリシック型と高感度の化合物半導体薄膜のホール素子を磁気センサに使い，リニア増幅回路にSiのICを使うハイブリッド型がある。検出磁界に比例した増幅出力の得られるリニアホールICは早くから期待されたが，実用化は最近である。図10にリニアホールICのコンセプトを示す回路図を示した。

第19章 磁気センサ

表3 磁気センサにInAsDQWホール素子を使ったリニアハイブリッドホールICの特性

項目	特性	条件
電源電圧 V_{cc}	$5\,V \pm 0.25\,V$	
出力電圧 V_{out}	$2.5\,V \pm 1.56\,V$	$B = \pm 25\,mT$, $V_{cc} = 5\,V$
無磁界出力 V_{off}	$2.5\,V$（$1/2\,V_{cc}$）	$B = 0\,mT$, $V_{cc} = 5\,V$
消費電流 I_{cc}	$8\,mA$	$V_{cc} = 5\,V$
出力電流 I_{out}	Max. $\pm 1\,mA$	DC
動作温度	$-30 \sim 100\,°C$	$V_{cc} = 5\,V$
感度温度係数	$-0.08\%/°C$	$-20 \sim 80\,°C$, $B = 25\,mT$
オフセット電圧の温度変化	$-0.2\,mV/°C$	$-20 \sim 80\,°C$, $B = 0\,mT$

　リニアホールICは，直線的に変化する位置の検出や回転検出，磁束密度の忠実な計測が必要とされる電流検出器への応用などが主な用途である。ホール素子を直接使うよりは使い易い磁束密度に比例した電圧が得られるのが特徴であり，ホール素子の応用を容易にする技術である。高感度で低オフセットのホール素子を磁気センサに使えるハイブリッドリニアホールICは，複雑な回路処理が不要である。例えば，高感度のInAsDQWホール素子（本章表1参照）を磁気センサとしたリニアホールICは，高速の応答が可能で，過渡的な磁界変化も検出できる。応答速度は2～4 μs，センサ出力は，レシオメトリックアナログ出力，帯域幅：70～90 kHzが商品化されている。1 msレベル以下の高速応答が必要な電流センサ等にも応用されている。一方，複雑な回路処理のオフセットキャンセルをする必要があるSiモノリシックのリニアホールICは，1 ms以下の高速磁界変化の検出は難しく，電流検出用とでは主にハイブリッドリニアホールICが使われる。表3には，磁気センサにInAsDQWホール素子を使ったリニアハイブリッドホールICの特性を示した[12,13]。

　また，図11には，InAsDQWホール素子を磁気センサとして使ったリニアホールICの写真を示

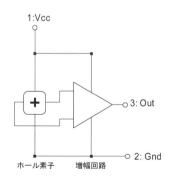

図10 リニアホールICの回路構成図

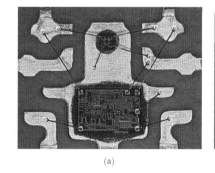

図11 InAsDQWホール素子を磁気センサとして使ったリニアホールICの写真
(a)チップレイアウト，(b)パッケージされたリニアホールICの製品例

異種機能デバイス集積化技術の基礎と応用

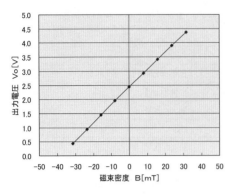

図12 InAsDQWホール素子を磁気センサとしたリニアホールICの動作特性例（レシオメトリックアナログ出力）

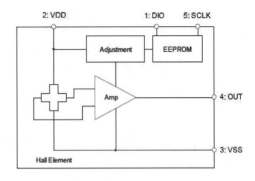

図13 感度選択型リニアホールICの回路構成

表4 プログラマブルリニアホールICの特性

項目	特性
センサ出力形式	レシオメトリックアナログ出力
磁界検出感度の選択	15～130 mV/mTの段範囲より13段階
応答速度	$1\,\mu s$
帯域幅	400 kHz（@-3 dB）
零磁界電圧	0.45 V, 2.5 V, 4.55 Vのいずれかに設定可能
駆動電圧	5 ± 0.5 V
動作温度範囲	-40～105℃
パッケージ	SIP-5 pin

した。

図12には，このInAsDQWホール素子を磁気センサとしたリニアホールICの動作特性例を示した。電源電圧$V_{cc}=5.0$ Vで駆動すると，出力端子電圧は，ゼロ磁界では$V_{cc}/2=2.5$ Vであるが，磁界を加えると2.5 Vを中心に，磁束密度の正，負に対応して増幅出力が磁界に比例して得られる。このようにレシオメトリックなアナログのセンサ出力が得られ，磁束密度との比例関係も極めてよい。また，高速応答性を有し，高周波磁界の検出にも優れる。このため過渡電流やパルス電流の高精度検出で使われる。

ハイブリッドリニアホールICでは，最近磁界検出感度が選択できるプログラマブルタイプのリニアホールICも開発実用化されている。その回路構成を図13に示した。表4はその特性の例である。

3.3.2 リニアハイブリッドホールICの応用例

図14には，実用的な応用例として，InAsDQWホール素子を磁気センサとしたリニアハイブリッドホールICを磁気センサに使った小型の電流検出器の写真を示した。図15は，このリニアホー

第19章　磁気センサ

図14　リニアハイブリッドホールICを磁気センサに使った電流検出器

磁気センサはInAsDQWホール素子（旭化成エレクトロニクス）

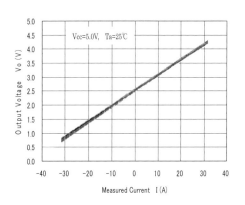

図15　リニアハイブリッドホールICを使った電流検出器の特性（旭化成エレクトロニクス）

(a)　　　　　　　　(b)

図16　リニアハイブリッドホールIC応用の電流検出器を積載した(a)エアコン駆動用インバータ（東芝キャリア社製）と(b)拡大写真

ルICを使った小型の電流検出器の特性を示した。

図16(a)には，上述の電流検出器を積載したエアコン駆動用インバータと(b)にはその電流検出器部の拡大写真を示した。

ハイブリッドリニアホールICを用いた電流検出器は，エアコンや冷凍機などのモータの駆動制御用インバータで電流検出に実際に使われている。特に，パワーモータの駆動ではホール素子やリニアハイブリッドホールICを磁気センサに使う電流検出器が使われるケースが拡大している。

4　異種機能集積半導体磁気センサのまとめ

本稿では，Siの集積回路と全く機能の違った半導体の磁気センサを集積化した異種機能集積半導体磁気センサであるホールICについて若干の解説を試みた。磁気センサであるホール素子については，過去30年近いホール素子の実用化の歴史の中で，デファクトスタンダード的な仕様が固まってきており，記述は概要を述べるに留めた。しかし，今後とも新たなホール素子製品の開発が望まれており，より詳しい情報については文献を参照していただきたい。

異種機能の集積化によって生まれたホールICであるが，本文で述べたように，モノリシックでできるホールICの他に，我々は，ハイブリッドホールICの概念を提唱してきた。この概念によ

り，モノリシックでは得られないメリットも生まれた。またセンサの実用化の観点からは，優れたやり方として多くの実用的な応用を実現してもいる。特に，ハイブリッドホールICは，開発以来多くの分野に応用が拡がっている。非接触のセンサ，スイッチとして各所に使われるが，特記すべきは，家電製品やエアコンなどのモータでは回転の位置検出の非接触センサやインバータ駆動の電流検出器の磁気センサとして使われることである。この応用は近年，省電力，動力の高精度制御の目的で，拡がっている。その中でも重要なのは，電気自動車やハイブリッド車のインバータ駆動のモータ制御の用途である。大変重要な用途で期待がかかる。ここでは，信頼性の高い高感度の磁気センサとSiの集積回路技術の結合による高感度，高性能，高信頼性のリニアホールICの出番である。更に，電流検出のみならず，多数の非接触のセンサ，スイッチとして使われる。多用な技術が要求される21世紀の社会では，磁気センサは欠かせないセンサである。

文　献

1) 柴﨑一郎，応用物理，**80**(1)，p.36 (2011)
2) 柴﨑一郎，次世代センサハンドブック，p.205 (2008)
3) Magnetic sensors and Magnetometers, Chapter 5.2 High Electron Mobility Thin-Film Hall Elements, Artech House, p.201 (2001)
4) R. S. Popovic, Hall Effect Devices, Second Edition, Series in Sensors, Institute of Physics Publishing (2003)
5) 柴﨑一郎，日化協月報，**41**(5)，p.12 (1988)
6) 柴﨑一郎，電気学会論文誌E，**119-E**(8/9)，p.405 (1999)
7) 旭化成エレクトロニクス㈱，ホールICカタログ (2007版)
8) 石橋和敏，田近克彦，徳尾聖一，杉山博俊，岡田一朗，今井秀秋，柴﨑一郎，電気学会東京支部，沼津，山梨支所合同研究会予稿集，p.17 (1995)
9) K. Ishibashi, I. Okada and I. Shibasaki, Technical Digest of the 18th Sensors Symposium, pp.245 (2001)
10) K. Ishibashi, I. Okada and I. Shibasaki, *Sensors and Materials*, **14**(5), p.253 (2002)
11) A. A. Bellekom and P. J. A. Munter, *Sensors and Materials*, **5**(5), pp.253-263 (1994)
12) K. Suzuki, K. Kuriyama, T. Takatsuka, Y. Shibata, M. Nakao and I. Shibasaki, Technical Digest of Sensor Symposium, p.167 (2003)
13) 栗山憲治，牧野崇史，深沢尚也，鈴木健治，柴﨑一郎，電気学会，交通・電気鉄道，フィジカルセンサ合同研究会資料，TER-08-6，PHS-08-6，p.24 (2008)

第20章　pHセンサ

野村　聡*

1　はじめに

　pHは溶液の性質を示す重要な指標であり，医学や生物学の基礎研究から各種工業材料の製造工程，さらに，食品や工業製品の品質管理まで，幅広い分野で測定されている。pH測定法として最も普及しているガラス電極を用いた電位差測定法は，1906年のCremerの実験[1]以来1世紀もの歴史を有し，また，今日広く用いられているpHメータも，1930年代に実用化されたものであり，測定法として完全に成熟したものであると考えられている。その一方で，バイオテクノロジの発展や医療技術の高度化に伴い，希少な試料でのpH測定や，POCT（Point of Care Testing）をはじめとした簡易医用計測機器への搭載，そして，生体や細胞内pHのモニタリングといった新たなニーズへの対応も要求されている[2~4]。それらの要求に対して，半導体やナノテクといった先端技術を駆使したpH計測技術の革新も行われている[5~8]。これらの革新は，単にセンサの微小化のみならず，センシング部と異種デバイスとの集積化にも発展しつつある。本章ではこれらの革新について紹介する。

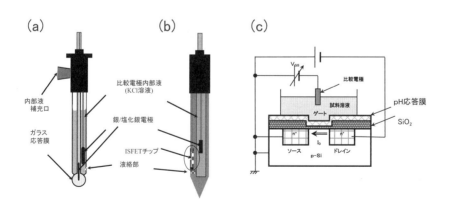

図1　ガラス電極とISFET
(a)ガラス電極の構造，(b)ISFETの構造，(c)ISFETの動作原理

---

*　Satoshi Nomura　㈱堀場製作所　開発企画センター　学術情報担当部長

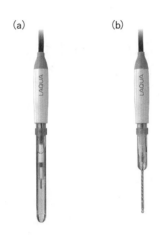

図2 pH電極のバリエーション
(a)標準タイプのガラス電極，(b)微小ガラス電極

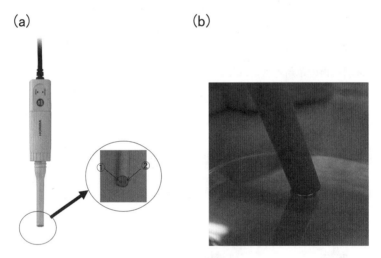

図3 ISFETによる固体表面測定
(a)センサ測定部構造（①pH感応部，②液絡部），(b)測定例

2 ガラス電極とISFET

　pH測定用電極として最も広く用いられているガラス電極と，その機能の一部を半導体センサで実現したISFET（Ion Sensitive Field Effect Transistor：電界効果型イオン感応トランジスタ）について説明する。ガラス電極は図1(a)に示す構造をとり，ガラス応答膜で発生する電位差が溶液のpH値に依存することを利用している。ISFETは，ガラス電極のガラス応答膜と内部液の機能を半導体センサに置き換えたものである（図1(b)）。ISFETではゲート部分に水素イオンや水酸化物イオンに選択的に反応する物質を形成させ，試料溶液のpHに応じたゲート部電荷量の変動

を，ソース-ドレイン間電流の変動で検知する（図1(c)）。

　代表的なガラス電極を図2(a)に示す。一般的にガラス電極は，直径10 mm程度のスティック形状をとり，ビーカーやサンプル瓶に注がれた試料を測定する。近年，ガラス加工技術の向上により，直径を3 mm程度まで小さくした電極（図2(b)）も普及しつつあるが，さらなる小型化には限界がある。一方，ISFETは測定部が半導体チップから形成されるため，ガラス電極よりもさらなる微小化が可能であるとともに，測定部の形状を自由に設定できる点が特徴である。図3にISFETの例を示す。ここに示したISFETは，測定部をスティック形状の底面に配置したもので，固体表面に付着する僅かな液体のpHの測定が可能となり，新たな表面分析用センサとしての展開が期待されている（図3(b)）。

3　ガラス電極と異種デバイスの融合

　ガラス電極の近年のトレンドとして，電極のインテリジェント化が挙げられる。これは，電極にCPU，メモリ，増幅回路などの電子回路を内蔵し，デジタル信号でメータや変換器との情報交信を行うもので，CPUに電極校正記録を記憶させることで，電極校正後であっても，メータや変換器を自由に選ぶことが可能となる[9〜12]。このような特徴は，特に，工業プロセスや排水モニタリングにおいて，管理室などで電極校正を一括で行い，モニタリング現場では電極を装着するだけの運用を可能とする。工業プロセスや排水モニタリング用途では，多数のモニタリングシステムが運用されている場合もあり，かつ，時には寒冷地などの過酷な条件でのメンテナンスが必要な場合も多いことから，メンテナンスの省力化，効率化，そして，安全確保などにも寄与できる。さらに，インテリジェント化により，使用過程での電極メンテナンス時期の通知や寿命予想が可能になる点も重要である。これらのトレンドを反映して，pH測定について規定したJIS Z8805にも，2011年の改定で，これらのインテリジェント化を考慮した記述が追記された。

4　ISFETの開発動向

　半導体を用いたISFETは，1970年の発明以来，多岐に渡る研究が行われ，かつ，さまざまな応用展開も行われてきた。実際，1970〜80年代には，医療用センサとして国内外の医療機器メーカから，体内に挿入できるセンサなどが製品化されたものの，現在でも販売されているものはほとんど残されていない[2]。

　これに対して，1980年代以降，ポケットタイプのpHメータ，半固体食品に突き刺せるセンサ，さらには，食品製造工程のモニタリング用センサなど，堅牢性を生かしたセンサが市販されるようになった。また，近年の半導体技術やMEMS技術，さらには先端のセンサ材料の活用により，改めて，微小化や集積化にチャレンジしようという研究も行われている。ISFETの個々の構成要素別に，近年の研究を紹介すると，まず，電子回路設計用のシミュレーション技術を使ったデバ

イス構造のモデリングの研究が挙げられる[6,7,13]。これは，ISFETチップの試作・製作には，大掛かりな半導体プロセスを用い，長期に渡る製作期間を経る必要があるため，試作・製作に入る前に，不具合の有無をシミュレーションで確認しようというものである。これらは，近年注目されているアレイ化やマルチ化，さらにはアンプや無線送信回路などの機能集積化を行う上でも，相互の干渉や動作への影響を抑える点で重要である。また，チップの集積化に一般的なCMOSプロセスを活用する検討も報告されている[14]。さらには，FETデバイスの温度特性の検討や[15]，pH応答膜の表面物性と応答性の相関から膜質の向上をめざし，より安定なpH応答や耐久性を確立する研究も行われている[12]。また，実装技術についても，センサ性能の確保のみならず，生産技術や生産コストの側面も考慮した検討が行われている[16]。

このような検討の多くは，センサと異種機能の集積化をめざす上で必須であるが，pHセンサをはじめとする電気化学センサには，比較電極の微小化という大きな課題が残されている。これは，比較電極が図1に示すように，原理的には内部液を用いることが必須であり，液体を保持させる必要があるために，センサの形状のみならず，形成方法にも限界がある。これに対しては，古くから有機膜によるpH応答部の不感応化が研究されてきたが，十分な結果が得られていなかった。近年これに代わるものとして，自己組織化単分子膜の活用が提案されている。ゲートの不感応化は電位決定メカニズムを崩し，溶液の導電率影響が生じるなどの課題もあるが，この研究ではその影響を理論的に考察し，適切な使用条件などを検討している[17]。

5　ISFETのフロー系への組み込み

ISFETと異種デバイス融合例として，フロー系への組み込みについて述べる。ISFETが平面センサ化できるという形状の自由度を生かし，センサを流路の一部としてフロー系に組み込んだ，細胞代謝モニタリングシステムが製品化されている。このシステムは，細胞をセンサ面に付着させ，代謝によるpH変化をセンサの極近傍で捉えるため，高感度な測定が可能であり，大掛かりな光学系や反応試薬を必要とする光学的手法に代わるものとしての展開が期待される[18,19]。また，微小化と形状の自由度を生かし，フロースルータイプのpH/CO_2センサに適用した細胞代謝のモニタリングも報告されている[20]。さらに，高機能化システムへの展開として，pHモニタリングシステムのLab-on-a-chip化も行われており，細胞代謝モニタリングを目的に，縦横15 mm，厚み約4 mmのチップ上に，培養，送液メカニズム，さらには検出部としてpHセンサを組み込んだシステムなども提案されている。

6　モノリシックデバイスへの展開

pHセンサのフロー系への組み込みは，あくまで，センサ部と各種要素部を組み合わせたもので，厳密な意味ではセンサへの異種機能集積化とは異なる。ここでは，pHセンサへの異種機能集

第20章 pHセンサ

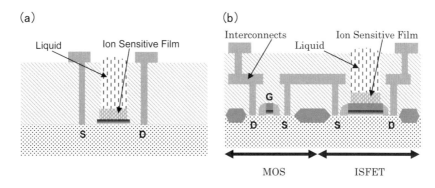

図4　ISFETとCMOSの融合
(a)従来のISFET構造，(b)CMOS回路集積のための構造検討結果

積化として，ISFETとCMOS回路を集積化したモノリシックデバイスについての研究例[21]を紹介する。ISFETとCMOS回路を集積化するためには多くの課題があり，次の二つのポイントが重要である。一つは，ISFETが容易にCMOS回路上に作製できないというプロセス上の課題であり，もう一つは，ISFETとCMOS回路を集積化するためのCMOS回路設計におけるISFETの特性モデル化が課題である。

前者に関しては，従来のISEFTがFETのゲート酸化膜上にイオン感応膜を直接形成しており（図4(a)）プロセスの複雑さを招き，作製が困難であることから，従来のCMOSプロセスに負担をかけずに，CMOS回路上にISFETを作製する方法が検討されている。その検討結果として，図4(b)に示すように，MOS FETとCMOS回路上に作製したISFETが挙げられる。このデバイスにおいてCMOS回路上に作製したISFETはnMOS FETのゲートメタル上にイオン感応膜を形成しており，図4(a)に示す従来のISFETとは構造が異なる。

後者に関しては，ISFETを搭載したCMOS回路の設計を目的とし，CMOSプロセスで構成したnMOS FET上にイオン感応膜を形成したISFETについて特性モデル化が行われた。その結果，CMOSプロセスで構成したnMOS FET上にイオン感応膜を形成したISFETを用い，ISFETを集積化したモノリシックCMOS pHセンサのCMOS回路設計を可能にするISFET特性モデルが提案されている。このISFETの特性モデルを用いたCMOS検出回路が設計され，pHが1から14まで変化した場合，参照電極電圧が1.24 Vから2.00 Vまで直線的に変化し，pHが1から14まで正しく検出できる見通しが得られている。また，0℃から100℃まで温度が変化した場合，参照電極電圧の変化量は20 mV以内であり，温度校正によって参照電極電圧の温度依存性を補正することは可能であることが明らかとなっている。ここで提案されたISFETモデルを用いてモノリシックCMOS pHセンサの検出回路が設計され，シミュレーションにより提案したISFET特性モデルが妥当であることも確認されている。

ISFETのモノリシック化に関する研究の一例を紹介したが，ISFETが化学センサであるが故の課題があり，また，上述の比較電極の問題も考慮に入れる必要がある。そもそも比較電極自体も

固体化については研究途上のものであり，デバイスのそれぞれの構成要素の状況を適切に取りまとめながら，全体としての最適化が求められる。

7 おわりに

pHセンサとして今後の展開が大いに期待されるISFETとその集積化の可能性を紹介した。ISFETは発明以来40年の歴史を有するが，発明当初に期待された，半導体デバイスによるセンサとしての特徴は，発展の余地がまだ残されている。特に集積化への展開は，現時点ではフロー系への適用にとどまり，回路集積については今後のデバイス技術としての発展が必要とされている。本稿では，回路集積の例として，動作回路の集積化検討を紹介したが，今後は，ワイヤレス送受信システムの搭載や電源供給の最適化も期待される。その発展を牽引する要素として，ニーズの発展も大いに必要とされるものであり，ニーズ・シーズを両輪として，学際的な検討が期待される。

文　　献

1) M. Cremer, *Z. Biol.*, **47**, 562（1906）
2) B. A. McKinley, *Chem. Rev.*, **108**, 826（2008）
3) A. Takahashi, U. Zhang, V. E. Centonze, B. Herman, *Bio Techniques*, **30**, 80 4（2001）
4) A. Poghossian, S. Ingebrandt, A. Offenhausser, M. J. Schoning., *Seminars in Cell & Developmental Biology*, **20**, 41（2009）
5) P. Bergveld, *Sens. Actuators B*, **88**, 1（2003）
6) S. Martinoia, G. Massobrio, L. Lorenzelli, *Sens. Actuators B*, **105**, 14（2005）
7) S. V. Dzyadevych, A. P. Soldatkin, A. V. El'skaya, C. Martelet, N. J-Renault, *Anal. Chim. Acta.*, **568**, 248（2006）
8) A. Bratov, N. Abramova, A. Ipatov., *Anal. Chim. Acta.*, **678**, 149（2010）
9) 山本和彦，計装，**49**, 71（2006）
10) 渡辺泰生，計装，**49**, 65（2006）
11) 渡辺泰生，計装，**52**, 87（2009）
12) M. J. Schoning, D. Brinkmann, D. Rolka, C. Demuth, A. Poghossian, *Sens. Actuators B*, **111-112**, 423（2005）
13) 宇野重康，中里和郎，電子情報通信学会技術研究報告，33（2009）
14) P. Georgiou, C. Toumazou, *Sens. Actuators B*, **143**, 211（2009）
15) W.-Y. Chung, Y.-T. Lin, D. G. Pijanowska, C.-H. Yang, M.-C. Wang, A. Krzyskow, W. Torbicz, *Microelectronics Journal*, **37**, 1105（2006）
16) W. Oelssner, J. Zosel, U. Guth, T. Pechstein, W. Babel, J. G. Connery, C. Demuth, M. Grote Gansey, J. B. Verburg, *Sens. Actuators B*, **105**, 104（2005）

17) S. Kuroiwa, T. Shibasaki, T. Osaka, *Electrochemistry*, **78**, 143 (2010)
18) E. Thedinga, A. Kob, H. Holst, A. Keuer, S. Dreehsler, R. Niendorf, W. Baumann, I. Freund, M. Lehmann, R. Ehret, *Toxicology and Applied Pharmacology*, **220**, 33 (2007)
19) I. Burdallo, C. J-Jorquera, *Procedia Chemistry*, **1**, 289 (2009)
20) S. Mohri, A. Yamada, N. Goda, M. Nakamura, K. Naruse, F. Kajiya, *Sens. Actuators B*, **134**, 447 (2008)
21) 小西敏文, 町田克之, 田邉裕貴, 野村 聡, 石原 昇, 益 一哉, 集積化MEMSシンポジウム要旨, A-4 (2009)

第21章　自動車用センサ

竹内幸裕*

1　はじめに

近年の自動車の性能向上は制御システムの発展に支えられている。たとえば環境面でいうと低エミッション・燃費向上を狙ったエンジン制御システム，電池・モーターの制御システム，安全面でいえばエアバッグ制御システム，車両制御システム，快適・利便面でいえば空調システム，ナビゲーション，ETC（Electronic Toll Collection System）などである。多くの制御システムの搭載でセンサの数量も急速に増加しており，高級車に搭載されるセンサの数は百を超える。車載センサで代表的なものには加速度センサ，ジャイロ，磁気センサ，圧力センサなどがあるが，ここでは回路を集積している圧力センサを取り上げる。

一般的な圧力センサは，メカ式と半導体式の二つに大別される。メカ式の圧力センサは，金属やセラミックのダイアフラムを用いておりセンサエレメントサイズが大きく，またリニア出力を得るのが難しい欠点があった。これに対して半導体式圧力センサは，MEMSに代表される半導体加工技術を活用することによりデバイスサイズの小型化と高精度リニア出力化を両立できる利点があり，近年，幅広い分野で活用されている。自動車用圧力センサの搭載は1980年代初め，図1に示すエンジン制御用吸気圧センサ（～1気圧）から始まり，ブレーキの油圧や，エアコンの冷媒圧へと幅広い分野へ応用が広がっている[1]。現在では，ガソリンタンク内圧やディーゼルコモンレール式燃料噴射圧への応用展開により，0.01～2000気圧の広範囲の圧力レンジをカバーする圧力センサ製品群となってきている。さらに自動車用では高圧だけでなく，−30～120℃の広い温度範囲で1～2％FS（Full Scale）の高い精度を要求されることが多い。広い温度範囲でセンサの高精度化を実現するには，センサデバイスの設計に加え，パッケージまで含めた総合構造設計が必要となり，自動車用圧力センサでは，ダイアフラム材料として用いられているシリコンと熱膨張係数を合わせた材料を採用する必要がある。

図1　初期のエンジン制御用吸気圧センサ

＊　Yukihiro Takeuchi　㈱デンソー　基礎研究所　エレクトロニクス研究部　半導体プロセス研究1室　室長

2　検出原理

半導体式圧力センサは，材料としての安定性，半導体加工技術の適用が可能なことからシリコンダイアフラムを用いるタイプが一般的であり，検出方式はピエゾ抵抗式が多くを占める。

材料として用いられたシリコンは，表1に示すように鋼に匹敵する物理特性を持っていることが知られている[2]。さらに，シリコンは，物理的変化を電気特性に変換できる各種の効果（ピエゾ抵抗効果，光起電力効果，ホール効果など）を持った優れた材料である。ピエゾ抵抗効果は，シリコン基板にボロン，リンなどの不純物を拡散させて作成された拡散抵抗の抵抗値が，受ける応力（歪み）によって変化するものである。不純物の種類，濃度，拡散抵抗中を流れる電流の方向，基板の面方位によって特性が変化する。特に面方位の違いによるピエゾ係数分布の違いは顕著であり，圧力センサのゲージ抵抗配置は，面方位と半導体型（n, p）によって変化する各結晶軸のピエゾ係数の違いを考慮する必要がある[3]。

図2にP型シリコン拡散層を用い(110)面方位のシリコンダイアフラム上にゲージを配置した例を示す。P型(110)面では，＜011＞方向で大きなピエゾ抵抗係数を持つことを考慮して，抵抗R1～4が配置されており，さらに検出感度を向上させるために抵抗ブリッジを形成する方法が一般的に使われる。

表1　シリコンと鉄の物性値比較

	Si	Fe
密度（g/cm^3）	2.33	7.86
ヤング率（GPa）	190	210
融点（℃）	1414	1535
熱容量（J/gK）	0.76	0.64
熱膨張係数（×10^{-6}/K）	2.4	11.7
熱伝導率（W/mK）	168	48

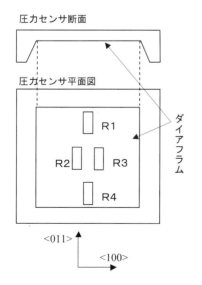

図2　代表的なゲージ抵抗の配置

3　加工プロセス

3.1　プロセスフロー

一般的なシリコンウエハ加工による圧力センサのプロセスフローを図3に示す。プロセスは，ピエゾ抵抗素子，回路を形成する表面加工とダイアフラムを形成する裏面加工に分かれる。ピエゾ抵抗の形成には，不純物としてはボロンを，シリコンウエハは(100)または(110)面方位のものを使用することが多い。最初にシリコン表面を酸化し，不純物注入のマスクとなる酸化膜を形成する。その後，ホトリソグラフィーで，ピエゾ抵抗形成エリアのみレジストを除去し，酸化膜を除去する。その後，熱拡散またはイオン注入により不純物を注入する。次に，拡散炉を用い1000℃以上の高温で不純物を活性化させた後，シリコン表面の酸化膜を全面除去し，Al配線と

異種機能デバイス集積化技術の基礎と応用

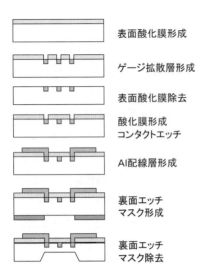

図3　圧力センサのプロセスフロー

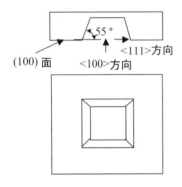

図4　Si異方性エッチング例

の絶縁用の酸化膜を新たに形成する。さらに，ゲージ拡散抵抗とのコンタクト部の酸化膜を除去しコンタクトホールを形成する。続いてAl電極を形成することによりゲージ拡散抵抗を外部と電気的に接続できるようにする。ここまでが表面工程である。この表面加工内で並行して回路が形成される。この後，裏面にSiN膜を形成，ピエゾ抵抗位置に合わせてダイアフラム用開口部のSiNをエッチングする。KOHによりSiの異方性エッチングを行い所望の厚さのダイアフラムを形成する。

3.2　KOH異方性エッチング

上述したプロセスフローで最も特長的なのが，ダイアフラム加工に用いられるKOH異方性エッチングである。MEMSで用いられるエッチングには，等方性エッチングと異方性エッチングがあるがほとんどの場合，異方性エッチングが利用される。ここでの異方性エッチングとは，結晶面によるエッチレートの違いを利用したものであり，結晶面方位によって異方性エッチングの形状は異なることになる。MEMSでは静電容量式加速度センサ，ジャイロに代表されるくし歯電極の加工にドライのトレンチエッチングが用いられるが，量産レベルでダイアフラム加工に用いられる例はあまり聞かれない。ここではウエットのKOHエッチングに関して述べる。

シリコン単結晶の場合，3種類の結晶面（100），（110），（111）が重要になる。CMOSプロセスでは，界面準位の低さから（100）面が，バイポーラプロセスでは，伝統的に（111）面が用いられ，MEMSプロセスでは，（100）面，または（110）面が使われることが多い。KOHに代表されるSi異方性エッチングでは，（100）面と（111）面のエッチング速度比が非常に大きくなる。これを利用したものが異方性エッチングである。図4にエッチング形状のイメージを示す。エッチングの速い（100）面となる縦方向のエッチングは進むが，（111）面が出る横方向はエッチングがほとんど進まない。このとき（100）面と（111）面のなす角が55°なので，この角度が保持された形状でエッチングが進む。したがってエッチング面は徐々に小さくなるので，これを踏まえてダイアフラムサイズを確保するように，基板裏面のマスク開口部の寸法を決める必要がある。

第21章　自動車用センサ

3.3　電気化学エッチング

　圧力センサの感度を決定する要因の一つはダイアフラムの厚さである。微小な圧力変化を検出するための極薄ダイアフラム形成では，ウエハ裏面からのエッチング量管理では，結果としてダイアフラムの膜厚分布が大きくなる問題があった。このような場合には，エッチングを所望の膜厚で止める技術が用いられる。代表的なものとして，①不純物濃度差の利用，②電気化学エッチングの二つがある。①はウエット異方性エッチングにおいて，不純物濃度が高いとエッチング速度が速くなることを利用するものであり，エッチングされる部位とダイアフラムとなる部位で不純物濃度差を設けることで高精度化が可能である。しかしながら，要求される精度には不足があった。②の電気化学エッチングは，図5の模式図に示すようにSiのPN接合を利用するものである。PN接合に逆バイアス電圧を印加し，接合部に空乏層を形成することによりエッチングの化学反応を抑制するものであり，空乏層エリアで確実にエッチングを停止することができる。

3.4　回路側を保護する異方性エッチング装置

　通常KOHを使った異方性エッチングでは図5に示したように，シリコンウエハ全体をエッチング槽に浸漬する方法がとられる。このとき回路を形成した表面側にはエッチング液に対する保護部材を塗布するが，完全な保護ができなかったり，エッチング後の剥離が困難であったりした。

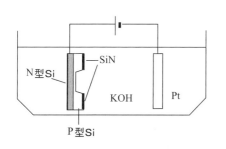

図5　電気化学エッチング模式図

　このような問題を解決するために図6に示すようなエッチング装置を開発した。このエッチング装置は，エッチング槽と，このエッチング槽内に設置されたヒータおよび撹拌装置と，シリコン基板表面にエッチング液がまわりこまないようにするシール部からなる。ヒータ表面は高耐蝕性を有しかつ電気的絶縁性に富む絶縁体樹脂材料で被覆されており，不純物がエッチング液内へ混入することをppbレベル以下に抑えている。これは微量であっても不純物の影響により微小電流が流れることでエッチング面が荒れるためである[4]。

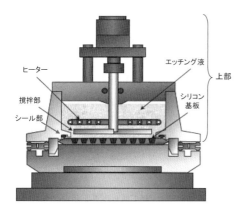

図6　開発したエッチング装置（断面図）

　具体的にはまず上部を取り外した状態でウエハを置く，このときエッチングされる裏面が上となる。上部を図のように設置することでウエハが底となったエッチング槽が形成される。ウエハの周囲はリップパッキンによりシールされエッチング液は回路のある表面側にはまわりこまず，回路は完全保護される。次に槽内にあら

かじめ加熱したエッチング液が導入され，さらにヒータによりエッチング液が直接的に高能率で加熱される。ヒータには電気的な絶縁とエッチング液に対して耐性の高いフッ素樹脂が用いられている。エッチングの進む量が面内でばらついても電気化学エッチングにより所望の厚さのダイアフラムが均一に得られる。ダイアフラム部となるN型Si層はエピタキシャル成長により形成しておく。エッチング加工面の粗さは，KOH水溶液濃度に対しては約40 wt％までは小さく，これを超えるとエッチング加工面の粗さが大きくなった。また，KOH水溶液の温度に対しては，40 wt％以下の濃度においては温度が上昇するほど，シリコンウエハの加工面の粗さが小さくなった。KOH水溶液の濃度が25〜40 wt％であり，かつKOH水溶液の温度が100℃以上の条件において，エッチング加工面の粗さを低減できる効果が顕著である。実際のエッチング面を図7に示す。

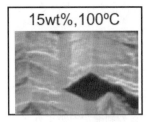 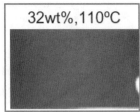 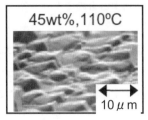

図7　KOHでエッチングされたシリコン表面の状態

(a)バイポーラ回路集積

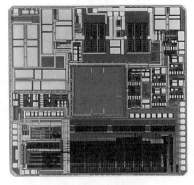

(b)メモリーまでを集積

図8　回路を集積したセンシングエレメント

A　エンジン吸気圧測定用（〜1気圧）

B　ディーゼル燃料圧測定用（〜2000気圧）

図9　圧力センサの外観

図8に完成したセンシングエレメントを示す。ダイアフラムを中央に配置し，バイポーラ回路，メモリーを集積したセンシングエレメントである。メモリーを集積したエレメントのダイアフラムサイズは約800 μm角である。ダイアフラムの厚さは測定レンジにもよるが，20 μm前後のものが多い。

4　圧力レンジ拡大への取り組み

車載用圧力センサの圧力レンジは，エンジン吸気圧センサの100 KPaから始まり高圧側・低圧側の両側へ拡大してきた。高圧側への圧力レンジ拡大では，ブレーキ，エアコン冷媒圧など，劣悪な環境で使用されることが多くなるため，拡散ゲージを配置したシリコンダイアフラムと圧力媒体との間にオイルを充填したメタルダイアフラム室を設け，センサデバイスと圧力媒体を分離することで達成している[5]。一方，低圧側への対応は，高感度化のためのシリコンダイヤフラム厚の薄膜化（〜14 μm）とパッケージと台座ガラス間に両者の中間の熱膨張係数を持つ部品（ステム）の追加により達成している[2]。これら車載用圧力センサは，各圧力レンジに合わせた工夫および取り付け形状に違いにより図9に示すようにそれぞれの圧力レンジによって異なった外観になっている。

文　　献

1) 鈴木康利ほか，デンソーテクニカルレビュー，**6**(1)，p.96-100（2001）
2) 鈴木康利，デンソーテクニカルレビュー，**9**(2)，p.10-18（2004）
3) Y. KANDA, *IEEE TRANSACTIONS ON ELECTRON DEVICES*, **ED-29**(1)（1982）
4) 阿部吉次ほか，デンソーテクニカルレビュー，**9**(2)，p.121-124（2004）
5) S. Otake *et al.*, "Automotive High Pressure Sensor" SAE980271

〔第6編　RF-MEMS技術編〕

第22章　RF-MEMS可変容量デバイス

柴田英毅*

1　RF-MEMSデバイスの種類と応用

　RF（Radio Frequency；無線周波数）-MEMSデバイスは，表1に示したように，携帯電話やWAN（Wide Area Network），GPS（Global Positioning System；全地球測位システム）などの無線通信システムをはじめとして，自動車用レーダやサテライト，軍事用レーダなど，応用範囲が幅広い。このうち，インダクタは，図1に示したように，電解Niめっき膜を犠牲層として用い，Cu電極およびCu配線を形成した後，Niを除去して中空構造の高Q値のインダクタを作製したとの報告[1]がされており，携帯電話やWAN，GPSに広く用いられるが，今後は，複数のインダクタを配置し，スイッチによってインダクタンスの値を切り替えられる，いわゆる，可変インダクタの要求が強くなるものと考えられる。一方，BAW（Bulk Acoustic Wave；バルク弾性波）フィルタは，AlNやZnOなどの圧電体をMoなどの電極層で挟み込んだ構造の共振器を使うフィルタであり，インダクタとともに携帯電話やWAN，GPSに用いられるが，基板の種類を問わず，例えばSi基板を用い半導体技術で製造できるため，半導体デバイスメーカーが比較的容易に製造できるメリットがある。BAWフィルタには，FBAR（Film Bulk Acoustic Resonator）型やSMR（Solid Mounted Resonator）型がある。FBAR型は，図2に示したように，共振器の下部に空洞（キャビティ）を設けることで圧電体を自由に振動させる構成[2]のものが主流であり，キャビティを形成するためにSiを深掘りする反応性異方性エッチングが必要となる。また，空洞共振器は，RFIDやサテライト，軍事用レーダに用いられるが，図3に示したように，MEMSカール電極を

表1　各種RF-MEMSにおけるアプリケーションの広がり

	携帯電話	PAN	WAN	GPS	基地局	RFID	自動車用レーダ	サテライト	軍事用レーダ
スイッチ/可変容量	+++		+++	++	+++	++	+++	+++	+++
インダクタ	++		++	+++					
BAWフィルタ	+++	+	+++	++					+++
キャビティレゾネータ（空洞共振器）						+	+	++	++

＊　Hideki Shibata　㈱東芝　半導体研究開発センター　技監

177

異種機能デバイス集積化技術の基礎と応用

(a) エアブリッジ型インダクタの
鳥瞰SEM写真

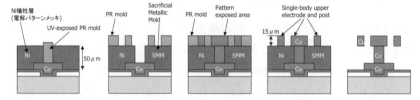

(b) インダクタの製造プロセスフロー

図1　MEMSインダクタの構造と製造プロセス

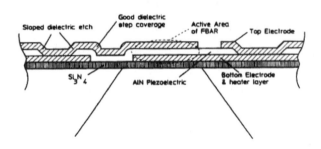

図2　FBAR型フィルタの断面構造

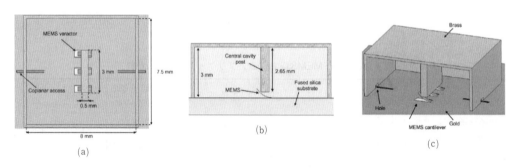

図3　キャビティ・レゾネータ（空洞共振器）の構造
(a)上面図, (b)断面図, (c)3次元図

静電駆動で上下させて，キャビティ内のポストとの間の寄生容量の変化で共振周波数を変える構造が提案されている[3]。

表1からわかるように，RF-MEMSデバイスの中ではスイッチと可変容量が最も応用範囲が広

第22章 RF-MEMS可変容量デバイス

く，後述のように，携帯機器のマルチバンド・マルチモード化の進展に伴って益々需要が広がることが予想される．スイッチと可変容量は，基本的には，上下の電極間に絶縁膜を介在させるか，直接金属同士を接触させるかの違いだけであるため，以下では可変容量について詳細に解説する．

2 RF-MEMS可変容量の応用と期待

近年のスマートフォン（多機能携帯端末）の急速な普及・浸透と，次世代移動体通信規格であるLTE（Long Term Evolution）の本格的な立ち上がりに伴って，データ通信量が爆発的に増大し，周波数範囲が700MHz〜2.7GHzに拡大するとともに，バンド数がGSM/CDMAの2-8からLTEでは20に増加する，所謂「マルチバンド・マルチモード化」が急速に進行することが予想される．しかし，従来の無線フロントエンドシステムのままでは，こうした広い周波数帯域に対応するために搭載されるアンテナなどの部品点数が肥大化し，サイズやコストが大幅に増大することが予想される．そこで，複数の周波数帯域を扱えるアンテナチューナブルデバイスの導入が必須と考えられる．RF-MEMS可変容量は，容量を可変することによって周波数を整合することが可能なデバイスであり，後述のように，低損失，低歪み，大きな可変幅といった本質的に優れた特性をもつことから，図4に示したように，マルチバンド・マルチモード化によって肥大化する無線フロントエンドシステムにおいて，アンテナやフィルタ，パワーアンプに接続して用いることによって部品点数を大幅に減らすことができる周波数整合部品として大いに期待されている[4,5]．

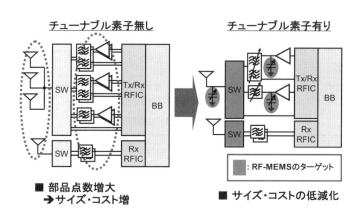

図4 RFフロントエンド部における可変容量適用効果

2.1 駆動方式の種類と特徴

RF-MEMS可変容量には，その駆動方式によって様々な種類がある．表2にこれらの比較を示した[6]．熱膨張率型や磁場型は，その駆動方式から消費電流がmA以上と大きく，携帯機器には不向きである．静電型は，静電力を発生させて電極を動かすのに必要な電圧が20V以上と高い欠点

がある。一方，圧電型は，強誘電体材料であるPZT（チタン酸ジルコン酸鉛）に代表される圧電体を金属板と貼り合わせた状態で電圧を印加し，圧電体のみを伸び縮みさせることによって反りを発生させて電極を動かす方式[7]であるが，反り量が大きいために携帯機器向け電子部品として要求される低背化に不向きであることや，圧電体の組成（配向性）ばらつきに起因した変位量のばらつき制御が難しいなどの欠点がある。表3に圧電型と静電型の特徴について詳細を比較した結果を示したが，静電型の最大の欠点であった高い動作電圧は，後述のように，昇圧回路を搭載したCMOSドラーバーICとの集積化（混載）によって解決することができる。また，可変容量の実用化を妨げる要因となっているスイッチング動作中に電極間の絶縁膜に電荷が蓄積されるチャ

表2　RF-MEMS駆動方式の比較

方式	構造	低消費電力	低駆動電圧	課題
静電型		○	× （20〜40 V）	低電圧化 信頼性
圧電型		○	○ （5 V）	力が弱い 圧電素子の特性制御 信頼性
熱膨張率型		× （100 μA〜1 mA）	○	低消費電力化 信頼性
磁場型		× （10 mA）	○	低消費電力化 信頼性 サイズ大
磁場型 （ローレンツ力）		× （1 A）	○	低消費電力化 信頼性 サイズ大

表3　圧電型・静電型駆動方式の特徴比較

駆動方式	圧電型	静電型	
		MEMS単体	CMOS Driver-IC混載
動作電圧	○ <5 V	× >20 V	○ （昇圧回路付き〜3 V）
消費電力	○ <0.1 mW	○ <0.1 mW	○ <0.1 mW
信頼性	△ （圧電特性劣化）	△ （チャージング耐性）	○ （回路的工夫前提）
プロセス難易度	△ 難	○ 易	○ 易
コスト	△ 高	○ 安	○ 安

第22章　RF-MEMS可変容量デバイス

ージング現象によって上部電極が下部電極から離れなくなるスティクション不良についても，後述のように，ドライバーICに回路的な工夫を施すことによって信頼性を大幅に向上することが可能となる。

2.2　静電駆動型可変容量の動作原理

静電駆動型可変容量の断面構造と動作原理を図5に示す。デバイスは2層の金属電極と配線から構成され，下部電極の上に絶縁膜が形成されている。静電アクチュエータを構成する上下電極間にVpi（プルイン電圧）を印加すると，静電力が発生し，バネで吊られている上部電極が下に移動し絶縁膜に接し，最大の容量値を示す。印加電圧を下げていきVpo（プルアウト電圧）を下回ると，静電力がバネ力よりも小さくなって上部電極が絶縁膜から離れて元の位置に戻る。この時が最小の容量値を示す。こうして作製した可変容量は，デバイス自体が低抵抗の金属薄膜で形成されているために損失（ロス）が小さい（＝Q値が高い）ことや，バネ定数の精密な制御によって数μmの変位を制御可能なために高い可変比が設定できること，従来技術に比べて良好な線形性が得られること，などが大きな特徴である。

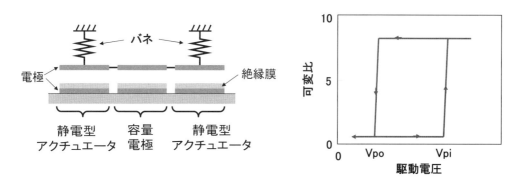

図5　RF-MEMS可変容量の断面構造と動作原理

2.3　CMOSドライバーICとの集積化

静電駆動型MEMS素子の動作には，高耐圧トランジスタを用いて3V程度の外部電圧を30V程度まで昇圧するCMOS回路を内蔵したドライバーICをMEMS素子と集積化することが有効である。MEMS素子とドライバーICを集積化する場合，表4に示したように大きく分けて2通りの方法が考えられる。CMOSドライバーICとMEMS素子を個別プロセスで製造してからそれぞれを個片化し，一つのパッケージ（PKG）内にワーヤーボンディング（WB）を用いて積層化するStacked MCP（マルチチップパッケージ）構造と，同一ウエーハ上にまずCMOSドライバーICを形成し，続けてその上にMEMS素子を形成する所謂CMOS混載構造である。今後の携帯電話では，さらなる低背化や低コスト化，高性能化が要求されるが，MCP構造ではこれ以上のチップ薄膜化やWBの細線化・引き回しが難しく，また，長距離のWBを用いることによる寄生インダク

181

表4 CMOS混載のメリット（MCPとの比較）

パッケージ方式		寄生容量	Q値	サイズ	コスト
Stacked MCP（CMOSドライバーICとMEMSを個別に製造してPKG内で積層化）		−	−	−	+
CMOS混載（同一ウエーハ上にCMOSドライバーICとMEMSを形成）		++	++	++	++

タ（L）や寄生抵抗（R），バイアス線を介した寄生容量（C）が存在するために高周波特性の改善が難しい。一方，CMOS混載構造では，下地CMOSとMEMS部分を縦穴を介した短距離の配線で接続することができるため，MCP構造に比べてサイズ，寄生LCRとも十分小さく抑えることが可能となる。また，CMOS製造ラインでドライバーICからMEMS素子までウエーハレベルで一貫して製造できるため，コスト的にもメリットが大きい。

2.4 送信用に求められる耐電力とQSC素子構造

2.2項で述べたように，RF-MEMS可変容量は，本質的に低損失，低歪み，大きな可変幅という優れた特性をもっているが，携帯電話の送信用途では，アンテナから放射されるRF高出力信号を生成，増幅するパワーアンプによって大電力（35 dBm）が加わっても可変容量が誤動作しないための耐電力が要求される[8〜12]。

図6は，高出力のRFパワーが可変容量素子にかかった場合の影響を示す模式図である。一端に高周波信号が印加され，他方が設置電位になっていると仮定すると，端子間には高周波信号の振幅に相当する電位差（V_{RF}）が加わる。この時，V_{RF}はRFパワー（P）と特性インピーダンス（Z_0）を用いて(1)式のように近似できる。

$$V_{eff} = \sqrt{PZ_0} \tag{1}$$

V_{RF}がプルイン電圧（Vpi）以上になると，図6(a)に示すように，本来上部電極がバネで吊られているアップステートにある可変容量が勝手にプルインして下部電極に接するアップステートになる，所謂，セルフアクチュエーション不良を引き起こす。またV_{RF}がプルアウト電圧（Vpo）以上になった場合には，図6(b)のように，ダウンステートにある素子をプルアウトさせてアップステートに変えようとしても上部電極が離れなくなる不良を引き起こす。可変容量は，その構造上，ダウンステートにおいて大きな静電力が働くため，プルアウト動作の方がRFパワーの影響を受け易い。従って，RFパワーが通過している際にプルアウト動作（ホットスイッチング）が正常に行えるかどうかがポイントとなる。一般的な対策としては，Vpi，Vpoがともにバネ定数の1/2

第22章　RF-MEMS可変容量デバイス

乗に比例することから，バネ定数を上げることが有効であるが，同時に駆動電圧が高くなってしまうため，昇圧時間の増大，昇圧回路サイズの増大，昇圧によるノイズの増大，消費電力の増大，さらには絶縁膜への電荷蓄積の増大によるスティクション不良の加速といった悪影響を招く。

そこで，この耐電力と駆動電圧の二律背反問題を解決するため，QSC（Quadruple Series Capacitor）とよぶ直列4連接続容量構造が考案された[13]。図7は，QSC構造をもつMEMSの鳥瞰SEM写真(a)，断面模式図(b)，並びに等価回路図(c)を示している。可動電極で形成された二つの可変容量とMIM（Metal-Insulator-Metal）構造の二つの固定容量が直列に繋がった構造となっており，たとえ端子間に高出力のRFパワーが加わったとしても，直列容量の分圧効果により実

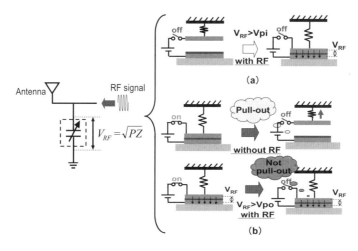

図6　送信系におけるRFパワーによるMEMS動作への影響

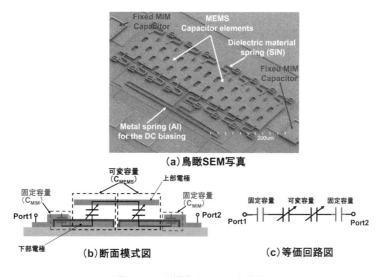

図7　QSC構造をもつ可変容量

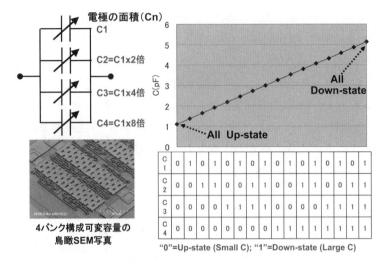

図8　4バンク構成のQSC構造と容量可変特性

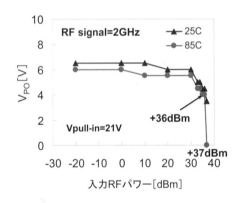

図9　8バンク構成のQSC構造におけるパワーハンドリング特性

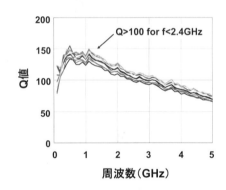

図10　8バンク構成のQSC構造におけるQ値

際に可変容量部にかかる実効電圧（V_{eff}）は(2)式のように低減される。

$$V_{eff} = \frac{1}{2(C_{MEMS}/C_{MIM}+1)} * V_{RF} \qquad (2)$$

ここで，駆動電圧はMEMS可変容量の上下電極にローパスフィルター（LPF）を介して直流で印加する。LPFのカットオフ周波数を取り扱うRF周波数に対して十分小さくしておけば，RF信号から見たMEMS素子はフローティングとして扱うことができる。これらの施策により，バネを硬くすることなく高いパワーハンドリングと駆動電圧の低減化の両立を図ることが可能となる。

図8には，容量電極の面積を1倍，2倍，4倍，8倍と変えた4種類のQSC構造素子をRF線路とグランドの間に並列接続した4バンク構成のQSC構造可変容量を試作した結果を示す。すべ

第22章　RF-MEMS可変容量デバイス

てアップステートの最小容量からすべてダウンステートの最大容量まで良好な線形性をもって容量可変ができていることがわかる。また，図9は，8バンク構成のQSC構造可変容量におけるパワーハンドリング特性の評価結果を示している。25℃では-20〜＋37 dBmまで，85℃においても36 dBmまでホットスイッチングが可能であることがわかる。セルフアクチュエーションは，25℃，85℃ともに-20〜＋37 dBmの範囲では起こっていない。図10は2.3項で述べたCMOSドライバーICとの混載で試作した可変容量におけるQ値の評価結果である。100を超える極めて高いQ値が2 GHzを超える高周波領域においても得られている。これは，固定容量をスイッチで切り替える既存の方式では実現が難しく，CMOS混載MEMSによる大きなメリットといえる。

3　信頼性向上技術

3.1　電荷蓄積（チャージング）によるスティクション不良の抑制

　静電駆動型MEMSデバイスが抱える信頼性上の大きな課題に絶縁膜へのチャージトラップ現象によるスティクション不良がある。図11にその概念図を示す。バネ力に打ち勝って静電力を発生させるように，駆動電極部に高電圧が繰り返し印加されるため，絶縁膜中に電荷が徐々に蓄積されていき，プルイン電圧，プルアウト電圧がシフトする。やがて，臨界電荷量を超えて蓄積されると，電圧がゼロになっても上部電極が下部電極から離れなくなってしまう。これが，スティクション不良である。この現象は，電界の強さはもちろんのこと，絶縁膜材料や表面モホロジー，温度，湿度などの影響を受ける。対策としては，以前より図12に示す二つの方法が提案されている。一つは，駆動電圧の印加方向を交互に反転させるというバイポーラ駆動方法[14]である。しかしながら，印加の方向によってチャージ速度が異なるので本質解にはならない。もう一つの方法は，上下電極間に突起（ストッパー）を設けて，絶縁膜に接しない構造とするものであるが，この方法では大きな容量値を得ることが困難であるばかりか，ホールド時の電圧を高いまま保持する必要があるなど課題が多い。

　そこで，2.3項で述べたCMOSドライバーICに昇圧回路だけでなく，動作中に蓄積電荷を検出してその値がスティクション不良が起こる臨界電荷量（Q_{TH}）を超えた場合に電界の向きを反転させる回路を内蔵する提案がされている。この回路はIBA（Intelligent Bipolar Actuator）とよばれており，図13にIBAの概要を示している[15]。基本コンセプトは，プルイン電圧を印加してダウンステートにした後，ホールド電圧よりも低いモニター電圧を印加してその時の容量を測定し，その容量値から蓄積電荷を見積もり，次回駆動時の電界の向きを決定する方式である。IBAを昇圧回路とともにCMOSドライバーICに内蔵し，実際に電荷蓄積抑制効果を検証した85℃でのサイクル試験結果を図14に示す。単純なユニポーラ駆動や上述のバイポーラ駆動では，製品寿命として要求される1億回以前にスティクション不良によって誤動作を起こすが，IBAでは1億回を過ぎても安定した動作が確保できていることがわかる。

異種機能デバイス集積化技術の基礎と応用

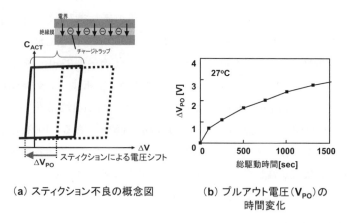

（a）スティクション不良の概念図　　（b）プルアウト電圧（V_{PO}）の時間変化

図11　静電駆動型MEMSにおける電荷蓄積によるスティクション不良

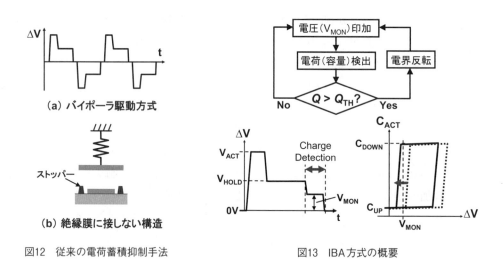

図14　各種電荷蓄積抑制手法を用いたサイクル試験結果

第22章　RF-MEMS可変容量デバイス

3.2　脆性材料を用いたクリープ耐性の向上

　MEMS可変容量は，素子自体が低抵抗の金属薄膜で形成されているため，損失が小さいという特長をもつ反面，長期間の駆動によってクリープとよばれる延性材料特有の塑性変形や破断が起こることが知られている[4]。一般に，クリープとは，延性材料に引っ張り応力が印加された状態で材料内部の欠陥（転位）に起因した歪速度が時間とともに増大して，やがて変形や破断に至る現象である。クリープによってどの金属可動部分が変形し易いかを予測するには，有限要素法を用いた応力解析が有効である。図15は，AlCu合金材料を電極やバネに用いたMEMS簡易構造の3次元構造モデルを作成して応力解析した結果である。プルイン動作とプルアウト動作を2 kHzの周波数で1億回繰り返す疲労試験を想定して，どこに応力が集中するかを解析した結果，電極部には低い応力が均一にしかかかっていないのに対して，バネ部分に最も高い応力が集中していることがわかる。クリープ耐性を改善するためには，Ti（チタン）やW（タングステン）のような高融点金属材料を用いてクリープの進展を遅らせる施策もあるが，さらに本質的な解決策は延性材料よりもクリープ耐性が高い脆性材料（例えばSiN：シリコン窒化膜）を用いることである[16]。但し，SiNは絶縁膜のため電極や配線への電源供給はできないため，応力集中するバネ部にのみSiNを用い，電源供給には従来通り低抵抗のAlCu合金を用いることが現実的な解と考えられる。図16には，AlCu合金，SiNの二種類のバネを用いたMEMS簡易構造の上面模式図(a)と，プルイン状態を5日間保持した後のクリープ変形の程度をプルアウト状態の容量値の変化率で評価した結果(b)を示した。SiNバネの採用によってクリープ変形が抑えられた結果，SiNバネに吊られている上部電極の変形による容量変化率が25℃で×1/9に，100℃で×1/23に大幅に低減している様子がわかる。なお，クリープによる上部電極の変形が完全にゼロにならないのは，低いながらもバネ部周辺の領域にも引っ張り応力がかかっているために，その領域でのクリープ変形の影響を受けるためと考えられる。

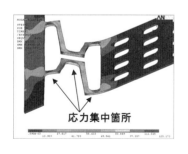

図15　繰り返し動作のシミュレーションにおける1億回動作後のMEMSバネ部における応力分布

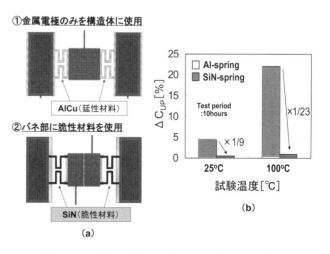

図16　SiNバネの適用によるクリープ変形の抑制効果

表5 AlCuとSiNにおけるクリープ特性を決定するパラメータ一覧

	Creep constant A		Creep index n
	Constant a	Constant b	
Al-alloy	7.00 E-17	−2.91 E+03	7.0
SiN	2.62 E-39	−1.60 E+04	18.0

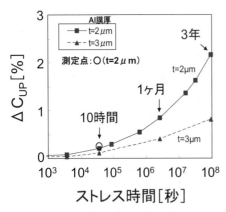

図17 QSC構造可変容量におけるクリープ寿命予測結果

但し，ここまでの議論だけでは，クリープ変形によるMEMS素子の寿命を正確に予測することはできない．一般に，クリープ変形の指標となる歪速度（$\dot{\varepsilon}$）は，下記ノートン則(3)とアレニウス則(4)で表現できる．

$$\dot{\varepsilon}=A \cdot \sigma^n \quad (3)$$

$$A=a \cdot \exp\left(-\frac{Q}{RT}\right)=a \cdot \exp\left(\frac{b}{T}\right) \quad (4)$$

ここで，Aはクリープ定数，nはクリープ指数，Tは絶対温度，Qは活性化エネルギー，a, bは定数であり，これらのパラメータを求めることによって，正確なクリープ解析が可能となる．AlCu合金，SiNそれぞれのパラメータは，引っ張り試験法および熱ストレス緩和法を用いて求めることができる．これらの手法を用いて得られたパラメータ一覧を表5に示す．この数値を用い，図7で示した実際のQSC構造MEMS可変容量をモチーフに，寿命を正確に予測する試みが報告されている[16]．携帯電話の耐用年数を6年，Duty＝50％を想定して，85℃の高温環境下でダウンステートに3年間保持した状態のクリープ解析を行い，アップステートでの容量の変化率を求めた結果を図17に示す．AlCu合金の厚さが2μmの場合，85℃の高温下であっても，3年間で2.2％の容量変動に抑えられていることがわかる．さらに，AlCu合金の厚さを3μmとすると，0.8％程度の僅かな容量変化に低減できている．尚，10時間経過後の実測結果を図中に○で記載しているが，解析結果と良い一致を示していることがわかる．

4　小型・低コストウエーハレベル気密封止

可動部分をもつMEMSデバイスを小型で低コストのパッケージへ封止する技術の開発は，デバイス自体の小型化，低コスト化と同等以上に重要な課題である．外気からの水分やダストは，電気特性の変動要因や機械的動作の阻害要因となるため，これらの影響を受けないように可動部分を保護するための特殊なパッケージ技術が必要となる．また，防湿性や密閉性以外にも，MEMS

第22章　RF-MEMS可変容量デバイス

デバイスの特性や信頼性に影響を与えないように，低温プロセスで形成できることや熱変化に強いことも求められる．表6には，MEMSデバイス向けの各種パッケージ構造とコストを比較した結果を示した．従来より，セラミックパッケージに搭載してメタルキャップで封止する方法が知られているが，Siウエーハを加工してキャップを形成し，TSV（スルー・シリコン・ビア，Si基板への貫通孔）を用いてウエーハレベルで一括封止する方法も提案されている．しかしながら，いずれも製造コストが高く，サイズも大きいなどの課題がある．

それに対して，最近，CMOSドライバーICやMEMSデバイスと同じ半導体製造ラインで通常の配線形成工程を用いてMEMSデバイスの周囲に薄膜ドームを形成する，ウエーハレベル・パッケージ（WLP）技術が提案されている[17,18]．図18に薄膜ドームを形成するプロセスフローの一例を示す．MEMSデバイス形成後に犠牲層をMEMS可動部分の上に形成してドーム上にパターニングする．その後，無機膜を成膜し，リソグラフィーとドライエッチングによって無機膜上に孔を形成する．この孔を介してアッシングにより犠牲層を除去することによって，MEMS素子を可動構造にすると同時に，薄膜ドームの骨組みを形成する．この後，有機膜を塗布して犠牲層除去孔を封止し，水分を遮断するために無機防湿膜を成膜することにより，気密性の高い薄膜ドームを形成することができる．なお，ドーム内を真空状態にすると，上部電極が下部電極から離れて元の位置に戻るプルアウトの際に，残留振動（リンギング）を起こしてしまうため，ドーム内が実圧になるよう，有機膜を塗布して無機膜に開けた孔を封止する工夫をしている．また，薄膜ドーム形成においては，無機膜/有機膜/無機防湿膜の3層構造のドームが十分な熱・機械的応力耐

表6　MEMSデバイス向け各種パッケージ構造とコストの比較

パッケージ	構造	コスト	コメント
ウェーハレベル薄膜ドーム		1.0	コスト・サイズ最小
Siキャップ（TSV無）Stacked MCP		×1.3	チップサイズ大
Siキャップ（TSV有）WL-CSP		×4.5	高コスト
Metalキャップセラミックパッケージ		×7.7	高コスト低生産性

異種機能デバイス集積化技術の基礎と応用

性を確保できること，無機膜に開けた孔からの犠牲層除去において上部電極の動作に影響を及ぼす残渣がないこと，有機膜封止時に無機膜に開けた穴から内部へ浸透や脱ガスがないことなどに留意して，使用する材料や構造，プロセスを最適化する必要がある。写真1は，実際に試作した実圧気密封止ドームの断面写真である。3層構造のドームが撓むことなくMEMS可動部を340 μmに渡って被覆していることや，有機封止膜が無機膜に開けた孔内に浸透していない様子がわかる。ここで，薄膜ドームの防湿性を検証するために，MEMS可変容量形成後に大気に露出した状態のデバイスと，薄膜ドームで封止したデバイスを準備し，湿度を変えてプルイン，プルアウトの繰り返し動作を行った際のプルアウト電圧の変化を評価した結果を図19に示す[19]。大気に剥き出しの場合には，湿度が高くなるに伴って，絶縁膜へのチャージングが起こり易くなり，スティクションによるプルアウト電圧のシフトが大きくなるのに対し，薄膜ドームで封止した場合には，85%の湿度においてもスティクションは発生していないことがわかる。

そして，この後のパッケージ工程については，薄膜ドームの形成によってMEMS可動部が高い気密性をもって保護されるため，通常の半導体チップと同様の実装プロセスを適用することがで

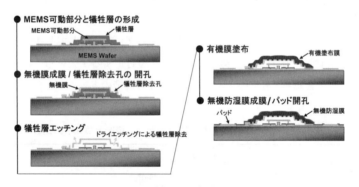

図18 薄膜ドームの形成プロセスフロー

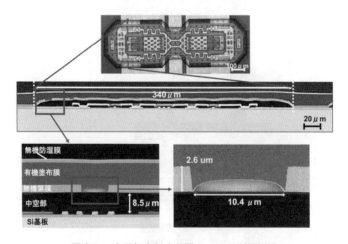

写真1 実圧気密封止薄膜ドームの断面構造

第22章　RF-MEMS可変容量デバイス

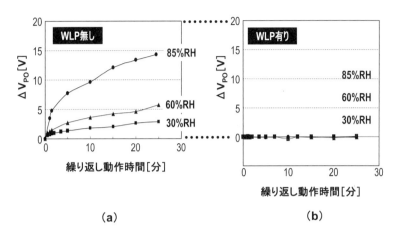

図19　実圧気密封止薄膜ドームによる耐湿効果

きる。これまでは，MEMSデバイスが剥き出しの状態でパッケージングを行っていたために，ウエーハを薄く研削することが難しく，また，個片化する際にシャワーを伴うダイヤモンドブレードを用いることができず，さらに，MEMSチップを掴む際にも，チップ中央部を避けた手作業が必要とされるため，パッケージコストが増大することが避けられなかった。しかし，ウエーハレベルの一括処理によってMEMS可動部を薄膜ドームで被覆できるようになると，2.3項で述べたCMOSドライバーICとの混載プロセスとの親和性も高く，ウエーハ大口径化に伴って低コストで大量の製造が可能となる。

5　まとめ

　RF-MEMSデバイスにはスイッチ/可変容量，インダクタ，フィルタ，レゾネータなどがあるが，中でもスイッチ/可変容量は携帯電話やWAN，GPSなどの無線システムをはじめとして応用範囲が幅広い。特に，LTE以降の次世代携帯電話では，マルチバンド・マルチモード化の進展に伴って複数の周波数帯域を扱えるチューナブルデバイスが必須となるため，低抵抗の金属電極の使用によって損失を小さく抑えることができ，良好な線形性が得られる可変容量が有望である。駆動方式としては，消費電力の観点から圧電型と静電型に絞られるが，圧電型では圧電素子の変形量が大きく低背化が難しいのに対して，静電型の課題であった静電アクチュエータを駆動するために必要な高い電圧と絶縁膜への電荷蓄積（チャージング）によるスティクション不良については，CMOSデバイスとの集積化によって解決が可能である。具体的には，高耐圧トランジスタを用いたCMOS昇圧回路やIBA回路（絶縁膜に蓄積された電荷量を常時モニターして，臨界電荷量に応じて電界の向きを切り替える機能）を内蔵したCMOSドライバーICをMEMSと集積化（混載）することによって低電圧化と高信頼化を実現できる。また，送信系においては，RF高周波信号の振幅に相当する大きな電位差が加わっても可変容量が誤動作しない高い耐電力が求められる

が，二つの可変容量と二つの固定容量を直列に接続した直列4連接続容量（QSC）構造を採用することによって高いパワーハンドリングが可能である．一方，可動部の繰り返し動作によって引き起こされるクリープ変形に起因した信頼性低下については，応力集中箇所であるバネ部分に脆性材料（SiN）を採用することによって，従来の延性材料（AiCu合金）の場合に比べてクリープ変形量を大幅に低減することができる．さらに，従来のセラミックやSiを用いたパッケージでは製造コストを下げることが難しいのに対して，CMOSドライバーICやMEMSデバイスと同じ半導体製造ラインで通常の配線形成工程を用いてMEMSデバイスの周囲に薄膜ドームを形成する，ウエーハレベル・パッケージ（WLP）技術が提案されており，高い気密性を確保したまま，小型化と低コスト化の両立が可能となる．

文　　　献

1) J. B. Yoon et al., IEEE IEDM1999, pp.753-756（1999）
2) R. Ruby et al., IEEE 48 th Symposium on Frequency Control, pp.135-138（1994）
3) R. Stefaninl et al., IEEE Microwave and Wireless Components Letters, **21**(5), pp.237-239（2011）
4) G. M. Rebeiz, RF MEMS：Theory, Design, and Technology, Wiley Interscience（2003）
5) D. L. Santos, H. J. Fisher et al., IEEE Microwave Magazine, **5**(4), pp.50-65（2004）
6) D. L. Santos et al., IEEE Microwave magazine, **5**(4), pp.36-49（2004）
7) T. Kawakubo et al., IEEE IEDM2005, pp.294-297（2005）
8) A. Bezooijen et al., IEEE Journal of Solid-State Circuits, **43**(10), pp.2259-2268（2008）
9) D. Peroulis et al., IEEE Transactions on Microwave Theory and Techniques, **52**(1), Part1, pp.59-68（2004）
10) Y. Lu et al., IEEE Transactions on Microwave Theory and Techniques, **53**(11), pp.3672-3678（2005）
11) C. Palego et al., Microelectronics Reliability, **46**(9-11), pp.1705-1710（2006）
12) B. Lakshminarayanan et al., IEEE Transactions on Microwave Theory and Techniques, **56**, pp. 2259-2268（2008）
13) H. Yamazaki et al., IMS2010, pp.1138-1141（2010）
14) Z. Peng, X. Yuan, J. C. M. Hwang et al., IEEE Microwave Symp., pp. 1817-1820（2007）
15) T. Ikehashi et al., ISSCC2008, pp.582-583（2008）
16) E. Ogawa et al., APCOT2010, p.213（2010）
17) Y. Shimooka et al., ECTC2008, pp.824-828（2008）
18) S. Obata et al., ECTC2008, pp.158-163（2008）
19) A. Kojima et al., 15 th Transducers2009, pp.837-840（2009）

第23章　携帯端末

楢橋祥一*

1　はじめに

　我が国の携帯電話契約者数は2012年1月末現在で約1億2,200万に達しており[1]，携帯電話は社会基盤の一つとして重要な役割を担っている。我が国における移動通信方式はこれまでにおよそ10年単位で世代交代してきたが，この過程における携帯電話または自動車電話の端末の体積と重量の変遷に着目すると，圧倒的な小型・軽量化が図られていることが分かる。すなわち，1979年にサービスが開始された自動車電話では体積約6,600 cc，重量約7 kgの端末が使われたが，現行の携帯電話では体積100 cc程度，重量100 g程度となり，この30年ほどの間で体積も重量もともに2桁程度の小型・軽量化が達成されたことになる。移動通信サービスのさらなる多様化やグローバル化などに対応するために，携帯電話やタブレットなどの携帯端末のRF回路（無線周波数（RF）信号を扱う電力増幅器（PA）や送受分波器などの個々の回路，またはそれら全体）は将来，体積および重量を現行と同程度に保ちつつ（すなわち，携帯性を損なうことなく）多様な無線アクセス方式や周波数帯（バンド）に対応することが求められるだろう。

　現行の第3世代携帯端末において，W-CDMA用の3バンド（800 MHz帯，1.7 GHz帯および2 GHz帯）化やGSM対応といった複数のバンドや通信方式への対応はすでになされているが，それらはバンドや通信方式毎に個別のRF回路を搭載している。このような構成を採りながら新しいバンドや無線アクセス方式に対応し続けることは，残念ながら将来の携帯端末においては現実的ではない。この課題を解決する方法として，一つのRF回路でさまざまな無線アクセス手段（通信方式，バンド）に対応可能な構成，すなわち，再構成可能（reconfigurable）な各機能回路，およびそれらを組み合わせた回路（reconfigurable RF部）が検討されている[2~7]。

　本章では，さまざまなバンドに対応することを「マルチバンド化」と捉え，reconfigurable RF回路研究の一環として検討が進められている，MEMS技術を用いた携帯端末用マルチバンドPA[2~4]について述べる。また，MEMS技術の適用で高機能化が期待できる中心周波数・帯域幅を独立に変更可能な可変フィルタ[6]も紹介する。

---

*　Shoichi Narahashi　㈱エヌ・ティ・ティ・ドコモ　先進技術研究所
　　アンテナ・デバイス研究グループリーダ

2　reconfigurable RF部

図1に3バンド対応の携帯端末のRF部概要を示す[2]。アンテナ共用器（DUP），PAモジュール，アイソレータ（ISO），低雑音増幅器（LNA），バンドパスフィルタ（BPF），RFIC（TRX-IC）などで構成される。この構成例では，LNA，BPF，RFICなどは1モジュール化（TRXモジュール）されており，基板上にPAモジュール，ISO，DUPなどとともに実装されている。なお，現在販売されている携帯端末では，図1とは別にGSM用RF回路が設けられている。

図2に提案する携帯端末用reconfigurable RF回路の構成を示す[2]。本構成の特徴は，各機能回路あるいは機能回路間を接続するRF信号用伝送線路などにシャントにスイッチを介して簡単な付加回路を追加することにより，各機能回路のreconfigurable化を図っていることにある。本構

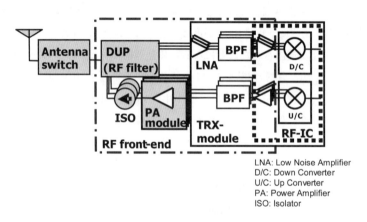

図1　3バンド対応携帯端末RF部

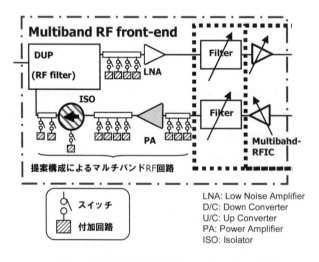

図2　提案する携帯端末用reconfigurable RF部

第23章 携帯端末

成によれば，回路配置を工夫することで機能回路のマルチバンド化による大型化を回避でき，マルチバンド化したRF回路を全体として小型に構成することができる。

3 MEMS応用マルチバンドPA

3.1 帯域切替型整合回路

マルチバンドPAを構成するうえで要となる帯域切替型整合回路の構成を図3に示す[4]。ここでは出力整合回路を示しているが，入力整合回路に関しても同様である。本整合回路は，伝送線路とスイッチと付加回路で構成される。増幅用トランジスタの出力端に接続される伝送線路長と，線路に直接接続した付加回路RE1の素子値を適切に選択することにより，周波数f_1での，伝送線路とRE1の接続点からトランジスタ側を見たインピーダンス$Z_1(f_1)$を負荷インピーダンスZ_0に整合させる。

このとき，上記接続点から出力端子側に配置した伝送線路の特性インピーダンスをすべてZ_0および上記接続点から出力端子側にあるスイッチをすべてOFFとすることでf_1での整合は出力端子まで保たれる。周波数f_1に替えてf_2で動作させる場合にはスイッチ(Switch)1をONとし，伝送線路長と付加回路RE2の素子値を適切に選定することにより周波数f_2での，伝送線路とSwitch1の接続点におけるトランジスタ側を見たインピーダンス$Z_2(f_2)$をZ_0に整合させる。

このように1組のスイッチと付加回路を順次追加し，そのスイッチの開閉状態を切り替えることで多くの周波数帯に対応することができる。

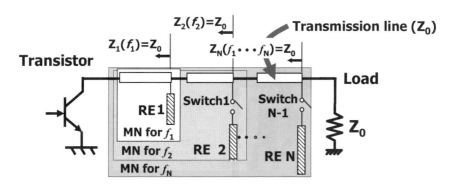

図3 帯域切替型整合回路の構成（出力整合回路）

3.2 MEMSスイッチの適用

帯域切替型整合回路を用いた電力増幅器の利点を最大限発揮するためには，広帯域にわたって低挿入損失，高アイソレーション特性を両立できるスイッチが必要である。近年，この条件を満たすスイッチとしてマイクロマシン技術を応用したMEMSスイッチが報告されている[8,9]。MEMSスイッチは機械的なリレータイプのスイッチを，その駆動機構を含めて数mm角以下の大きさで

構成したものである。3.1項で述べた帯域切替型整合回路では消費電力の少ない静電駆動型のMEMSスイッチ[10]が適用されている[4]。

3.3 マルチバンドPA

図2に基づく0.9/1.5/2/2.6GHz帯4バンドPA[2]の構成およびLTCC（Low Temperature Co-fired Ceramics）基板を用いた試作例をそれぞれ図4および図5に示す。本試作では，図4に示す通り整合ブロックに加え，付加ブロック（整合ブロックと同様の構成）を追加することで可変整合回路の小型化も達成している。図5に示すように，入力側および出力側にはそれぞれ1～3の番号で示されるMEMSスイッチが配置されており，同図に示すスイッチの状態（ON/OFF）により整合するバンドを切り替える。4バンドPAの特性を図6に示す。最大電力付加効率（Power

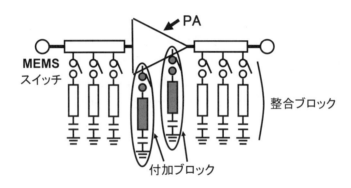

図4 4バンド（0.9/1.5/2/2.6GHz帯）PAの構成

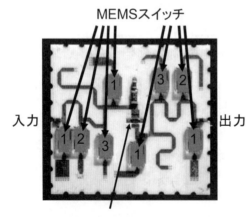

動作モード	スイッチ番号		
	1	2	3
0.9GHz帯	ON	OFF	OFF
1.5GHz帯	OFF	ON	OFF
2GHz帯	OFF	OFF	ON
2.6GHz帯	OFF	OFF	OFF

大きさ：20 mm×18 mm×0.8 mm
比誘電率：7.1

図5 LTCC基板を用いた4バンドPAの試作例

第23章 携帯端末

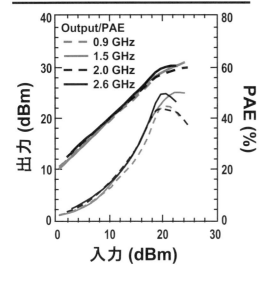

周波数帯 (GHz)	0.9	1.5	2.0	2.6
利得 (dB)	10	9	10	12
最大PAE (%)	45	50	44	50
Psat (dBm)	30.4	31.0	30.0	30.4

図6 4バンドPAの特性

Added Efficiency：PAE）は44％以上を達成しており，単バンド用に開発されたPAのそれと比較しても遜色のない結果を得ている。

3.4 MEMSスイッチへの要望

マルチバンドPAのさらなる高機能化に向けた，MEMSスイッチへの要望を以下に記す。

① ON時の低挿入損失とOFF時の高アイソレーション

② 個々には十分なレベルだが，同時に満たすことが望ましい

- 耐電力性，ひずみ特性（端末用として数Wレベルの電力に耐え，低ひずみ）
- 低駆動電圧（3V以下が望ましい）
- 低消費電力，小型化（高さも含めて小さいほどよい）
- 他の回路との一体化
- 耐環境性（温度，湿度，振動，衝撃，静電気など）
- 長期信頼性

③ 低コスト

4 中心周波数・帯域幅可変フィルタ

図7は中心周波数と帯域幅を独立に変更できる可変フィルタとして提案された構成を示しており，平行線路（PoTL），スイッチ，可変リアクタンス回路が用いられている[6]。スイッチの開閉制御により中心周波数，帯域幅が変更可能である。可変リアクタンス回路はフィルタのスカート形状を調整するために用いられ，この回路のリアクタンス値を適切に設定することにより中心周波数に対して対称的なスカート特性が得られる。このフィルタの通過周波数特性につき，図8(a)にシミュレーション結果を示す。図8(a)の各Label（Ⅰ～Ⅶ）に対応する代表的な特性を表1にまとめる。図7のスイッチ1（SW1）の状態により，中心周波数は2.6GHzから6.5GHzまで変化する。帯域幅は，例えばLabel（Ⅰ）～（Ⅲ）では4％から27％まで変化しているが，これは図7のスイッチ2（SW2）の状態を変化させることにより達成している。本フィルタはSW2により帯域幅を変化させても中心周波数は一定に保つことが可能である。各特性とも可変リアクタンス回路の特性を調整することで，中心周波数に関しほぼ対称的な特性を得ている。

異種機能デバイス集積化技術の基礎と応用

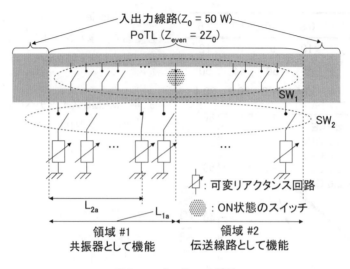

図7　4バンドPAの特性

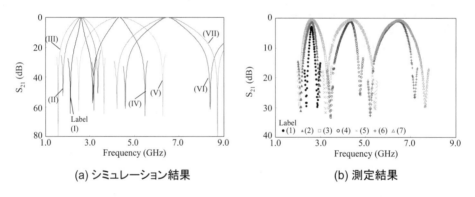

(a) シミュレーション結果　　　(b) 測定結果

図8　可変フィルタの通過周波数特性

表1　可変フィルタの代表的特性

	Label	(I)	(II)	(III)	(IV)	(V)	(VI)	(VII)
シミュレーション	中心周波数（GHz）	2.6	2.6	2.6	4.3	4.3	6.5	6.5
	比帯域（％）	4	15	27	10	32	13	19
測定結果	Label	(1)	(2)	(3)	(4)	(5)	(6)	(7)
	中心周波数（GHz）	2.6	2.6	2.6	4.3	4.4	6.5	6.5
	比帯域（％）	5	12	22	11	23	13	17

　図9は図7の構成を基にアルミナ基板上にマイクロストリップ線路構造を用いて試作した可変フィルタである．なお，図9では試作の都合上，スイッチや可変リアクタンス回路に代えて金ワイヤや容量性の導体パッチを用いて測定している．得られた通過周波数特性を図8(b)に示し，代

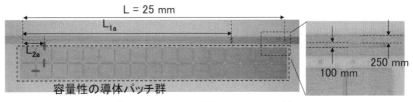

図9　試作した可変フィルタ

表的な特性を表1にまとめる。中心周波数が2.6GHzから6.5GHzまで変化している等，シミュレーション結果とほぼ同じ特性が得られた。これらにMEMSスイッチやMEMS可変キャパシタを適用すれば，容易な操作性と詳細な可変幅の設定が期待できる。

5　おわりに

MEMS技術を用いた携帯端末用マルチバンドPAと，MEMS技術の適用で高機能化が期待できる中心周波数および帯域幅を独立に変更可能な可変フィルタについて述べた。MEMS技術の応用は携帯端末を高機能化するうえで有力な手法であると考えられるが，低電圧動作，信頼性の確保，半導体デバイスとの共存（混載または集積化），低コスト化など，実用化の観点から解決しなければならない問題も多く残されている。MEMS技術のさらなる進展を期待している。

文　献

1) www.tca.or.jp
2) H. Okazaki et al., 37 th European Microwave Conference, pp. 300-303（2007）
3) A. Fukuda et al., *IEEE MWCL*, **14**(3), pp. 121-123（2004）
4) A. Fukuda et al., *IEICE Trans. Electron.*, **E88-C**(11), pp. 2141-2149（2005）
5) T. Furuta et al., *IEICE ELEX*, **8**(11), pp. 854-858（2011）
6) K. Kawai et al., 2010 Asia-Pacific Microwave Conference, pp. 143-146（2010）
7) T. Furuta et al., 39 th European Microwave Conference, pp. 137-140（2009）
8) H. J. De Los Santos, RF MEMS Circuit Design for Wireless Communications, Artech House（2002）
9) G. M. Rebeiz, *RF MEMS* Theory, Design, and Technology, John Wiley & Sons, Inc.（2003）
10) T. Seki, *2002 APMC* Workshops. Dig., pp. 266-272（2002）

〔第7編 エネルギーハーベスト技術編〕

第24章　MEMSと電子デバイスの融合による エナジー・ハーベスティング技術の期待

鈴木雄二*

1　序論

　環境発電（Energy Harvesting, エナジー・ハーベスティング）とは，環境の中に薄く広く存在するエネルギーから電力を取り出す技術である。電力としては微弱ではあるが，長期間持続可能なボタン電池代替電源として，大きな期待が寄せられている。特に，無線センサネットワークは，タイヤ空気圧モニタシステムなどに用いられる車載用センサ，構造物の安全性を監視するための構造ヘルスモニタリング，人間の居住空間での照明や空調のきめ細かい制御によってエネルギー消費削減を図るビルディング／ホームエネルギーマネージメントシステム（BEMS/HEMS），農畜産業での個体管理など，様々な分野への適用が注目されているが，これらを実現する上での自立電源として，環境発電が注目されている[1~5]。

　環境に存在するエネルギーとしては，環境光，人体の体温，電波，振動などが考えられる。直射日光下では太陽電池が最も優れた電源だが，ここで想定するエネルギー源は，室内，夜間，装置内部での発電など，より一般的な使用が求められる。また，エナジー・ハーベスティングでは，今まで電源がなかった場所に微小電力を供給することによって新しい機能を発現させる，という高付加価値の電源供給が目的なので，一般の太陽電池，風力発電など，送電網に接続する低コスト・大容量の電源とは明確に区別される。

図1　環境発電における様々な発電方式

　図1は，様々なエネルギー変換方式とその発電密度[1~3]をまとめたものである。シリコン系太陽電池は室内の低い照度での変換効率は低く，単位面積あたりの発電量は数 $\mu W/cm^2$ 程度とされる。一方，逆に直射日光下では効率の低い色素増感太陽電池は，室内での発電では優れた性能を持つ。また，人体の運動や機械振動の振動エネルギーは比較的広く分布すると考えられ，後述するように，電磁誘導，圧電，静電誘導などによる電力への変換が試みられている。さらに，体温から熱電素子を用いることで電力

＊　Yuji Suzuki　東京大学　大学院工学系研究科　機械工学専攻　教授

を取り出すことができる。気温が22℃のときは，腕時計形のデバイスで30μW/cm²程度が得られるとの報告もある[3]。エネルギー密度は小さいが，携帯電話，テレビなど都市環境に飛び交う無線電波から発電することも可能である。

環境発電は持続的に電力が得られることが魅力であるが，発電素子から得られる電力，電圧・電流特性が通常の発電機とは異なるため，実際にLSIなどを駆動するためには回路側での工夫が必要となる。本稿では，まず，上述のエネルギー変換方式とそのための回路技術について概観し，次に，著者らが取り組んでいるエレクトレットを用いた環境振動発電の無線センサへの適用例について解説する。

2 環境発電と回路技術

図2に，環境発電で駆動される無線センサの構成図を示す。無線センサは，前述のように様々なアプリケーションで用いられ，何らかのセンサにより環境の情報を取り入れて，内部で演算を行い，離れた場所のネットワークに無線でデータを送信する役割を果たす。環境発電は，デバイスの駆動に必要なエネルギーも同時に環境から取り入れようとするものである。その際，LSIを駆動するための電源としては，①得られる電力が微小であるため，発電素子の出力電圧が低い，または出力電流が小さい，②環境の状態は時々刻々変化するため，得られる電力が一定でない，という二つの課題が存在する。このうち，後者については，無線送信時に数十mWの消費電力が必要であることを考えると，連続的な動作を賄うことは現実ではなく，間欠的な無線送信を行うための充放電機構を含む電力消費の制御回路が必要となる。しかし，アプリケーションに強く依存するため，一般的に議論するのは難しい。そこで，ここでは，前者の電圧・電流変換について述べることとする。

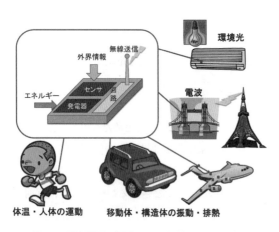

図2 環境発電で駆動される無線センサの構成

2.1 環境熱からの発電

熱電材料として通常のビスマス・テルル系の材料を仮定すると，ゼーベック係数は200μV/K程度である。従って，バルク材料を用いた熱電素子の出力電圧は，15×15mm程度の比較的大きなデバイスでも10-20mV/K程度であり，直接LSIを駆動することはできない。従来，0.2V以下の低電圧を入力とする昇圧回路は存在していなかったが，ごく最近，複数の半導体デバイスメーカーから，数十mVから昇圧可能なDC/DCコンバータが商品化されている。例えば，Linear

第24章　MEMSと電子デバイスの融合によるエナジー・ハーベスティング技術の期待

Technology社のLTC3108では，外付けトランスの巻数比によって異なるが，1：100のトランスを用いた場合，20 mVから2.35 V，3.3 Vなどへの昇圧が可能であり，Texas Instruments社のbq25504では，80 mVから昇圧が可能である．しかし，変換効率の特性は両者で大きく異なる．LTC3108では，トランスの巻数比によって異なるが低電圧側で40-60％のピークをとり，入力電圧が上がるに従って変換効率は5-20％へ減少する．一方，bq25504では，入力電圧とともに変換効率が向上する．電流によっても異なるが，0.2 Vでは40％，1 V以上では80％以上に上昇する．従って，使用条件に応じて特性が大きく変化するため，現状ではアプリケーションに合わせたDC/DCコンバータの選択が必要となる．

一方，熱電素子の出力電圧を増大させる試みも多く行われている．すなわち，MEMSプロセスにより，SiGeなどの薄膜熱電素子を多数直列させてデバイス，BiTe系の微小なバンプをスパッタにより形成し，二つの基板を接合することにより多数のpn接合を形成したデバイスなどが提案されている[6,7]．

2.2　環境振動からの発電

環境振動からの発電原理としては，電磁誘導，圧電，静電誘導，逆磁歪効果が考えられる．逆磁歪効果を用いる発電もコイルを用いることがほとんどなので，ここでは電磁誘導の特殊な場合に含めることとする．出力電圧の面から考えてみると，MEMSデバイスのような小型の発電器の場合，電磁誘導では，誘導電圧がコイルの巻数，面積，相対速度に比例するため，電圧が低く（出力インピーダンスが低く），熱発電と同様の問題が生ずる．また，出力は交流であるから，ダイオードの順方向電圧降下（0.2〜0.3 V）よりも大きな出力電圧が得られない場合には，整流すら行えないことになる．

一方，圧電，静電誘導では，逆に電圧が高く（出力インピーダンスが高く），後述するように，静電誘導では出力電圧が80 V程度，出力インピーダンスが数十MΩ以上となることもある．従って，整流，DC/DCコンバータの動作には問題は生じないが，インピーダンスのマッチングが課題となる．

2.3　環境電波からの発電

電波からの環境発電では，アンテナと整流回路を組み合わせたレクテナにより，電力を得る[8,9]．整流に用いられるダイオードの順方向電圧降下，降伏電圧などが変換効率に大きく影響するため，特性の合ったダイオードの試作も行われている[9]．

3　エレクトレットを用いたMEMS環境振動発電器の電池レス・無線センサへの適用

著者らは，MEMSスケールの振動発電においても，低周波数の振動に対して高い出力電圧と大きな発電量をもたらす[10,11]，エレクトレット発電器[11〜15]に取り組んでいる．エレクトレットとは

電荷を半永久的に保持させた誘電体[16]である。発電には，荷電させたエレクトレットと対向電極を相対運動させることにより，対向電極上の誘導電荷量を変化させ，外部電流を取り出す。

ごく最近，著者らは，アモルファスフッ素樹脂であるCYTOP（旭硝子）をベースに，新しいエレクトレット材料に取り組み，さらに高い表面電荷密度（2 mC/m^2）と，熱的安定性を実現可能なCT-EGGを開発した[17]。本稿では，CT-EGGをエレクトレットとして用いて，広帯域の振動に適合したMEMSエレクトレット発電器を試作し，それを用いた電池レスの無線センサネットワークノードについて解説する。

3.1 MEMSエレクトレット発電器

開発を進めているエレクトレット発電器の概観を図3に示す[18,19]。エレクトレット材料としては，高い表面電荷密度を有するCYTOP CT-EGG[17]を用いた。ばね構造としては，低共振周波数かつ大振幅を実現する高アスペクト比パリレンばね[20]を用い，また，広帯域へ対応するため，主ばねと二次ばねを組み合わせて非線形性ばねを構成した[19]。さらに，上下極板間隔を安定に維持するため，エレクトレット同士の反発力を利用した非接触ベアリング機構[18]を採用した。エレクトレット発電器の試作にはMEMSプロセスを用いたが，試作プロセスの詳細は文献18，19を参照されたい。

試作した発電器を図4に示す。発電器はSF$_6$ガスを満たしたセラミックパッケージ内に封止し，エレクトレットの放電を防いだ。また，図4(c)に示すように，振動方向と直交する方向に180°位相の異なる二つの独立した発電回路を振動子に組み込み，水平方向の静電力を打ち消して，発電出力の向上を目指した。ここでは，中央よりの電極からの出力をCenter相，両端の電極からの出力をSide相と呼ぶことにする。

図5に，加振周波数40 Hz，加速度1.4 G，負荷抵抗40 MΩにおける出力電圧を示す。このとき，振動子の振幅は約2 mm$_{p-p}$である。Center相，Side相から，それぞれ，18 V，14 Vの比較的高い

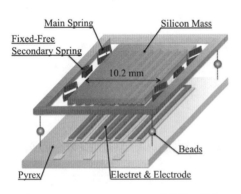

図3 MEMSエレクトレット発電器の概略

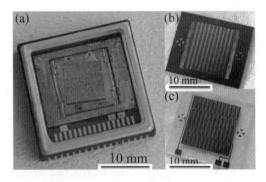

図4 MEMSエレクトレット発電器のプロトタイプ[18,19]
(a)SF$_6$で満たされたセラミックパッケージに封入された発電デバイス，(b)上部Si基板，(c)下部ガラス基板。

第24章　MEMSと電子デバイスの融合によるエナジー・ハーベスティング技術の期待

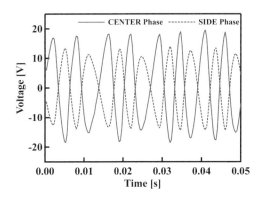
図5　40 Hz and 1.4 Gにおける出力電圧波形[19]

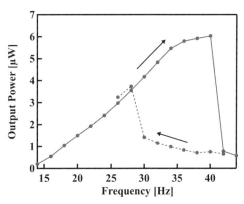
図6　1.4 Gにおける加振周波数と発電出力の関係[19]

電圧振幅が得られ，また，それらが反転した交流出力であることが判る。発電出力は，負荷抵抗40 MΩのとき最大となり，二つの出力相の合計で5.5 μWが得られた。

次に，振動加速度を1.4 Gに保ち，周波数を14 Hzから44 Hzまで変化させ，40 MΩの負荷抵抗に対する出力を測定した結果を図6に示す。周波数を増加させる場合と，減少させる場合で出力曲線は別ルートをたどり，非線形ばね特有のヒステリシスが現れる。2相合わせた総合出力は，40 Hzにおいて，従来[18]の約6倍となる最高6 μW，26～40 Hzの広周波数帯で3 μW以上の出力が得られた。さらに，擬似的な広帯域の環境振動に対しても出力が得られることが確認された。

3.2　無線センサノードの試作と評価実験

試作したエレクトレット発電器に，電源管理回路，CPUと無線回路ICを接続し，サーミスタで温度を測定して無線送信する，無線センサノードのプロトタイプを試作した[19]。図7にブロック回路図を示す。電源管理回路は，ブリッジダイオードによる整流部，蓄電用コンデンサ，トランジスタとダイオードを組み合わせた充放電制御回路，レギュレータを用いた電圧安定回路から構成される。無線センサは，超低消費電力16ビットCPU（MSP430 F2618，Texas Instruments）と低消費電力2.4 GHz帯無線IC（nRF24 L01，Nordic Semiconductor）から構成される。発電器の出力はブリッジダイオードにより整流されてコンデンサに蓄電される。コンデンサ電圧が4.9 Vになると放電が開始し，CPU，RFICに3 Vの電源電圧が供給される。CPU，RFICの初期化後，サーミスタの電圧をCPU内蔵の12 bit A/Dで測定して温度を測定する。その後，RFICから7 byte

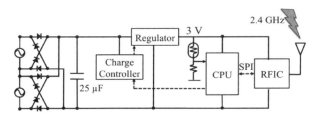
図7　MEMS発電器，電源管理回路，CPU/RFICからなる無線センサノードのプロトタイプ[19]

異種機能デバイス集積化技術の基礎と応用

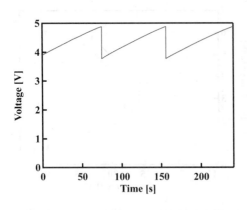
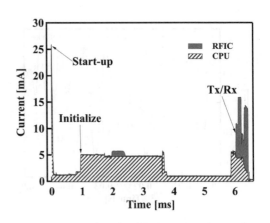

図8　蓄電コンデンサの電圧の時間変化[19]　　　図9　CPUおよびRFICの消費電流の時間変化[19]

のデータとして無線送信（通信速度2 Mbps）し，送信完了後，CPUから充放電回路に信号を送って放電を停止させ，充電を再開させる。

ここでは，33 Hz，2.3 Gの振動下で発電器を用いたが，このとき，40 MΩの負荷抵抗を接続すると，2相合わせて5.1 μWの交流出力が得られた。コンデンサの充電電圧の時間変化を図8に示す。80.6秒おきに無線送信，充放電が行われ，エレクトレット発電器の出力を用いて実際に無線送信が可能であることが示された。80.6秒間の交流出力411 μJに対して，コンデンサへはその29％に相当する120 μJが充電される。値が小さいのは，整流・充電回路の入力インピーダンスが，発電器とマッチングされていないことが理由である。

図9に，CPUとRFICの消費電流を示す。図中，ハッチング部はCPUの消費電流，べた塗り部はRFICの消費電流を表している。充放電制御回路が働き，レギュレータから電源電圧が供給されると，最大25 mAの電流スパイクが現れ，CPUとRFICが起動する。次に，CPUの初期化のために平均4.83 mAの電流が流れ，最後に送信と受信に対応する二つのピークが現れる。この間CPUとRFICで消費された電力は72 μJであり，サーミスタの消費電力約4 μJと合わせた消費電力は76 μJである。従って，コンデンサの充放電電力120 μJのうち，63％が実際に回路側で使用されたことが判る。これは，インピーダンス整合時の交流出力411 μJに対して18％に相当している。

以上のように，40 MΩという高い出力インピーダンスを持つエレクトレット発電器を用いても，LSIの駆動は可能である。しかし，現状では，蓄電コンデンサには30％程度の電力しか貯めることができず，インピーダンスマッチングが課題である。また，電源管理回路で有効電力の約1/3が消費されている。さらに，CPU，RFICで消費される電力のうち，ほとんどがCPUの初期化のために費やされており，スケジューリングなど，CPUの運用が重要であることが判る。

第24章　MEMSと電子デバイスの融合によるエナジー・ハーベスティング技術の期待

4　結論

エナジー・ハーベスティング技術において，発電素子の高性能化は重要であるが，同時に，電子デバイスとの融合により，取り出させた電力をいかに有効に無線センサの駆動に役立てるかが，システムとしての性能に直結する。本稿では，著者らが取り組んでいるエレクトレットを用いたMEMS発電器とそれを応用した電池レス無線センサノードの試作について紹介した。現在のプロトタイプでも，2.4 GHz帯を用いた間欠的な無線送信が実現可能であるが，インピーダンス不整合の影響が大きいこと，電力管理回路の消費電力が無視できないこと，CPUのセトリング時の消費電力が大きいことが明らかになった。このような課題は，エレクトレット発電，あるいは振動発電だけに限らず，前述のようにエナジー・ハーベスティング技術に共通と考えられる。今後，MEMS発電器とCMOS回路の融合などによる，これらの課題の解決への取り組みが期待される。

謝辞

本研究の一部は，日本学術振興会最先端・次世代研究開発支援プログラムの援助を受けた。記して感謝の意を表する。

文　　献

1) S. Roundy, P. K. Wright and J. Rabaey, *Comp. Commu.*, **26**, pp.1131-1144（2003）
2) J. A. Paradiso and T. Starner, *IEEE Pervasive Comput.*, **4**, pp.18-27（2005）
3) R. J. M. Vullers, R. van Schaijk, H. J. Visser, J. Penders and C. Van Hoof, *IEEE Solid-State Circuits Mag.*, **2**, pp.29-38（2010）
4) S. P. Beeby, M. J. Tudor and N. M. White, *Meas. Sci. Technol.*, **17**, pp.175-195（2006）
5) P. D. Mitcheson, E. M. Yeatman, G. K. Rao, A. S. Holmes and T. C. Green, *Proc. IEEE*, **96**, pp.1457-1486（2008）
6) J. Su, R. J. M. Vullers, M. Goedbloed, Y. van Andel, V. Leonov and Z. Wang, *Microelectr. Eng.*, **87**, pp.1242-1244（2010）
7) J. Xie, C. Lee and H. Feng, *J. Microelectromech. Syst.*, **19**, pp.317-324（2010）
8) 川原圭博，塚田恵佑，浅見　徹，情報処理学会論文誌, **51**, pp.824-834（2010）
9) K. Takahashi, J.-P. Ao, Y. Ikawa, C.-Y. Hu, H. Kawai, N. Shinohara, N. Niwa and Y. Ohno, *Jpn. J. Appl. Phys.*, **48**, 04C095（2009）
10) 鈴木雄二，応用物理, **79**(7), pp.806-809（2010）
11) Y. Suzuki, *IEEJ Trans. Electr. Electr. Eng.*, **6**(2), pp.101-111（2011）
12) J. Boland, C. Chao, Y. Suzuki and Y.-C. Tai, Proc. 16 th IEEE Int. Conf. Micro Electro Mechanical Systems（MEMS'03）, Kyoto, pp.538-541（2003）

13) T. Tsutsumino, Y. Suzuki, N. Kasagi and Y. Sakane, 19th IEEE Int. Conf. Micro Electro Mechanical Systems (MEMS'06), Istanbul, pp.98-101 (2006)
14) Y. Sakane, Y. Suzuki and N. Kasagi, *J. Micromech. Microeng.*, **18**, 104011, 6pp (2008)
15) H.-W. Lo and Y.-C. Tai, *J. Micromech. Microeng.*, **18**, 104006, 8pp (2008)
16) G. M. Sessler, Electrets, 3rd edition, Laplacian Press, California (1998)
17) K. Kashiwagi, K. Okano, T. Miyajima, Y. Sera, N. Tanabe, Y. Morizawa and Y. Suzuki, *J. Micromech. Microeng.*, **21**(12), No. 125016 (2011)
18) Y. Suzuki, D. Miki, M. Edamoto and M. Honzumi, *J. Micromech. Microeng.*, **20**(10), No. 104002, 8pp (2010)
19) 松本光一, 猿渡久美雄, 鈴木雄二, 電気学会論文誌C, **132**(3), pp.344-349 (2012)
20) Y. Suzuki and Y.-C. Tai, *J. Micro-electromech. Syst.*, **15**(5), pp.1364-1370 (2006)

第25章　エネルギーハーベスト技術の材料とデバイス

西岡泰城*

1　はじめに

　環境に存在するエネルギーとしては，環境光，電磁波，熱，振動，音波等が挙げられる[1]。MEMSエネルギーハーベスタとして代表的なものは，振動のエネルギーを電気エネルギーに変換するものである。自然界に存在している振動の特徴は，1,000 Hz以下の周波数帯に多くの振動エネルギーが存在していることである。振動のエネルギーを電気エネルギーに変換する方法としては，①帯電したエレクトレットを利用する方法[2〜9]，②圧電体の振動による歪分極を利用する方法[10,11]などがある。以下に，これらのデバイスに用いられる材料の基本的な性質を紹介する。

2　エレクトレット材料

　エレクトレットハーベスタにおいては，基板電極の表面に堆積されたエレクトレット表面に，電荷が固定されている。エレクトレット基板電極に対向して可動電極が形成されていて，この対向電極が振動する。この振動する可動電極上の静電誘導電荷量の変化によって生ずる電流を利用して，発電するのである。Bolandら[2]は，このハーベスタの最大発電量はエレクトレットの表面電荷密度の2乗に比例すること，および膜厚が大きく比誘電率が小さいエレクトレット材料が必要なことを示した。エレクトレット材料は，さらに次の条件を満たさなければならない。①MEMS製造工程と相性が良いこと，②数μm程度の厚膜を形成できること，③高い絶縁破壊強度を有することなどである。これらの条件を満たすエレクトレット材料としては，有機ポリマーが古くから研究されている[12]。

　これら，ポリマー中の電荷捕獲は二つの異なる構造レベルで起こる。第1の電荷捕獲は，分子鎖のある特定な部分での電荷捕獲中心にあり，特に電気陰性度の強い原子団で起こる。したがって，フッ素原子を含んだポリマーがエレクトレット材料として多く利用されている。第2レベルのものは，電荷が隣り合う分子によって取り囲まれている構造を言う。このタイプの電荷捕獲は密に詰め込まれた分子構造において有利である。一方，電荷を取り除く際には幾つかの原子団が協力的に動く必要がある。この原子団の協力的運動はガラス転移に特有なものであり，高いガラス転移温度を有するポリマーではこの第2段階の電荷捕獲がさらに安定である[12]。また，エレクトレット材料中に分極するナノ粒子を混入させ，電荷捕獲を促進する方法もある[9]。

　＊　Yasushiro Nishioka　日本大学　理工学部　精密機械工学科　教授

表1 エレクトレット材料の比較

	比誘電率	抵抗率 (Ω cm)	絶縁破壊強度 (kV/mm)	ガラス転移 温度（℃）	電荷密度 (mC/m^2)
CYTOP[13]	2.1	5×10^{17}	110	108	0.5～2.8[3]
Teflon AF	1.9	5×10^{19}	21	160	0.9
PTFE	2.1	5×10^{18}	18	130	～0.9
Parylene HT	2.21	5×10^{17}	5.4	377	3.69[6,14]

通常のMEMSプロセスでエレクトレットを形成する際は，CVD法が良く利用される．最近は，スピンコート法を用いて比較的厚いエレクトレット膜が作製され，捕獲電荷量が確認されている[2～9]．これらのエレクトレット材料は，通常ガラス転移温度以上に加熱した状態で，電子ビーム照射[2]，コロナ放電[3,5]や軟X線[8]などに曝すことによって電荷をポリマー膜中に導入し，その後温度を下げることによって電荷を膜の表面近くに固定する．これらの電荷は通常室温においては数十年の寿命があるが，特にガラス転移温度以上に加熱されると急速に表面電荷を失ってしまうという問題点がある．表1に最近エレクトレットハーベスタにおいて検討されているエレクトレット材料の性質を比較して示す．CYTOPまたはParylene HTが現時点においては，有望である．

3　圧電材料

カンチレバーの変形を利用するハーベスタにおいては，圧電素子を用いる技術が主流である．圧電効果とは，ある材料に機械的な歪が与えられた場合に，この歪に比例した分極電荷が発生する現象を言う．圧電体に応力T（N/m^2）および電界E（N/C）を加えた際には，電気変位D（C/m^2）および歪S（m/m）が発生する．それらの関係を表したのが式(1)である．方程式において添字は空間座標の三つの方向と，それら3軸の周りのずれ方向に対応している．圧電体に応力Tが加わると，歪Sと電気分極$P=dT$を生ずる．この現象を圧電効果と言う．逆に，物質の電極間に電界Eを加えると物質には歪$S=dE$が生ずる．これを，逆圧電効果と言う．

$$S_i = s_{ij}T_j + d_{mi}E_m$$
$$D_n = d_{nj}T_j + \varepsilon_{nm}E_m \tag{1}$$
$$(n, m=1, 2, 3, j=1, 2, 3, 4, 5, 6)$$

電気変位は，強誘電体表面に誘起される単位面積あたりの電荷量に対応するために，エネルギーハーベスタにおいては式(1)2番目の式の第1項が重要となる．すなわち，d_{nj}は圧電体に単位応力を与えた際に利用できる電荷量である．また，$T=cS$（cはコンプライアンス）の関係から，$e=dc$となりe係数は単位歪を与えたときの，分極電荷量に対応している．

圧電材料を励起し電気エネルギーを得るには，圧縮または屈曲する方法がある．図1は圧縮に

第25章　エネルギーハーベスト技術の材料とデバイス

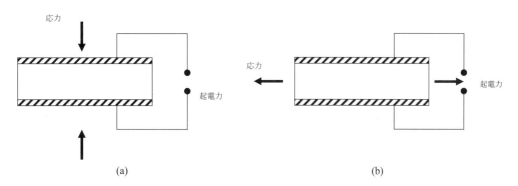

図1　(a) d_{33}モードと，(b) d_{31}モードの比較

表2　カンチレバー型MEMSエネルギーハーベスタの比較

著者	デバイス	実効体積 (mm³)	発電力 (μW)	電力密度 (μW/cm³)	加速度 (G)	周波数 (Hz)
Renaud	d_{31} PZT	1.845	40	21680	1.9	1800
Fang	d_{31} PZT	0.1992	2.16	10800	1.0	608
Jeon	d_{33} PZT	0.027	1.01	37000	10.8	13900
Shen	d_{31} PZT	0.6520	2.15	3270	2.0	462.5
Cao[16]	d_{31} PVDF	5.45	2.4	440	4.5	105
Marencki	d_{31} AlN	0.552	1.97	3570	4.0	1368
Zhang	d_{31} AlN	0.2514	1.42	5650	1	1042.6
Marzencki	d_{31} AlN	3.8	0.038	10	0.5	204

適したd_{33}モードと，屈曲に適したd_{31}モードを比較した図である。二つの電極対が3軸に垂直に形成されており，強誘電体中の双極子モーメントが3の方向に揃うように分極処理されているとする。d_{33}モードでは3の方向に応力が加えられて，電気変位は3軸に垂直に形成された電極対から取り出すことができる。d_{31}モードにおいては，応力が1軸方向に与えられると，電界（電圧）または電気変位（分極電荷）は3軸方向に発生し，これらの電極によってそれらのエネルギーを取り出すことができる。カンチレバーの屈曲動作により発電するタイプのハーベスタにおいては，図1(b)に示すようにd_{31}モードを利用することが多い。

表2に最近報告されている，カンチレバー型ハーベスタの振動モード，材料，発電力等を比較して示す。エネルギーハーベスタ技術において最も多く利用されている圧電材料は，チタン酸ジルコン酸鉛（PZT）[15]およびポリフッ化ビニリデン（polyvinylidene difluoride；PVDF），および窒化アルミニウム（AlN）である。電力密度はPZTハーベスタが高く，PZTの圧電特性が優れていることを示唆している。ほとんどのMEMSハーベスタにおいては，d_{31}モードが利用されている。d_{33}モードを用いた，Jeon等のハーベスタも薄膜の表面上に電極を配置し，横方向の歪と分極を利用している。

異種機能デバイス集積化技術の基礎と応用

表3 MEMSハーベスタに用いられている圧電材料の特性比較

	d_{31} $(10^{-12}$m/V$)$	d_{33} $(10^{-12}$m/V$)$	e_{33} (C/cm^2)	e_{31} (C/cm^2)	ヤング率 (GPa)	誘電率	形態
PZT(P10)	-197	454	18.6	-4.38	48.3	2127	セラミックス[17]
PZT	―	60～130	―	-8～12	98	300～1300	薄膜 ($1～3\mu$m)[18]
AlN	-2.8	5.6	1.5 cm^{-2}	-0.60 cm^{-2}	200～300	7	バルク[19]
AlN	-2.0	4.0	1.06 cm^{-2}	-0.63 cm^{-2}	―	～7	薄膜[19]
PVDF	0.25	-25	-0.276	-0.130	1～2	～13	バルク[20]

表3に，これらの圧電材料の特性を比較して示す。PZTの圧電定数が他の材料に比較して圧倒的に大きい。一方PVDFはヤング率が小さいため，一定の応力下で歪Sを大きくすることができるので，分極電荷を大きくできるという利点も大きい。以下に，これらの圧電材料の基本的な性質について紹介する。

4 PZT

PZTの結晶構造はペロブスカイト型と呼ばれ，図3に示すように単位格子の頂点にPbイオンが配置され，面心の位置に酸素イオンが入っている。この，格子の中心付近に4価のTiまたはZrイオンが入る。しかしながら，このTiまたはZrイオンの安定位置は格子の中心位置からずれており，その位置によって幾つかの方向に電気双極子が生じている。この，中心近くの安定位置が，温度がキュリー点に近づくと，中心部に移動し電気双極子は消失し，強誘電性は消失してしまう。

発電効率を高めるためには，高い圧電定数を実現する必要があるが，それには，PZTの組成比および結晶配向性の制御が大切である。PZT中のZrとTiの組成比が52：48になる場合に，圧電定数d_{33}, d_{31}が最大になるため，この組成比を利用する場合が多い。Zrの濃度の増加に伴って，このPZT中に分極を発生させるTiイオンの安定な位置が，8個あるRhombohedral結晶から6個あるTetragonal結晶に変わっていく。ZrとTiの組成比が52：48になる境界において，これらが混合しあうために，8＋6通りのイオンの変位が可能であるためと考えられている。圧電定数は，結晶方向が（100）方向に配向した場合に最大となる。膜厚が1μm以下では，圧電係数が急激に減少

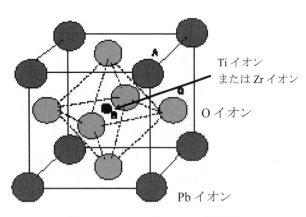

図2 PZTのペロブスカイト結晶構造

してしまうために，1μm以上の膜厚のPZTを形成することが必要である．しかしこれらは，スパッタ法やCVD法などの大量生産に適した方法による成膜では応力の制御が難しく結晶にクラックが発生することが多い．これらの方法にて，MEMSプロセスに必要な数μm程度の高品質のPZT膜を形成するための技術開発も進んでいる．現在，良く利用されている製膜方法は，スピンコート法を利用するゾルゲル法である．ただし，ゾルゲル法では，数μm以上の膜厚のPZTを形成する際，結晶化による膜の収縮によるPZTのクラックを防止するために，0.1μm程度のPZT薄膜の堆積と結晶化熱処理を交互に10回以上行なうという方法が必要である[21]．

5　PVDF

ポリフッ化ビニリデン（polyvinylidene difluoride；PVDF）は，$[-CH_2-CF_2-]$単位が繰り返して連結している長い鎖状のポリマー材料である．分子量は10,000程度で，$[-CH_2-CF_2-]$単位が2,000個程度繋がっており，平均的な分子の長さは0.5×10^{-4}cm程度である．この材料の50％程度は，層状の結晶であり，これらが残り50％の非晶質中に埋まっていると考えられている[20,22~24]．この材料のガラス転移温度は-40℃程度で，この非晶質状態が室温で凍結されていると考えて良い．図3に示すように，$[-CH_2-CF_2-]$単位はフッ素の強い電気陰性度により，双極子モーメントを持っており，その値は7.56×10^{-28}C・cmである．PVDFの結晶は，I，II，IIp，III型の4種類があるとされていて，これらは，フッ素F原子の配向の差異によるものである．PVDFは，100℃程度の温度で，1 MV/cm程度の電界を与えて分極処理することによって，圧電定数を増加させることができる．

これら，PVDFはさらに，表2に示したようにヤング率がPZTの60分の1と小さいために，同じ応力を与えた場合には大きな歪を生じる．したがって，圧電定数dがPZTよりも小さい場合でも，PZTハーベスタに比べて有利な場合がある．また，PVDFは強靭かつ柔軟なため，取り扱い

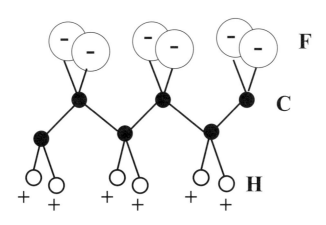

図3　PVDFの分極の概念図

が楽で，次世代の振動エネルギーハーベスタ材料として，高い期待が寄せられている[16,25]。

6　窒化アルミニウム（AlN）

AlN材料は強誘電体ではなく，材料が高配向化することにより圧電性を示す材料である[11,26]。強誘電体は，キュリー点に向かって圧電定数が温度とともに大きく変化する。一方，AlNの圧電定数の温度変化は少ない。特に，圧電定数は300℃までほとんど変化しないという報告もある[27]。AlNはウルツァイト構造という6方晶系の結晶構造を持ち，歪によりNとAlの相対変位により，分極が生ずる。図4に示すように，AlN結晶は，正に分極した3個のAl原子と，負に分極した3個のN原子から成り立っており，歪を受けると，それぞれの原子間の角度が変化して分極が生ずるというものである。表3に示したように，ヤング率がPZT，PDVFに比べて非常に大きく硬い材料であるという特徴を持つために，圧電e定数は小さい。しかしながら，薄膜の形成をスパッタ法などの大量生産に向く方法で行うことができ，MEMSプロセスに対しての適合性も高い。

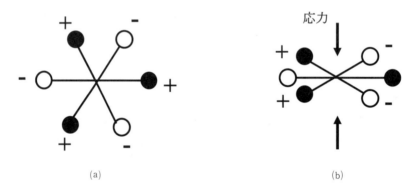

図4　AlNの分極の概念図
(a)応力印加前，(b)応力印加後

文　　献

1) S. Roundy et al., *Comp. Comm.*, **26**, 1131 (2003)
2) J. Boland et al., Proc. 16th IEEE Int. Conf. MEMS Kyoto, p. 538 (2003)
3) T. Tsutsumino et al., PowerMEMS, p. 9 (2005)
4) T. Tsutsumino et al., IEEE MEMS, p. 98 (2006)
5) Y. Sakane et al., PowerMEMS, p. 53 (2007)

6) H.-W. Lo *et al.*, PowerMEMS, p. 9 (2007)
7) M. Edamoto *et al.*, The 4th Asia Pacific Conference on Transducer and Micro/Nano Technologies (APCOT), p. 1 (2008)
8) K. Hagiwara *et al.*, PowerMEMS, p. 173 (2009)
9) K. Kashiwagi *et al.*, PowerMEMS, p. 169 (2010)
10) H. A. Sodano *et al.*, *The Shock and Vibration Digest*, **36**, 197 (2004)
11) K. A. Cook-Chennault *et al.*, *Smart Mater. Struct.*, **17**, 043001 (2007)
12) R. Schwodiauer *et al.*, *Applied Physics Lett.*, **75**, 3998 (1999)
13) Home page of Asahi Glass Company, http://www.agcce.com/CYTOP/StandardTypeofCYTOP.asp
14) http://ewh.ieee.org/r6/phoenix/wad/Handouts/SCSRK.pdf#search = 'Parylene HT break down'
15) S. Trolier-Mckinstry *et al.*, *J. Electroceramics*, **17**, 7 (2004)
16) Z. Cao *et al.*, *Jpn. J. Appl. Phys.*, **50**, 09ND15 (2011)
17) FDK㈱技術資料「圧電セラミックス」: http://www.fdk.co.jp/cyber-j/pdf/BZ-TEJ001.pdf#search = 'FDK圧電セラミックス'
18) X.-W. Du *et al.*, *Jpn. J. Appl. Phys.*, **36**, 5580 (1997)
19) I. L. Guy *et al.*, *Appl. Phys. Lett.*, **75**, 4133 (1999)
20) E. Fukuda *et al.*, *Ultrasonics*, **1**, 31 (1981)
21) T. Kobayashi *et al.*, *Thin Solid Films*, **489**, 74 (2005)
22) R. G. Kepler and R. A. Anderson, *J. Appl. Phys.*, **48**, 4490 (1978)
23) G. M. Sessler, *J. Accoust. Soc. Am.*, **78**, 1596 (1981)
24) Y. Wada *et al.*, *Jpn. J. Appl. Phys.*, **15**, 2041 (1976)
25) T. Nakajima *et al.*, *Jpn. J. Appl. Phys.*, **50**, 09ND14 (2011)
26) H. Teisseyre *et al.*, *J. Appl. Phys.*, **105**, 063104 (2009)
27) K. Kano *et al.*, *IEEJ Trans. SM.*, **126**, 158 (2006)

第26章　エネルギーハーベストと回路技術

森村浩季*

1　はじめに

　近年，エネルギーハーベスティング機能を備えたワイヤレスセンサノード技術が注目されている[1]。従来から，様々な情報をセンシングし，その情報を無線で送信することでユビキタス社会をより進化させるセンサネットワークが提唱されていた。しかし，その実態としては，センサ端末の大きさやバッテリ寿命の問題，さらには核となるようなアプリケーションも少なく，ICT技術の劇的な広がりと比較すると限定的な適用例に留まっていた。しかし，近年スマートフォンの爆発的普及に伴いその様相は一変しつつある。スマートフォンには，GPS機能やWiFi，Bluetoothが標準搭載されるとともに，加速度センサなども搭載され，センサ端末としての基本構成を満たしている。さらには，BigData，IoT（Internet of Things），M2M（Machine to Machine），環境知能と呼ばれるような，あらゆるデバイスやセンサをインタネットに接続し，クラウド技術を用いて大量のデータ処理を行い，有益な情報を抽出し社会やユーザに還元するインフラ基盤としての技術も現実味を持ち始めている。

　そのような状況の中で，自然環境や外界からの微小なエネルギーを収穫して動作する，自立型のセンサノードの実現への期待が高まっている。スマートフォンには大きな可能性があるが，バッテリ寿命の問題や人が携帯することが前提であり，あらゆるモノへの搭載やメンテナンスフリーを実現するためにはさらなる技術革新が必要である。そのような状況の中，インタネットのサイバースペース上に存在する膨大なデータだけでなく，実世界の人やモノの情報を如何にして取

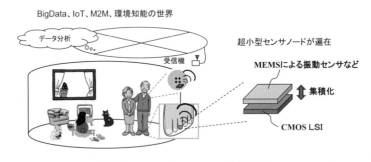

図1　次世代のセンサネットワークと超小型センサノード

---

*　Hiroki Morimura　日本電信電話㈱　マイクロシステムインテグレーション研究所　グループリーダー

第26章 エネルギーハーベストと回路技術

得するかという命題に対して，BigDataのフロントエンドとして，エネルギーハーベスティング技術を用いた超小型のバッテリレスセンサノードが将来必要になると予想される（図1）。

本章では，まず，エネルギーハーベスティング技術と回路技術の最新動向について概説する。次に，nW級のセンサノードを実現するアーキテクチャと動作シーケンスを説明する。さらに，nW級の極低電力化を可能とする，MEMS素子と融合したゼロパワーセンサ回路，閾値電圧以下で動作する電圧検知回路，そしてリーク電流をゼロ化するMEMSスイッチを用いた電源管理回路について説明する。

2 エネルギーハーベスティング技術と回路技術の動向

エネルギーハーベスティング技術と一言でいっても技術的に体系化されたものではなく，様々なアプローチが行われているのが実情である。太陽光，風力といった環境発電を含めて議論される場合もあるが，ここでは身の廻りの振動や室内光などの僅かなエネルギーを収穫する技術を対象として考える。

図2に発電デバイスのサイズと発電量の関係を示す[2]。サイズが小さくなる程それに比例して発電量も低減する。室内を前提とした場合は，条件にもよるが光よりも振動エネルギーの方が大きいという見積りがある。この場合，発電量はcmオーダー（100 mm^3，100 mm^2）で数十μW程度，mmオーダー（1 mm^3，1 mm^2）で数百nW程度が限界であることが分かる。我々は，mmオーダーの超小型バッテリセンサノードの研究開発を進めており，回路の消費電力としてはnWレベルをターゲットとしている。

次に，図3に半導体LSIの主要国際会議であるISSCCとVLSI Circuitsの低電力LSIの消費電力の推移を2007～2011年までプロットしてみた[3~22]。大きく分けるとmW，μW，nWの三つの技術領域があることが分かる。低電力プロセッサ系はmWレベルで推移している。これに対して，モバイル系から派生する形で近年ではセンサノード系がμWレベルでの低電力化が進んでおり，条件によってはμWを切るところまできている。さらに，mmオーダーの超小型センサノードの研究も進められており，nWレベルで推移していることが分かる。

以上のように発電と消費電力の技術背景を踏まえて，筆者が考えるエネルギーハーベスティング技術に関する研究領域のポートフォリオを図4に示す。まず，技術的要件として，如何にして僅かなエネルギー源から効率よく電力を発生するか，という「発電」の観点と，限られた電力の中で，そこ

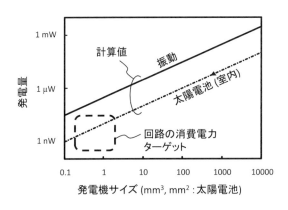

図2 発電量のサイズ依存性と低電力化のターゲット

異種機能デバイス集積化技術の基礎と応用

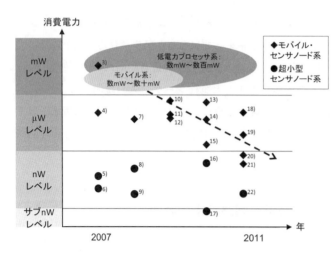

図3 国際会議（ISSCC, VLSI Cicuits）の低電力化の動向

で動作する回路の電力を如何にして極限まで小さくできるかという「極低電力化」の観点がある。それぞれ技術が調和して初めてシステムとして機能する。また，技術的制約から，全てのアプリケーションに適用することが難しいため，アプリケーションに依存した技術開発のトレンドも伺える。単純に分けることは難しいが，センシングデータの取り扱いとして，常時モニタリング目的と，いつ起こるか分からないモノや人のイベントを検知するような目的に大別することができる。それに伴い，バッテリの有無とも紐づけることができると考える。この技術的要件とアプリケーションの観点から四つの研究領域があることが分かる。

図4による分類を行うと，近年の技術動向としては多くの企業が発電に注力していることが分かる。具体的には，振動発電を効率化する圧電素子やエレクトレット，室内光発電に適した色素増感太陽電池などがある。これらは，TPMS（Tire Pressure Monitoring System）やプラントの遠隔監視システムなどを想定しており，サイズでcmオーダー，発電量はμW〜mWである。この

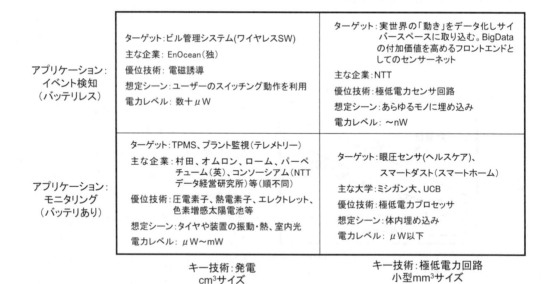

図4 研究領域のポートフォリオ：キー技術とアプリケーションの関係

第26章　エネルギーハーベストと回路技術

場合，常時モニタリングを安定して実現するためバッテリを実装する必要がある。これに対して，バッテリを用いないで，人がスイッチを押す動作から電力を発生し無線信号を送信するワイヤレススイッチをEnOcean社が実用化している。この場合，ビルシステムへの適用例があり，室内の照明スイッチの配線をなくすメリットがある。使用期間が10年単位のビルでメンテナンスフリーを実現するためには，たとえ自立型だとしてもバッテリがあると長期信頼性が課題となってしまう。このアプリケーションでは，発電技術はもちろん必須であるが，バッテリレスということが非常に重要になってくる。ただしバッテリレスということで数十μWが限界となってしまう。

一方，回路の消費電力を極限まで小さくするアプローチも行われている。ミシガン大学はmmサイズで体内に埋め込むヘルスケア応用を一つのターゲットとして研究開発を進めている[23]。ここでは，体内に埋め込むことでサイズ的制約が最も重要であり，それに伴い発電量も制約されてしまう。電力は無線により給電されバッテリに充電することで動作する。この場合，μW以下で動作するプロセッサ技術が必要となる。この技術の源泉としては，UCBのチームのスマートダストがあり，軍事用の超小型センサノードをコンセプトとしたことはよく知られている[24]。これに対して，実世界の動作をデータ化し，BigDataのフロントエンドとしてのセンサネットへの適用を目指し，バッテリを持たないイベントドリブン型の超小型センサノードをNTTのグループが研究を進めている[17,22,25]。イベントドリブンの世界では，「動きのあるところにはエネルギーがある」つまり「情報をとりたいときに，もれなく有効なパワーもそこにある」という自己整合的なメカニズムがそこには存在する。一方で，常時モニタリングだと，何も起こっていないときにもエネルギー消費があるため，発電と消費の関係が崩れているともいえる。この発電と消費の関係の整合点があることによりインタネット上のサイバースペースに実世界が繋がりやすくなり，情報の質と量を爆発的に広げてBigDataの付加価値をさらに高めることができると考える。

この場合の技術課題は，発電量がnWレベルと非常に低くなるため，従来のアプローチとは異なった低電力技術が必要になってくる。次節では，nWレベルの動作を可能とするセンサノード技術について次に説明する。

3　nW級超小型バッテリレスセンサノード技術

nWレベルの極低電力化を実現するには，単に回路技術の低電力化だけではなく，システムレベルのアーキテクチャからMEMS素子との異種機能デバイスの融合まで踏み込んで検討する必要がある。以下に具体的な低電力化技術について説明する。

3.1　センサノードのアーキテクチャ

図5に従来のセンサノード端末と送受信の構成を示す。送信側はバッテリによる電源で動作し，センサ回路でセンシングしたデータは，A/D変換によりデジタル化されCPUとメモリで信号処理され無線により送信される。この場合，センサ回路はセンサ素子からの微小信号を増幅するアン

異種機能デバイス集積化技術の基礎と応用

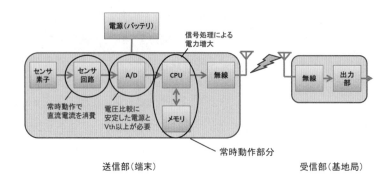

図5　従来のセンサノード端末と送受信構成

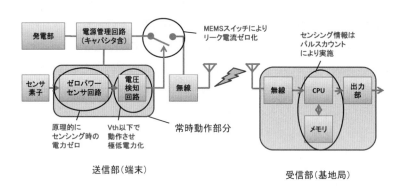

図6　nW級センサノード端末と送受信構成

プとして動作するため，直流電流が流れて電力を常時消費してしまう。A/D変換ではトランジスタの閾値Vth以上の安定した電源が必要であり，低電圧化による低電力化には限界がある。さらに，CPUやメモリによる信号処理により限られた電力をさらに消費してしまうという課題がある。

図6に我々が提案するnW級のセンサノード端末のコンセプトと送受信構成を示す。発電部により発電された微小な電力は電源管理回路によりキャパシタに充電される。センサ回路はセンシング時の動作電力は原理的にゼロパワーである（詳細な動作原理は後述する）。センサ回路出力が一定電圧以上に上昇すると無線への電力が供給される。無線は非常に短い期間だけ送信することで低電力化する。受信部では，送信されてきた信号の間隔をカウントすることで実効的なA/D変換を行い，送信端末側での信号処理を極限まで小さくすることを可能にする。これらの構成により，送受信に必要な電力を最適化し消費電力を極限まで低減することが可能になる。

3.2　ゼロパワーセンサ回路

次にゼロパワーセンサ回路の動作原理について説明する。図7にゼロパワーセンサ回路の構成としてnWレベルで動作する振動センサ回路を示す[17]。MEMS素子で構成されたセンサ素子の可動部は，外部からの振動により振動し，隣接する固定電極との距離が変化するため容量が差動的

第26章 エネルギーハーベストと回路技術

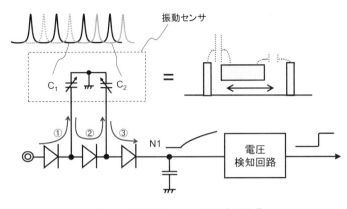

図7 ゼロパワーセンサ回路の原理

に変化する。ダイオードを順方向に接続したセンサ回路にセンサ素子の差動出力を接続することで、振動による容量変化に伴って、電源から電荷が充電・昇圧を繰り返し、①→②→③のように順次電荷が転送され容量に蓄積される。節点N1の容量の電圧を検出することで振動エネルギーに対応した情報を検出できる。

本回路は、電荷転送時すなわちセンシング時の電力が原理的にゼロである。また、外部からの振動がないときは直流電流も流れない。さらに、Wake-up回路のような起動回路がなくてもセンシング動作を自動的に開始できるためセンシング動作全体としてゼロパワーを原理的に実現できる。実際に電力を消費するのは、センシングによりN1の容量に溜まった電荷をリセットするときだけである。0.35μm CMOSプロセスによるテストチップで評価した結果、イベント発生の間隔が3秒以上の範囲で消費電力は0.7nWを達成し、従来回路[26]の消費電力450nW（イベント間隔によらず一定）に対して1/600の低電力化を実現した。

以上のように、本回路は、MEMS素子と回路の動作を融合・協調させ、外部の振動エネルギーをセンシング動作に活用することで、原理的にゼロパワー（実測でnWレベル）のセンシング動作を可能としている。

3.3 電圧検知回路

センサ回路の出力電圧は図7のN1に示すようにゆっくりと上昇する。この電圧がある一定値を超えたときに電圧検知回路の出力がLowレベルからHighレベルに変化し無線部への給電を開始する。N1の電位が中間電位であるときに回路の大きな貫通電流が流れると消費電力が増大してしまう。この課題を解決するサブnAで動作する電圧検知回路を図8に示す[25]。電圧検知回路はサブnAバイアス回路とサブnA判定回路で構成される。nA以下のバイアス回路を実現するには十ギガオームの抵抗が必要になり、オンチップ化は非現実的である。そこで図8のようにダイオード接続したMOSFETを（最大で9個）縦積みすることでサブnA動作を実現している。ダイオード接続したMOSFETの初期状態はOFFである。入力電圧V_{IN}が時間とともに上昇し、設定電圧を超えるとサブnA電流が流れはじめ、この電流が判定回路にミラーリングされ、サイズの異なる作動ペアトランジスタ（Q1，Q2：WQ2＞WQ1）で分流される。この電流差がクロスカップル構成の負荷を用いた増幅回路で正帰還増幅されるため、検知回路出力（Out1，Out2）の大小が逆転する。この差動出力をヒステリシスを持つ比較器で整流して出力する。この回路は、サ

異種機能デバイス集積化技術の基礎と応用

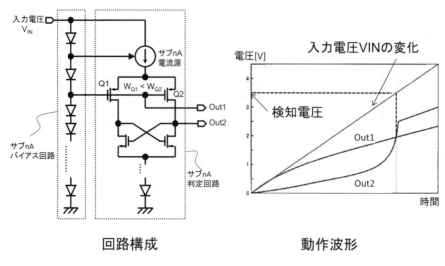

図8　電圧検知回路の構成と動作波形

ブスレッショルド領域で動作している点が特徴であり，これによりサブnAでの動作を可能にしている。

3.4　MEMSスイッチを用いた電源管理回路

上記に述べたように，所定の電圧になるとスイッチを導通させ無線部に電力を供給する。この場合，スイッチの特性としては，当然導通時はON抵抗が少なく，遮断時にはリーク電流が少ないことが重要である。通常のCMOSを用いたスイッチでは，リーク電流を小さくするとON抵抗が大きくなり，無線の動作に必要な電流を十分に供給できなくなる。これを防ぐために，発電電荷を一度キャパシタに蓄積するための電源管理回路に内蔵される低リークスイッチと，無線部への電力を供給する導通抵抗の低いスイッチを二つ設け，2段構成にする手法を採用している[25]。発電量が図2に示すようにnWレベルと極端に小さい場合は，スイッチのリーク電流は原理的にゼロであることが望ましい。そこで，発電電荷を蓄積するためのスイッチにMEMSスイッチを適用した。図9にその回路構成を示す[22]。発電素子から発生した電荷はダイオード整流され蓄電容量に充電される。

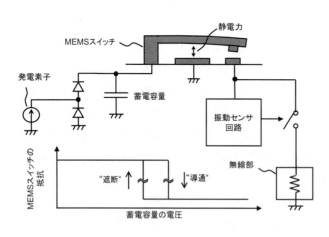

図9　MEMSスイッチを用いた電源管理回路構成

第26章　エネルギーハーベストと回路技術

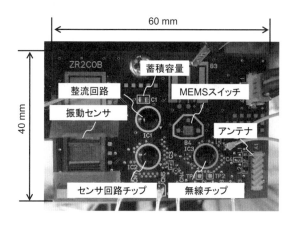

図10　センサノードの試作ボード写真

蓄電容量に充電された電圧が，回路の動作に必要な電圧に達成すると，MEMSスイッチに発生する静電力で導通状態になり回路に電力を供給する。回路の動作により電源電圧が一定値以下に低下した場合はMEMSスイッチの静電力が低下し遮断状態になり，充電モードに戻る。MEMSスイッチは動作特性としてヒステリシスを持つため，上記のような動作をさせる場合に理想的なスイッチとなる。この回路を0.35 μm CMOSプロセスを用いて試作したボード写真を図10に示す。

試作結果からMEMSスイッチによるリーク電流は測定限界以下（0.1 pA以下）となり，蓄積容量の保持時間は125日以上と見積もられる。

以上から，MEMSスイッチを電源管理回路に適用することでCMOSだけでは達成できない性能を実現できる。

4　まとめ

エネルギーハーベスティング技術と回路技術について概説した。発電電力はセンサノードのサイズが小さくなることで劇的に小さくなりmmオーダではnWレベルになる。最近の回路技術動向として，センサノードの適用を狙ったものは，μWレベルまで低消費電力化が進んでいる傾向にあることと，mmサイズのnWレベルで動作する超小型センサノードの研究が進んでいることを紹介した。

これらの技術動向を踏まえ，エネルギーハーベスティング技術に関する研究領域のポートフォリオを示し，技術要件としての「発電」と「極低電力化」，およびアプリケーションに依存する「バッテリあり」と「バッテリなし」による，四つの組み合わせによる筆者の見解を示した。

その中で，nW級のバッテリレス超小型センサノードを実現する技術として，アーキテクチャレベルの検討も踏まえ，MEMS素子とCMOSを融合したアプローチを紹介した。具体的には，センサノードの消費電力を送信と受信で最適化し，無線部をセンシング動作に応じて間欠動作させるアーキテクチャ，MEMS素子と回路の動作を融合・協調させ，外部の振動エネルギーをセンシング動作に活用することで原理的にゼロパワーを可能にするセンサ回路，サブスレッショルド領域で動作させることでサブnAでの動作を可能にした電圧検知回路，そして，MEMSスイッチを電源管理回路に適用することでCMOSだけでは達成できない導通抵抗を低く抑えながらのリーク電流のゼロ化を可能にした。

異種機能デバイス集積化技術の基礎と応用

上記のようなエネルギーハーベスティング技術と回路技術を用いることで，BigData，IoT，M2M，環境知能のフロントエンドとして次世代のセンサネットの実現性が大きく高まると考える．それにより，あらゆるデバイスや人々の実世界情報をインタネットに接続することが可能になり，クラウド技術により大量のデータ処理を行い，有益な情報を抽出し社会やユーザに還元する新たなインフラ基盤が創出されると期待する．

文　　献

1) H. De Man, International Solid-State Circuits Conference (ISSCC), pp.29-35, Feb. (2005)
2) S. Roundy, P. K. Wright and J. M. Rabaey, "Energy Scavenging for Wireless Sensor Networks", Kluwer AcademicPublishers, p.22 (2004)
3) G. Ono, T. Nakagawa, R. Fujiwara, T. Norimatsu, T. Terada, M. Miyazaki, K. Suzuki, K. Yano, Y. Ogata, A. Macki, S. Kobayashi, N. Koshizuka and K. Sakamura, 2007 IEEE Symposium on VLSI Circuits, pp.90-91, June (2007)
4) J. Wenck, R. Amirtharajah, J. Collier and J. Siebert, 2007 IEEE Symposium on VLSI Circuits, pp.92-93, June (2007)
5) Z. Bo, D. Blaauw, D. Sylvester and S. Hanson, International Solid-State Circuits Conference (ISSCC), pp.332-606, Feb. (2007)
6) S. Hanson, Z. Bo, S. Mingoo, B. Cline, K. Zhou, M. Singhal, M. Minuth, J. Olson, L. Nazhandali, T. Austin, D. Sylvester and D. Blaauw, 2007 IEEE Symposium on VLSI Circuits, pp.152-153, June (2007)
7) I. J. Chang, J.-J. Kim, S. P. Park and K. Roy, International Solid-State Circuits Conference (ISSCC), pp.388-389, Feb. (2008)
8) N. M. Pletcher, S. Gambini and J. M. Rabaey, International Solid-State Circuits Conference (ISSCC), pp.524-633, Feb. (2008)
9) S. Mingoo, S. Hanson, Lin Yu-Shiang, F. Zhiyoong, K. Daeyeon, L. Yoonmyung, L. Nurrachman, D. Sylvester and D. Blaauw, 2008 IEEE Symposium on VLSI Circuits, pp. 188-189, June (2008)
10) S. Rai, J. Holleman, J. N. Pandey, F. Zhang and B. Otis, International Solid-State Circuits Conference (ISSCC), pp.212-213, Feb. (2009)
11) M. Baghaei-Nejad, D. S. Mendoza, Z. Zou, S. Radiom, G. Gielen, L.-Rong Zheng and H. Tenhunen, International Solid-State Circuits Conference(ISSCC), pp.198-199, Feb.(2009)
12) T. Takeuchi, S. Izumi, T. Matsuda, L. Hyeokjong, Y. Otake, T. Konishi, K. Tsuruda, Y. Sakai, H. Fujiwara, C. Ohta, H. Kawaguchi, M. Yoshimoto, 2009 IEEE Symposium on VLSI Circuits, pp.290-291, June (2009)
13) S. Drago, D. M. W. Leenaerts, F. Sebastiano, L. J. Breems, K. A. A. Makinwa and B. Nauta, International Solid-State Circuits Conference (ISSCC), pp.224-225, Feb. (2010)

14) X. Huang, S. Rampu, X. Wang, G. Dolmans and H. d. Groot, International Solid-State Circuits Conference (ISSCC), pp.222-223, Feb. (2010)
15) J. Yin, J. Yi, M. K. Law, Y. Ling, M. C. Lee, K. P. Ng, B. Gao, H. C. Luong, A. Bermak, M. Chan, W.-H. Ki, C.-Y. Tsui and M.M.-F. Yuen, International Solid-State Circuits Conference (ISSCC), pp.308-309, Feb. (2010)
16) S. R. Sridhara, M. DiRenzo, S. Lingam, S. -J. Lee, R. Blazquez, J. Maxey, S. Ghanem, Y.-H. Lee, R. Abdallah, P. Singh and M. Goe, 2010 IEEE Symposium on VLSI Circuits, pp. 15-16, June (2010)
17) T. Shimamura, M. Ugajin, K. Suzuki, K. Ono, N. Sato, K. Kuwabara, H. Morimura and S. Mutoh, International Solid-State Circuits Conference (ISSCC), pp.504-505 (2010)
18) J. Pandey, J. Shi and B. Otis, International Solid-State Circuits Conference(ISSCC), pp.460-462, Feb. (2011)
19) H. Reinisch, M. Wiessflecker, S. Gruber, H. Unterassinger, G. Hofer, M. Klamminger, W. Pribyl and G. Holweg, International Solid-State Circuits Conference(ISSCC), pp.454-456, Feb. (2011)
20) M. Mark, Y. Chen, C. Sutardja, C. Tang, S. Gowda, M. Wagner, D. Werthimer and J. Rabaey, 2011 IEEE Symposium on VLSI Circuits, pp. 168-169, June (2011)
21) C.-Y. Hsieh, Y.-H. Lee, Y.-Y. Yang, T.-C. Huang, K.-H. Chen, C.-C. Huang and Y.-H. Lin, 2011 IEEE Symposium on VLSI Circuits, pp. 242-243, June (2011)
22) T. Shimamura, M. Ugajin, K. Kuwabara, K. Takagahara, K. Suzuki, H. Morimura, M. Harada and S. Mutoh, 2011 Symposium on VLSI Circuits, pp.276-277, June (2011)
23) G. Chen, M. Fojtik, K. Daeyeon, D. Fick, P. Junsun, S. Mingoo, C. Mao-Ter, F. Zhiyoong, D. Sylvester, D. Blaauw, International Solid-State Circuits Conference (ISSCC), pp.288-289 (2010)
24) B. Warneke, M. Last, B. Liebowitz, K. S. J. Pister, *IEEE Journals*, **34**, pp.44-51 (2001)
25) M. Ugajin, T. Shimamura, S. Mutoh and M. Harada, *IEICE Trans. Electron.*, **E94-C**(7), pp.1206-1211 (2011)
26) X. Zou, X. Xu, L. Yao and Y. Lian, *IEEE J. Solid-State Circuits*, **44**, pp.1067-1077 (2009)

〔第8編　実装技術編〕

第27章　MEMS実装技術

日暮栄治*

1　はじめに

　MEMS（Micro Electro Mechanical Systems）デバイスと半導体集積回路（LSI：Large Scale Integration）を一体化した集積化MEMSの研究が進められている。機械，電子，光，化学，バイオ等に関わる様々な新しい機能を融合した高付加価値MEMSデバイスの実現が期待されている。低温接合技術などの実装技術は，このような新しい高機能デバイス実現の鍵を握る重要な製造プロセスの一つである。一方，これらのデバイス製品化を妨げている大きな要因の一つも，実装技術である。MEMS製品は，少量多品種が多く，用途ごとに特異性があるため，それぞれのデバイスに応じた専用の実装工程が用いられるケースが多い。そのため，組立・パッケージングなどの実装コストが製品コスト全体の中で高い割合を占めている。ウェハレベルパッケージング（Wafer level packaging）[1]などの実装工程の改善や標準化が重要となっている。本稿では，光デバイスを中心に具体事例を取り上げながら，MEMS実装技術の主要素技術について解説する。

2　集積化のアプローチ―モノリシック集積とハイブリッド集積―

　集積化のアプローチには，結晶成長，リソグラフィ，エッチング等のプロセス技術によって1枚の半導体基板上に素子を形成していくモノリシック集積と，最も適した材料とプロセスで作製した複数の素子を他の基板に搭載・内蔵していくハイブリッド集積に大別できる。モノリシック集積は，CMOS（Complementary Metal-Oxide Semiconductor）チップのようにいったん技術が確立されればウェハレベルのバッチ処理が可能で，量産による大幅なコスト低減が期待できる。一方，プロセスの制約により，機能の高度化が困難であり，作製プロセスが複雑になると高歩留まりの実現が難しくなる。後者のハイブリッド集積は，各部品が最適な製造法を用いて高歩留まりで生産可能となるため，高機能化に向いているが，高精度な実装技術が求められ，高密度化，組立工数の削減，スループットの向上が課題となる。それぞれ，デバイスの構造や生産量，歩留まり，要求コスト，信頼性などを考慮し，最適なアプローチが選択される。

＊　Eiji Higurashi　東京大学　先端科学技術研究センター　准教授

3 ウェハボンディングとダイボンディング

3.1 ウェハボンディング

　異種機能集積を実現する要素技術が，ヘテロエピタキシー技術や接合技術である。化合物半導体のエピタキシー技術の発展は著しく，Si基板上にGaAs，InP，あるいはGaNなどのヘテロエピタキシーに関する研究開発が行われている。特に1980年代にはⅢ-Ⅴ族化合物半導体-on-Siの研究が世界的に活発に行われたが，格子定数と熱膨張係数のミスマッチに起因する貫通転位密度の低減は限られたものであった。一方，異なるアプローチとして，接合技術が挙げられる。代表的な接合技術を表1に示す。

　ウェハ直接接合技術[2]であるフュージョンボンディングは，1986年にLasky[3]が酸化膜を形成したSi基板どうし，Shimbo[4]らがSi基板どうしの直接接合技術として検討し，主としてSOI（Silicon on Insulator）ウェハの作製を目的に開発が進められた。この接合は以下のように行われる。始めにウェハの洗浄，親水化処理を行い，多数の水酸基（OH基）を付着させる。この際，ウェハ表面には非常に薄い酸化膜が形成される。ウェハ表面の水酸基間の水素結合は常温でも形成されるため，このように処理したウェハ表面同士を常温で重ねるだけで二つのウェハの接合が可能である。特に，現在使用されているSiウェハは表面が非常に平滑（rms表面粗さ：0.2 nm程度）に研磨されているため，密着が自発的に達成され，加圧は不要である。しかしながら，水素結合により接合した試料はそのままでは十分な強度が得られないため，常温での貼り合わせの後に高温（～1,200℃程度）での熱処理が必要である。

　一方，化合物半導体基板へのフュージョンボンディング技術の適用に関しては，1990年代になるまであまり行われていなかった。一つは，ヘテロエピタキシーに関する研究が活発に行われて

表1　MEMSで用いられる代表的な接合技術

	ボンディング法	温度（℃）	気密封止	備考
直接接合	陽極接合	300-500	○	○高接合強度，×高電圧（数百V）
	フュージョン	600-1,200	○	○高接合強度，×高温
	プラズマ活性化	150-400	○	○低温，×アニール処理（ボイド発生）
	表面活性化	常温-150	○	○低温，高接合強度，×超高真空
中間層接合	金属中間層			
	はんだ	180-350	○	○表面粗さ許容性，×フラックス
	共晶	200-400	○	○高接合強度，×高温
	熱圧着（拡散）	300-500	○	○溶融なし，×高温，高荷重
	超音波	常温-250	○	○低温，×小面積の接合のみ
	表面活性化	常温-150	○	○低温，高精度，×高荷重
	絶縁中間層			
	有機接着剤	常温-300	×	○低温，表面粗さ許容性，×アウトガス
	フリットガラス	400-500	○	○表面粗さ許容性，×高温

第27章　集積化MEMSセンサ実現のための回路設計

いたためである。しかしながら，ウェハボンディング技術は，必ずしも接合される材料間で格子定数や熱膨張係数が同じである必要はなく，材料の組み合わせの自由度が大きく，ヘテロエピタキシー成長困難な異種基板へのデバイス作製を可能にするため，従来にない新しい高機能デバイスの創出が期待できる。1990年にLiauら[5]がInP基板とGaAs基板の直接接合（650℃）を報告し，化合物半導体の直接接合法に注目が集まり始めた。1991年，Loら[6]はGaAs基板上へ直接接合した1.55μm帯InP/InGaAs系レーザを報告した。以降，Si基板上のレーザ素子[7]，発光波長に対して透明な基板に置き換えて高効率化を図ったAlGaInP/GaP LED（Light Emitting Diode）[8]，GaAs基板上のAlAs/GaAsミラーを利用した長波長面発光レーザ素子[9]，Si をなだれ増倍層として用いたInGaAs/Siアバランシェ・フォトダイオード（APD: Avalanche Photodiode）[10]など，多くの研究者によって様々な新規デバイスが創成された。

　しかしながら，従来主に用いられてきたフュージョンボンディングは，強固な接合を実現するには高温（＞600℃）を必要とするため，接合強度とデバイス特性はトレードオフの関係となり，デバイス特性の劣化，熱膨張係数の違いからウェハのそりや破壊が起こり，低温直接接合法が強く望まれていた。そのため，接合プロセス自体を低温化する試みも活発に研究されている。近年よく用いられているのが，ウェハ表面を酸素プラズマにより前処理するプラズマ活性化接合法[11]である。処理したウェハは強い親水性を示し，大気中で接合することにより，SiやSi酸化膜では150〜400℃程度の熱処理で大きな接合強度が得られる。この酸素プラズマ活性化低温接合技術を用いて，Si細線導波路を形成したSOIウェハとInP系レーザウェハを接合した，ハイブリッドSiエバネッセント結合型レーザが開発されている[12]。

　また，真空中で表面を洗浄化しそのまま接合する表面活性化接合法[13]では，常温でも母材強度に匹敵する大きな接合強度が得られ，残留応力の極めて少ないプロセスが実現されている。表面活性化接合法は，物質の表面を覆っている酸化膜や有機物などの不活性な層をイオンや高速原子線などの照射で取り除いて，表面エネルギーの高い活性な洗浄表面を接触させることで，原子間の凝着力を利用して常温または低温で接合する方法である。これまで，Si[14]，Ge[15]，GaAs[16]，InP，GaN[17]などの半導体ウェハ接合が行われてきた。また，LiNbO$_3$とSiなど熱膨張係数ミスマッチの大きい組み合わせでもウェハスケール接合が可能である。

3.2　ダイボンディング（チップボンディング）

　次世代の小型，高密度および高機能デバイスの実現には，三次元構造の中に種々の機能を有する材料を加工，堆積，接合，実装などを施して複合化，融合化していくことが必要となり，ウェハボンディングのみならず，高機能な素子をチップレベルで高精度実装するダイボンディング（die bonding）も併用する必要がある。例えば，大きな電気光学定数（ポッケルス定数）・非線形光学定数を有するLiNbO$_3$は，高速・広帯域光変調器，擬似位相整合LiNbO$_3$導波路を用いた波長変換素子，位相変調器，光電界センサ，フォトリフラクティブ光メモリなど光通信からジャイロ等のセンサ応用まで広範な分野で使用されているが，このような光素子を内蔵した光デバイスの

異種機能デバイス集積化技術の基礎と応用

高集積・複合化には，Si基板上にLiNbO$_3$チップを混載する場合がある。しかしながら，LiNbO$_3$は極めて加工性が悪く，Si基板上にウェハレベルで直接接合したLiNbO$_3$ウェハを選択的に加工し，取り除くことが難しい。また，LiNbO$_3$光導波路は，Tiを1000℃以上で熱処理して作製されるため，大きな熱膨張係数の違いからウェハレベルで接合したLiNbO$_3$/Siウェハに高熱処理して導波路を作製することはできない。そのため，Siベンチ上に導波路や分極反転構造を施したLiNbO$_3$チップを高精度ボンディングする手法が，プロセス整合性がよい。また，大面積のSi MEMSチップ（数mm）と高価な小面積の化合物半導体レーザチップ（典型的な大きさ300μm）を集積していく場合も同様に，検査済みの半導体レーザチップを高精度に実装するチップレベル接合が歩留まり上有利である。すなわち，ウェハレベル接合に加えて，高精度なチップレベル接合技術を併用していく必要がある。

これまで光通信モジュール[18]やマイクロセンサ[19]など様々な光デバイスが作製されている。これはマイクロマシニングされたSiベンチ上にLDやPDといった光素子を高精度に表面実装することにより，デバイスの超小型化，低コスト化，多機能化，信頼性向上を実現するものである。一般に光素子の実装には，金錫（AuSn）共晶はんだ（融点280℃）が広く用いられている。AuSnはんだは，熱伝導・電気伝導，耐熱疲労性に優れ，降伏強度が大きく，クリープも小さいため，高い信頼性が得られる。しかしながら，複数チップ実装のためにAuSnはんだを用いて複数回の加熱プロセスを行うと，以下の課題があった[20]。①はんだ再溶融による光素子の位置ずれや狭小部分の電気的なショートが発生することがある，②未接合AuSnはんだ表面の酸化により複数チップの接合が困難になる，③光素子を長時間，高温下（300℃程度）にさらすことにより，素子が劣化してしまう，④金属間化合物が生成され，強度不足が生じる。

このような点から，将来の異種材料を内蔵した高集積・高機能光デバイスの製造には，低温かつはんだを用いない接合手法の開発も進められている。はんだを用いないAu-Auの接合については，超音波接合や熱圧着，これらを併用した接合法が活発に研究され，特にAu超音波接合は近年エレクトロニクス実装の分野では，主流となりつつある。光素子への適用も試みられているが[21~23]，超音波接合は，光素子の実装に用いるには，位置決め精度が悪い（数μm程度），超音波振動による素子へのダメージの懸念という課題がある。また熱圧着による方法でも300~500℃の長時間（数十分）加熱が必要である。

Au表面活性化接合に基づく光素子の高精度低温接合技術（接合温度：室温~150℃）も有効である[24~29]。本手法には，①従来内蔵できなかった耐熱性の低い光部品（例えば，有機光部品など）の集積が可能になる，②はんだを用いない直接接合のため，はんだの再溶融の問題が生じない，③低温プロセスのため異種材料でも残留応力の少ない接合が可能である，④従来プロセスの冷却過程における位置ずれがないため高精度の位置決めが可能である，という特徴がある。

図1は，Au-Au 表面活性化接合法に基づく三次元構造光マイクロセンサ（エンコーダ）である[30]。この光マイクロセンサはガラス基板とSi基板の積層により形成される。ガラス基板側には配線や非球面屈折型マイクロレンズが形成され，フォトダイオード（PD：Photodiode）チップが

第27章 集積化MEMSセンサ実現のための回路設計

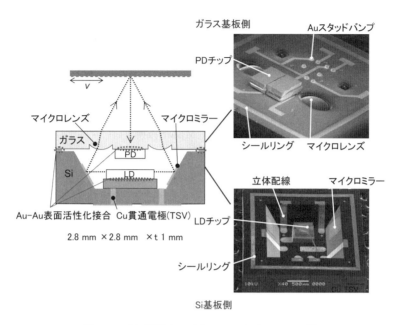

図1 三次元構造光マイクロセンサ（エンコーダ）

Au表面活性化接合により接合されている。Si基板側には（111）面により形成されたキャビティ，Auマイクロミラー，およびCu貫通電極が形成され，半導体レーザ（LD：Laser diode）チップがAu表面活性化接合により接合されている。さらにガラス基板とSi基板を積層・接合することにより，三次元構造が実現される。

4 ワイヤボンディングとフリップチップボンディング

　チップへの電力供給や信号入出力のための電気的接続方式は，ワイヤボンディング（Wire bonding，金線による接続方法）とフリップチップボンディング（Flip-chip bonding）に大別できる。ワイヤボンディング技術は，接続の自由度が高く，安価で信頼性の高い確立された技術のため標準的に用いられているが，デバイスの小型化，薄型化の観点からフリップチップ実装が重要な技術となってきている。フリップチップ実装[31]は，チップ上の電極にあらかじめ，金やはんだなどのバンプとよばれる突起状の端子を設けておき，チップを反転させて（フリップ），バンプを介して他の基板に実装する方法で，ワイヤの接続を必要としない。フリップチップ実装には，バンプの材料，形成方法，金属間の接続方法など様々な方法が提案され，実用化されている。また，バンプ形成法も，蒸着，めっき，スクリーン印刷，ボール搭載，ソルダージェットなど様々な方法が存在する。

　フリップチップ実装を適用したデバイスの特長には以下が挙げられる。①ワイヤによる配線スペースが不要になり，チップ全面を接続に使えるため実装面積を小さくできる，②厚さを薄くで

きる（低背化），③配線のインダクタンス，抵抗による損失を低減でき，高速信号の伝播に優れている，④チップの熱を基板に伝えやすい（放熱性が高い），⑤従来の二次元的な半導体加工技術のみでは実現困難な複雑な三次元構造が実現でき，設計自由度が向上する，⑥Si以外の基板への集積化が可能となる，⑦はんだのセルフアライメント機能により高精度なアセンブリが期待できる。

このフリップチップ実装技術を犠牲層エッチングと組み合わせて，作製したチップを他の基板に移し替える転写技術の開発も進められている。MEMS技術はSiのマイクロマシニングを中心に発展してきたが，一方でSi以外の様々な材料が要求されることも多い。例えば，光学的に透明なガラス基板などが，μTAS（Micro Total Analysis Systems），Lab-on a chip, Bio MEMS, Optical MEMSなどの分野で使用される。複雑なMEMS構造を低コストで異種基板上に作製するため，フリップチップ実装と剥離技術を用いたフリップチップ転写技術が開発されている。図2にフリップチップ転写プロセスの概要を示す。転写するMEMS構造をホストSi基板に形成し(a)，転写する基板(b)にフリップチップ実装し(c)，犠牲層を取り除くことにより，ホストSi基板を剥離する(d)。図2には，フリップチップ実装後に犠牲層（酸化膜）を取り除くプロセスを示すが，転写する基板がガラス基板の場合，犠牲層を取り除くときにガラス基板もエッチングされるので，あらかじめガラス基板を保護する必要がある。ベンゾシクロブテン（BCB）という透明樹脂で保護する方法が提案されている[32]。また，MEMS構造をテザー（tether）と呼ばれる保持機構でサポートすることにより，フリップチップ実装前に犠牲層を取り除く方法もある[33〜35]。

これらのフリップチップ転写技術を用いて，MEMSマイクロレンズアレイ[32]やミラーアレイ[35]の転写が実現されている。また，Si基板（低抵抗）が損失となり影響を与えるRF-MEMS部品の製造プロセスにも用いられている[36〜39]。RF-MEMSの代表的なものに，スイッチ，コイル，可変容量，共振現象を利用したフィルタ，および発振器などがあり，携帯電話をはじめとする次世代の無線通信機器の可能性を大いに拡げるものとして注目を集めている。例えば，従来のプレーナ構造のスパイラルインダクタでは，基板とコイルが接するために，性能が著しく低下してしまう。そのため，Si基板上に表面マイクロマシニング技術で作製したメタルインダクターをフリップチップ転写技術によりマイクロ波回路を形成した基板に転写し，基板より浮かせた中空構造を実現して基板の寄生容量を減らし，性能を向上させている[38,39]。このフリップチップ転写技術は，デバイスを保護するパッケージを簡便に形成する技術としても研究が行われている[40,41]。図3にそのプロセスを示す。キャリア基板に封止用のマイクロ

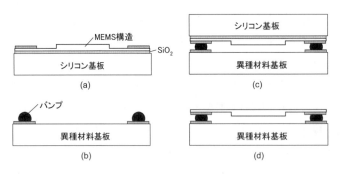

図2　フリップチップMEMS転写プロセス
(a)MEMSチップ，(b)異種材料基板，(c)フリップチップボンディング，(d)犠牲層エッチングによるホストシリコン基板剥離

第27章　集積化MEMSセンサ実現のための回路設計

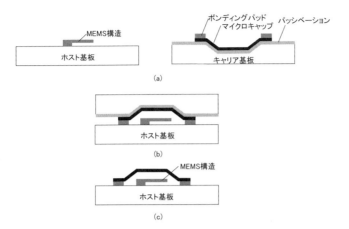

図3　フリップチップ転写技術による封止プロセス
(a)MEMSチップ, (b)マイクロキャップキャリア基板, (c)フリップチップボンディング, (d)犠牲層エッチングとホストシリコン基板剥離

キャップを形成しておき、フリップチップ転写技術により、MEMSデバイス部分にマイクロキャップを転写する。

フリップチップ実装に用いられるはんだには、環境破壊の観点から鉛フリー化が進められている。さらに、鉛フリーはんだに含まれているフラックス（はんだや金属電極表面の酸化物を除去し、はんだの濡れ性を高める役目を果たす有機系溶剤）は基板に対する強い腐食性を持つため、フラックス除去のための洗浄工程が必要であるが、MEMSデバイスにおいては、可動機構・三次元構造を有するため洗浄工程自体が困難である。そのため、MEMSデバイスではAuやAuSnバンプなどが主に使用されている。フリップチップ実装時に温度上昇が加わると、実装基板とMEMSチップの熱膨張係数の違いで応力が発生し歪が生じ、出力に影響する。例えば、ピエゾ抵抗効果を利用したMEMSセンサは、歪ゲージであるため出力エラーが引き起こされる。また、耐熱性の低いポリマーなどの材料を集積する場合においても低温化が求められる。完成したデバイスは、プリント基板などへ実装される場合が多いので、後工程での複数回の再加熱に対する熱歪みや再溶融などについても考慮する必要がある。すなわち、MEMSデバイスのフリップチップ実装には、低温、低ダメージ、鉛フリー、無洗浄、狭ピッチ対応、低コスト、高歩留などの要求を満たすフリップチップ実装技術が求められている。

フリップチップボンディング低温化の試みとして、表面活性化を用いたプロセスを紹介する。アルゴン（Ar）の高周波プラズマ照射による表面活性化プロセスを用いて、フリップチップ実装用フォトダイオード（PD）のAu薄膜電極とガラス基板に形成したAuスタッドバンプ電極の大気中での直接接合が報告されている（図1）[30]。低温（150℃）での接合において、平均46.3 MPaのダイシェア強度が得られ、接合したPDの良好な暗電流特性（0.05 nA以下）が確認されている。

5　表面実装と三次元実装

小型携帯電子機器を中心に、半導体実装は、システムオンチップ（SoC：System-on-chip）に加え、システムインパッケージ（SiP：System-in-package）の開発が盛んになってきている[42]。SoCとは、一つのSiチップ（ベアチップ）上にシステムをモノリシック集積化しようとする技術で、

異種機能デバイス集積化技術の基礎と応用

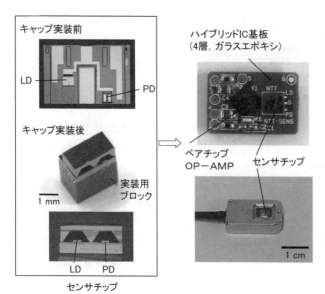

図4 マイクロ血流センサチップとICチップを表面実装した血流センサヘッド

開発期間が長く急な仕様変更の対応が難しい反面，メモリなどに見られるようにいったん量産化が始まると，価格が急激に下がるという特徴を持っている。一方，SiPは複数の既存チップを組み合わせ，ハイブリッド構造でシステムを一つのパッケージ内に収める技術であり，短い開発期間と少量生産，機能変更も容易などの特徴を有している。複数のチップを自由に組み合わせることができるSiPは，少量多品種のMEMSデバイスにも適した技術といえる。

図4に，血流センサチップをLD駆動回路，PD増幅回路と実装したハイブリッドIC基板による血流センサヘッドを示す[43]。表面実装型からさらにSiP技術を適用して三次元積層構造（図5）[44]へと進展することにより，従来の装置と比べて1桁小さい数mmサイズにまで小型化することが可能である。小型化に加え，センサデバイスと他のICとの製造を分離でき，プロセスの整合性を意識せずに最適なプロセスを用いてセンサデバイスの製作が可能になる。

表面実装型では，一般に横方向配線でチップ間が配線されるが，三次元積層構造では，貫通配線（フィードスルー）が重要な要素技術であり，近年特に活発な研究が行なわれている。図1に示した光マイクロセンサは，Si基板側に貫通電極（TSV：Through-silicon via）が形成されている。TSVを形成することで，デバイスから高密度な配線を取り出して回路に接続できる。TSVを形成するには，Si基板に高アスペクト比の微細孔を形成する技術，孔壁に絶縁層形成する技術，さらに形成した孔に対して導体を充填する技術が必要となる。微細孔を形成する技術として，深掘反応性イオンエッチング装置

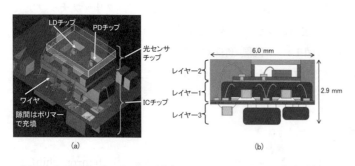

図5 システムインパッケージ（SiP：System-in-Package）技術によりICチップ上に搭載されたマイクロ血流量センサチップ
(a)模式図，(b)断面図

第27章 集積化MEMSセンサ実現のための回路設計

(D-RIE: Deep Reactive Ion Etching) やレーザ加工，光アシスト電解エッチングなどがある。絶縁層の形成には，熱酸化やプラズマCVD（Chemical Vapor Deposition）法が用いられる。金属充填には，めっきによって形成したCuが一般的に用いられている。

6 ダイレベルパッケージングとウェハレベルパッケージング

半導体レーザを利用するデバイスや，可動構造を内蔵したMEMSセンサデバイスは，使用環境からの湿度等の影響を防ぐために，最終的に不活性ガスを封入した気密封止パッケージングが求められる。特に，振動型センサや気体による熱伝導を避ける赤外線センサなどのMEMSデバイスでは，真空封止が求められる。また，壊れやすい可動構造がダイシングに耐えられないことが多く，チップダイシング工程の前に機械的要素の保護，封止を行う必要がある。

図6にマイクロ光エンコーダのパッケージングを示す[45]。センサチップはメタルヘッダに搭載され，金属のガラス付きキャップで抵抗溶接により封止される。メタルパッケージは，強固でアセンブルしやすいため，特に電気ピン数が少ない（10ピン以下）センサデバイスに多く用いられており，気密封止が可能である。しかしながら，メタルヘッダやキャップが非常に高価であり，封止工程も個々のセンサチップのアセンブリで行なわれるため（ダイレベルパッケージング），高いパッケージングコストが課題となっている。さらに，パッケージサイズも大きい。このため，チップダイシング工程の前にウェハレベルで一括封止を行うウェハレベルパッケージング技術によるチップサイズパッケージ（CSP：Chip Size Package）（図6(b)）の実現が重要となってきている。図7に光マイクロデバイスにおけるウェハレベルチップサイズパッケージングの模式図を示す[46]。LDやPDなどの良品チップをウェハに接合し（Chip-on-Wafer），これらのウェハを積層（Wafer-on-Wafer）することにより，高い歩留まりと高い生産性を期待できる。

封止のための接合として，MEMSではガラスとSiの接合が必要となる場合が多い。ガラスとSiの接合方法として，陽極接合（表1）が多用されている。Siと熱膨張係数の近いパイレックスや

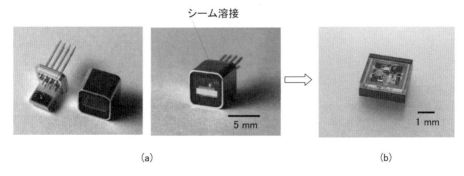

図6 マイクロセンサのパッケージング
(a)メタルパッケージング，(b)チップサイズパッケージング

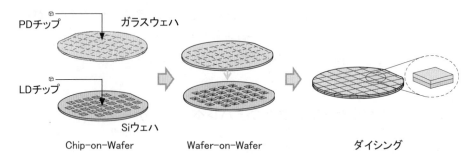

図7　光マイクロデバイスにおけるウェハレベルチップサイズパッケージング

テンパックスなどのホウ珪酸系ガラスとSiの平坦面同士を重ね合わせ，400℃前後でガラス側に500V程度の負電圧を印加することにより，界面で大きな静電引力が生じ，強固な化学結合を実現する．真空封止が求められる時には，接合時にガラスとSiの界面でガラスが電気化学的に分解され，酸素などのガスが発生することが問題となるが，ガスを吸着する非蒸発型ゲッターを入れることにより，内部を真空にすることができる[47]．陽極接合以外にも，はんだ接合，フリットガラス接合，共晶接合などが封止に使われている．パッケージングは最終工程であるため，チップの許容温度以下で行なわれる必要がある．現状では，パッケージングの接合温度がセンサチップに内蔵する材料を制限するケースも多い．接合時に印加する温度がチップに影響を及ぼさないように局所マイクロヒータにより接合部のみ高温にして，接合面を溶融させる局所接合が提案されている[48]．また，プラズマ活性化接合や表面活性化接合などの低温接合プロセスも試みられている[49,50]．

7　おわりに

MEMS実装技術は，将来の「More than Moore（多様化）」を実現するキーテクノロジーである．今後デバイスのさらなる高機能化・高性能化を図っていくためには，パッケージなどの実装を含めたシステム全体で高集積化，高性能化を考えていくことがますます重要になってきている．

文　献

1) 江刺正喜，電子情報通信学会論文誌C，**J91-C**(11), 527 (2008)
2) Q. -Y. Tong and U. Gösele, Semiconductor Wafer Bonding: Science and Technology (Wiley-Interscience) (1998)
3) J. B. Lasky, *Appl. Phys. Lett.*, **48**, 78 (1986)

4) M. Shimbo, K. Furukawa, K. Fukuda and K. Tanzawa, *J. Appl. Phys.*, **60**, 2987（1986）
5) Z. L. Liau and D. E. Mull, *Appl. Phys. Lett.*, **56**, 737（1990）
6) Y. H. Lo, R. Bhat, D. M. Hwang, M. A. Koza and T. P. Lee, *Appl. Phys. Lett.*, **58**, 1961（1991）
7) Y. H. Lo, R. Bhat, D. M. Hwang, C. Chua and C.-H. Lin, *Appl. Phys. Lett.*, **62**, 1038（1993）
8) F. A. Kish, F. M. Steranka, D. C. DeFevere, D. A. Vanderwater, K. G. Park, C. P. Kuo, T. D. Osentowski, M. J. Peanasky, J. G. Yu, R. M. Fletcher, D. A. Steigerwald, M. G. Craford and V. M. Robbins, *Appl. Phys. Lett.*, **64**, 2839（1994）
9) D. I. Babic, K. Streubel, R. P. Mirin, N. M. Margalit, J. E. Bowers, E. L. Hu, D. E. Mars, Long Yang, K. Carey, *IEEE Photonics Technology Letters*, **7**, 1225（1995）
10) A. R. Hawkins, T. E. Reynolds, D. R. England, D. I. Babic, M. J. Mondry, K. Streubel and J. E. Bowers, *Appl. Phys. Lett.*, **68**, 3692（1996）
11) S. N. Farrens, J. R. Dekker, J. K. Smith and B. E. Roberds, *J. Electrochem. Soc.*, **142**, 3949（1995）
12) A. W. Fang, H. Park, Y. Kuo, R. Jones, O. Cohen, D. Liang, O. Raday, M. N. Sysak, M. J. Paniccia and J. E. Bowers, *Materials Today*, **10**(7-8), 28（2007）
13) 須賀唯知, セラミックス, **41**, 424（2006）
14) H. Takagi, K. Kikuchi, R. Maeda, T. R. Chung, T. Suga, *Appl. Phys. Lett.*, **68**, 2222（1996）
15) 日暮栄治, 須賀唯知, スマートプロセス学会誌, **1**(3), 106（2012）
16) T. R. Chung, l. Yang, N. Hosoda, H. Takagi and T. Suga, *Applied Surface Science*, **117/118**, 808（1997）
17) E. Higurashi, Y. Tokuda, M. Akaike and T. Suga, *Proc. SPIE*, **6717**, 67170 L-1（2007）
18) Y. Yamada, S. Suzuki, K. Moriwaki, Y. Hibino, Y. Tohmori, Y. Akatsu, Y. Nakasuga, T. Hashimoto, H. Terui, M. Yanagisawa, Y. Inoue, Y. Akahori and R. Nagase, *Electron. Lett.*, **31**(16), 1366（1995）
19) 澤田廉士, 羽根一博, 日暮栄治, "光マイクロマシン", オーム社（2002）
20) K.-M. Chu, J.-S. Lee, H. Oppermann, G. Engelmann, J. Wolf, H. Reichl, D. Y. Jeon, Proc. 39 th International Symposium on Microelectronics, 653（2006）
21) J. L. Joppe and A. J. T. de Krijger, *Electron. Lett.*, **27**(2), 162（1991）
22) A. Ambrosy, H. Richter, J. Hehmann and D. Ferling, *IEEE Trans. Compon. Packag. Manuf. Technol. A*, **19**, 34（1996）
23) T. S. McLaren, S. Y. Kang, W. Zhang, T. H. Ju and Y. C. Lee, *IEEE Trans. Compon. Packag. Manuf. Technol. B*, **20**(2), 152（1997）
24) E. Higurashi, T. Imamura, T. Suga and R. Sawada, *Photon. Tech. Lett.*, **19**, 1994（2007）
25) T. Imamura, E. Higurashi, T. Suga and R. Sawada, *IEEJ Transactions on Sensors and Micromachines*, **128**, 266（2008）
26) R. Takigawa, E. Higurashi, T. Suga and R. Sawada, *Applied Physics Express*, **1**, 112201（2008）
27) R. Takigawa, E. Higurashi, T. Suga and T. Kawanishi, *IEEE Journal of Selected Topics in Quantum Electronics*, **17**, 652（2011）
28) R. Takigawa, E. Higurashi, T. Suga and T. Kawanishi, *Optics Express*, **19**, 15739（2011）

29) E. Higurashi, T. Fukunaga and T. Suga, *IEEE Journal of Quantum Electronics*, **48**, 182 (2012)
30) E. Higurashi, D. Chino, T. Suga and R. Sawada, *IEEE Journal of Selected Topics in Quantum Electronics*, **15**, 1500 (2009)
31) 日暮栄治, エレクトロニクス実装学会誌, **11**(6), 456 (2008)
32) J. Zhang, A. Tuantranont, N. Hoivik, W. Zhang, V. M. Bright and Y. C. Lee, Proc. IPACK2001 (The Pacific RIM/ASME International Electronic Packaging Technical Conference and Exhibition), Paper No. IPACK2001-15625, (2001)
33) A. Singh, D. A. Horsley, M. B. Cohn, A. P. Pisano and R. T. Howe, *IEEE Journal of Microelectromechanical Systems*, **8**(1), 27 (1999)
34) F. F. Faheem, Y. C. Lee, *Sensors and Actuators A*, **114**, 486 (2004)
35) K. Ishikawa, T. Miki, H. Mamiya and Q. Yu, エレクトロニクス実装学会誌, **8**(2), 108 (2005)
36) R. S. Irwin, W. Zhang, K. F. Harsh, Y. C. Lee, Proc. IEEE Radio and Wireless Conference 293 (1998)
37) K. F. Harsh, B. Su, W. Zhang, V. M. Bright and Y. C. Lee, *Sensors and Actuators A*, **80**, 108 (2000)
38) J. Zeng, A. J. Pang, C. H. Wang and A. J. Sangster, *Eletron. Lett.*, **41**(8), 480 (2005)
39) P. J. Bell, N. D. Hoivik, R. A. Saravanan, N. Ehsan, V. M. Bright and Z. Popovic, *IEEE Transactions on Advanced Packaging*, **30**(1), 148 (2007)
40) J. Chen, L. Huang, C. Chu, and C. Peizen, *J. Micromech. Microeng.*, **12**, 406 (2002)
41) C. T. Pan, *J. Micromech. Microeng.*, **14**, 522 (2004)
42) 須賀唯知監修, 3次元システムインパッケージと材料技術, シーエムシー出版 (2007)
43) E. Higurashi, R. Sawada and T. Ito, *J. Lightwave Tech.*, **21**, 591 (2003)
44) W. Iwasaki, H. Nogami, E. Higurashi and R. Sawada, *IEEJ Transactions on Electrical and Electronic Engineering*, **5**, 137 (2010)
45) E. Higurashi and R. Sawada, *J. Micromech. Microeng.*, **15**, 1459 (2005)
46) E. Higurashi, *ECS Transactions*, **16**(8), 93-103 (2008)
47) H. Henmi, S. Shoji, Y. Shoji, K. Yoshimi and M. Esashi, *Sensors and Actuators A: Physical*, **43**(1-3), 243 (1994)
48) Y. T. Cheng, L. Lin and K. Najafi, Proceedings of IEEE Micro Electro Mechanical Systems Workshop 757 (2000)
49) 岡田浩尚, 伊藤寿浩, 高木秀樹, 前田龍太郎, 須賀唯知, 電子情報通信学会論文誌C, **J88-C**(11), 913 (2005)
50) S. Yamamoto, E. Higurashi, T. Suga and R. Sawada, *J. Micromech. Microeng.*, **22**(5), 055026 (2012)

第28章 パッケージに求められる機能と解決策

千野 満*

1 はじめに

半導体LSIパッケージの歴史を振り返ると金属CANパッケージから始まり、セラミック・パッケージを経て今日の多種多様なプラスチック・パッケージに変遷してきている。一方、MEMSデバイスのパッケージにおいては、MEMSデバイスごとに、パッケージに求められる機能が異なるため、それぞれに適したパッケージを選定もしくは設計する必要がある。例えば光MEMSデバイスのパッケージにおいて求められる機能として、光学ガラス付きリッドの溶接、真空気密封止、各種ガス置換封止等のニーズがある。本稿では、MEMSデバイスの研究開発者がパッケージの選定を行う際の一助となるよう多様なパッケージの機能と特徴を整理したい。

2 MEMSパッケージの現状

半導体パッケージに要求される機能とMEMSパッケージに必要な付加機能を図1に示す。

図の左側に示した半導体パッケージの機能については説明の必要はないと思うが、図に示した四つの機能が必要とされている[1]。一方、MEMSでは電気信号のみならず多種多様な入出力を扱う。例えば化学信号や光信号の場合にはセンサ面を外部に露出させたり、光学的に透明または光学フィルター機能を持った窓を設けたりする必要がある。またMEMSデバイス上に形成された微小可動部が破壊されないよう中空構造を必要とする場合もある。これらのニーズを持つMEMSデバイス用のパッケージとしては以下が多く採用されている。

(1) セラミック・パッケージ
(2) プラスチック・パッケージ
 (2)-1 プリ・モールド型
 (2)-2 ポスト・モールド型

次にそれぞれの特徴について説明する[2]。

---

* Mitsuru Chino ㈱ミスズ工業 組立技術グループ 主席研究員

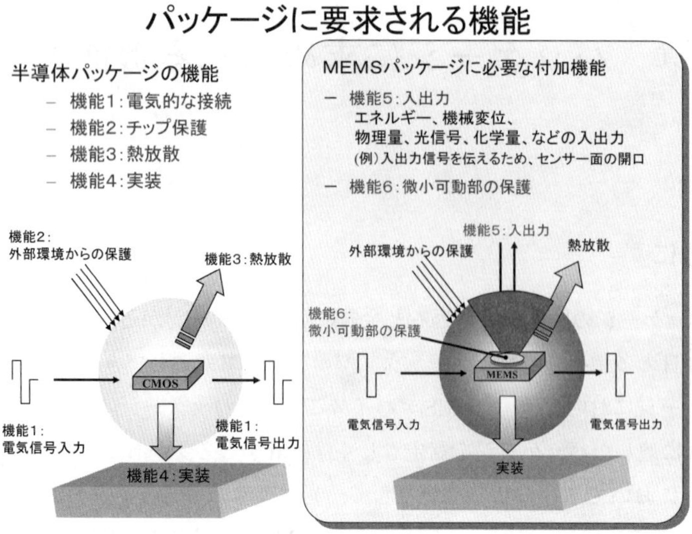
パッケージに要求される機能
半導体パッケージの機能
– 機能1：電気的な接続
– 機能2：チップ保護
– 機能3：熱放散
– 機能4：実装
MEMSパッケージに必要な付加機能
ー 機能5：入出力
エネルギー、機械変位、
物理量、光信号、化学量、などの入出力
(例)入出力信号を伝えるため、センサー面の開口
ー 機能6：微小可動部の保護
機能2：
外部環境からの保護
機能3：熱放散
CMOS
機能1：
電気信号入力
機能1：
電気信号出力
機能4：実装
機能5：入出力
外部環境からの保護
熱放散
機能6：
微小可動部の保護
MEMS
電気信号入力
電気信号出力
実装

図1　半導体パッケージの機能とMEMSパッケージに必要な付加機能

3　MEMSパッケージの種類と特徴

3.1　セラミック・パッケージ

図2に一般的なセラミック・パッケージの構造図を示す。

セラミック・パッケージは，アルミナや窒化ケイ素をベースとしたグリーンシートと呼ばれる原料の表裏に，貫通する微小な穴をあけて，金属ペーストを印刷技術によって穴部および配線部に導体配線形成する。配線層ごとに作られたグリーンシートを重ね合わせ（積層プレス），焼成することで製造する。セラミック・パッケージの特徴としては以下がある。

- 緻密なセラミック材料および金属材料によって構成されているため，気密性が高い
- 一括積層が可能なので，多層化が容易であり，必要によってパッケージ内にキャビティ（空洞）を設けることができる
- 熱膨張係数が，MEMSデバイスの素材であるSiに近いので，MEMSデバイスにかかる熱応力が少ない
- 耐熱性が高いので，リッド（外装蓋）を，ろう接や溶接などの堅牢な気密封止技術を用いて接合できる

これらの特徴は，MEMSパッケージとして必要な機能を満足するため，昔から多くのMEMSデバイスに採用されてきた。しかし製造工程において時間がかかる工程が多く，MEMS市場の拡大に伴い，大量生産が必要なMEMSデバイスが登場してくるとコスト的，生産量的な課題が大きくなってくる。

第28章　パッケージに求められる機能と解決策

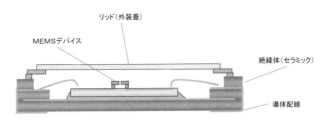

図2　セラミック・パッケージの構造

3.2　プラスチック・パッケージ

　樹脂モールド技術を使ったプラスチック・パッケージは低コストで大量生産が可能であることからCMOSなどに代表される半導体集積回路のパッケージとして，現在最も多く用いられている。最近はプラスチック・パッケージが，MEMSデバイスに適用されている事例も増えてきている。この場合，MEMSデバイス上に形成されている微小可動部が，プラスチック・モールドにより汚染・破壊されないよう，前もって微小可動部を保護シールしておく必要がある。保護シール技術の詳細はここでは述べないが，一般的にはMEMSウエハーにガラスまたはシリコンなど無機材料のキャップ部品を接合して「保護シール」することが多く，低コストで大量生産が可能なウエハーレベルでの保護シール技術が必要とされている。

　プラスチック・パッケージは大きく分けて，プリ・モールド型とポスト・モールド型に分類される。プリ・モールド型パッケージはMEMSデバイスを搭載する前に，あらかじめ配線を形成したモールド・パッケージを準備しておく。モールド・パッケージにはMEMSデバイスを搭載するキャビティ（窪み）を形成しておき，キャビティの中にMEMSデバイスを搭載し，ボンディング，リッド（蓋）を接合してMEMSデバイスを封止するもので，前述のセラミック・パッケージと同様な構造で，材質が樹脂になったものと考えられる。一方，ポスト・モールド型パッケージは配線を形成した基板にMEMSデバイスを搭載し，ボンディングした後でモールド封止する。これは，最も一般的な半導体パッケージでもある。

　それぞれについて以下に特徴を述べる。

3.2.1　プリ・モールド型

　図3にプリ・モールド型パッケージの構造を示す。

　プラスチック・パッケージでは微小可動部保護のためにウエハー段階で保護シールが必要になることを前述したが，プリ・モールド型の場合にはモールド・パッケージにキャビティを設けて

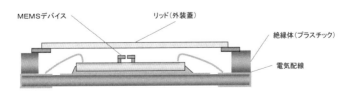

図3　プリ・モールド型パッケージの構造

おくことにより，容易に中空構造を形成することができる。そのため，MEMSデバイスに適用しやすい。反面，気密性という点では前述のセラミック・パッケージと比べて劣るが，比較的低コストで中空封止パッケージの実現が可能なため，注目されている。技術的なポイントは，パッケージ筐体となる成型品に電気配線を形成する方法（構造）と封止方法である。

一般的な配線形成はリードフレームをインサート成型する方法であるが，最近はスパッタ，めっき，エッチングなどの技術を用いて，パッケージ筐体の表面に配線を形成する技術も採用されている。この技術は，MID（Molded Interconnection Device）と呼ばれている。

3.2.2 ポスト・モールド型

図4にポスト・モールド型の構造を示す。

ポスト・モールド型パッケージは半導体LSIにおいて最も一般的に用いられているパッケージであり，そのバリエーションや製造ラインなどのインフラは十分に整っている。コスト的には，最も安価で大量生産が可能である。ポスト・モールド型パッケージでは，配線を形成したプリント配線板上にMEMSデバイスを搭載し，ボンディングした後でモールドする。モールド法にはエポキシ樹脂を加熱・溶融し，金型の中に注入，熱硬化させるトランスファー・モールド法と液状のエポキシ樹脂を塗布して加熱・硬化させるグロブ・トップ法があるが，いずれもエポキシ樹脂でMEMSデバイスの周囲を充填，硬化させるため，可動部がMEMSデバイス表面に露出していると可動部は固定されてしまう。そのため，MEMS可動部にあらかじめ中空構造をとる保護シールを形成しておく必要があり，保護シール形成の技術開発が活発に行われている[3]。

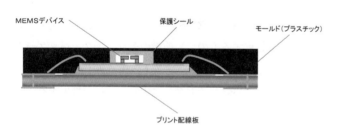

図4　ポスト・モールド・パッケージの構造

以上，MEMSデバイスに用いられているパッケージの解説を行ってきた。

次に光信号を扱う光MEMSと化学信号を扱う化学センサを具体的な事例として取り上げて，求められる機能と解決策を解説していく。

4　光MEMS向けパッケージ技術

筆者らは，セラミック・パッケージにおける重要な実装技術の一つとして，図5に示す真空シーム溶接機を導入し，研究開発段階のMEMSデバイスの試作・評価などを通じて多くの経験を積んできた。

その中でMEMSの研究開発者から以下の要求が多く寄せられていることが見えてきた。

(1) 真空気密封止のニーズ

パッケージのキャビティ内を真空にしたいというニーズがある。これは内部の気体分子を減らすことによって，デバイスの小型化，高精度化に伴うMEMS可動部の気体抵抗を低減し，駆動性

第28章　パッケージに求められる機能と解決策

能の向上・消費電力の低減を図ろうとするものと赤外線センサのようにデバイスにおける熱放散を防止したいというニーズがある。

(2) ガス置換気密封止

キャビティ内の雰囲気を大気ではなく何らかのガスに置換したいというニーズも見られる。これは真空にする必要はないが，キャビティ内の水分やアウトガスによるデバイスの汚染の抑制を図りたいというニーズである。

水分，アウトガスの抑制には特定のガスを吸着する性質を持つゲッター材をキャビティ内に入れる工法が必要とされる場合がある。

これらのニーズに応えるため，以下の要素技術確立が必要となっている。

① 真空気密封止におけるキャビティ内部圧力の数値化・保証
② キャビティ内の水分の抑制，露点温度保証
③ 光学特性，気密性，耐圧に優れる光学ガラス付きリッドの提供
④ シールリング・レスのシーム溶接技術
⑤ 高気密性を有するプラスチック・パッケージの開発

図5　シーム溶接機

図6　光MEMS評価用パッケージ

これらの技術確立のために図6のようなガラス・リッド付きセラミック・パッケージを準備した。

5　化学センサ向けパッケージ技術開発

MEMSデバイスへのプラスチック・パッケージの適用としては，既に圧力センサやマイクロフォンにおいてプリ・モールドパッケージ，加速度センサや角速度センサ（ジャイロセンサ）においてポスト・モールド型パッケージの採用が始まっている。いずれもMEMSデバイスとしては物理センサに分類されるものである。

一方で，水質センサやガスセンサなどの化学センサにおいてもプラスチック・パッケージの採用が検討されている。

化学センサにおけるプラスチック・パッケージへのニーズとしては以下がある。

(1) モジュール構造

プラスチック・パッケージは筐体に樹脂を使うため，形状の自由度が高い。パッケージ形状を任意に設計できるため，パッケージそのものをセンサ・モジュールの外装部品として利用する取り組みもされている。そこにおけるニーズとしては，センサ部の開口を前提として，耐薬品・防水，センサ部を交換可能とすることなどが求められている。

(2) 樹脂による高絶縁性・高信頼性・高生産性

化学センサは，ガス中や液体中などの苛酷な環境で用いられることが想定されるため，パッケージにおいては，従来以上の高い絶縁信頼性が求められる。またセンサが発生する微小な電力を正確に伝えることも求められる。

(3) 生体適合性

化学センサは，医療用のアプリケーションも多く想定されている。例えばカプセル内視鏡に組み込んだり，カテーテルの先端に取り付けたりが検討されているが，そういった用途では，小型化が求められる中で上述したようにパッケージ筐体を外装ケースとしてモジュール化することが求められる。また生体に埋め込むようなアプリケーションでは，パッケージ筐体の生体安全性が保証される必要がある。

これらのニーズに応えるため，以下のような要素技術が検討され，一部は適用が始まってきている。

5.1 封止領域コントロールによるセンサ面の開口

化学センサにおいては図7に示すようにセンサ面の開口が必要となる。開口部のサイズは小さすぎるとセンサの特性に影響し，大きすぎるとセンサ周辺に形成された電気配線の絶縁劣化の原因となる。したがって，液状封止樹脂の粘度や粘性比を最適化することと，塗布技術を駆使して必要な部分のみに封止材を塗布し，精密な開口部を設けることが求められる。

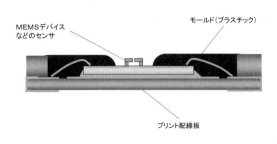

図7　封止領域コントロールによる表面開口

5.2 MID（Molded Interconnection Device）によるプリ・モールド型パッケージ

プリ・モールド型パッケージの項目で述べたように，MIDは，図8に示すように，射出成型により製作した立体成型部品の表面に電気配線を形成する技術である。設計の自由度が高いため，外装部品を兼ねることができ，機器の小型化に有利である。

しかし反面，MIDは構造的に電気配線が表面に形成されているために，電気絶縁性に課題がある。外装部品として用いるためには何らかの絶縁被覆を設けることが必要である。その解決策として，MIDにセンサを組み込んだ後のモジュールを金型内に挿入して電気配線部を包み込むイン

第28章 パッケージに求められる機能と解決策

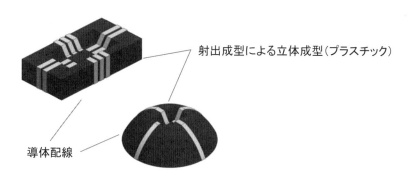

図8 MID（Molded Interconnection Device）によるプリ・モールドパッケージ

サート成型技術や新たな絶縁コート技術を適用し，これらのニーズに応える試みがなされている。

6 まとめ

本稿では，まずMEMS実装に用いられるパッケージの形態の分類とそれぞれの特徴および現状を整理した。次にアプリケーションの具体例として，光MEMSと化学センサにおけるニーズを紹介し，解決策の一例としてセラミック・パッケージの光MEMSへの適用，およびプリ・モールド・プラスチック・パッケージの化学センサへの適用の取り組みについて紹介した。これらの技術は発展途上にあり，新たなアプリケーションの開発とともに今後の発展が楽しみな分野である。

文　献

1) 香山　晋ほか，"VLSIパッケージング技術（上）"，日経BP社，pp.54-58（1993）
2) 香山　晋ほか，"VLSIパッケージング技術（上）"，日経BP社，pp.9-69（1993）
3) 真弓功人ほか，電子情報通信学会論文誌C，**J93-C**(11)，pp.503-508（2010）

第29章 完全ドライ・レーザダイシング技術
―ステルスダイシング技術の最新動向―

内山直己*

1 はじめに

これまでは別々の技術分野として議論されがちであった機械工学・量子力学・電気工学・化学・光学などの異種技術が，半導体製造プロセスのプラットフォーム上でマイクロマシニング技術として融合され，その技術が有する可能性の大きさに，世界が注目している。これらは主にエッチング技術の進展に伴い普及し，ウェーハにミクロな薄膜構造体や梁，中空構造体を精度良く，自在に形成できるようになった。これがMEMS設計者らのイマジネーションを刺激し，新たな機能デバイスとして具現化され始めている。

ステルスダイシング技術は，「完全ドライプロセス」，「発塵レス」，「切削ロス＝ゼロ」などの利点を有する，レーザを用いた全く新しい概念のレーザダイシング技術である。本稿では，MEMSのダイシング工程が抱える課題を整理した上で，ステルスダイシング技術の原理やプロセス，特徴などを紹介し，さらにSi以外の材料に対応した新型ステルスダイシングエンジンの開発動向についても紹介する。

2 MEMS製造工程に必要なダイシング技術

2.1 砥石切削型ブレードダイシング

脆弱な構造体を有するMEMSデバイスのダイシングプロセスにおいては，機能素子部への応力負荷やコンタミネーションの付着などの問題を回避しなければならない。最も一般的なブレードダイシングプロセスにおいては，そのダイシング原理に宿命的に存在する以下の課題を有している。

(1) ウェットプロセス起因
- ダイシング時に冷却水及び洗浄水を利用することに伴う，構造体への水圧による応力負荷
- 切削汚水による機能素子部への再汚染
- 水や汚水から構造体を保護するための保護膜の形成とその除去工程の追加

(2) 接触式プロセス起因

---

* Naoki Uchiyama 浜松ホトニクス㈱ 電子管事業部 第6製造部 部長代理，市場開発Gグループ長

第29章 完全ドライ・レーザダイシング技術

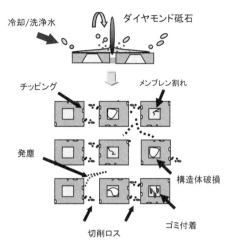

図1 ブレードダイシングの課題点　　写真1 水圧によって破損したメンブレン

- 接触式切削加工プロセスに伴う，構造体への振動負荷

図1に，メンブレン構造体を有するMEMSデバイスに対して，ブレードダイシングを実施した場合の課題点を示す。写真1には，ブレードダイシング時の水圧で破損したメンブレン構造体の写真を示す。

2.2 ダイシング工程の完全ドライプロセス化

脆弱な構造体を有するMEMSデバイスは，その構造体に対してストレスの少ないダイシング技術が必要となる。同時に，構造体へのパーティクルの再汚染などが生じない配慮を必要とする。これらの問題は，以下のような特徴を有するダイシングプロセスに切り替えることで解決される。

① 完全ドライプロセス化：ウェットプロセス起因の不良や製造／検査工数upを抑制
② 非接触式ダイシングプロセス：切断に伴う振動による構造体へのストレスを排除

筆者らは，①，②をともに解決できる手段としてステルスダイシング技術を推奨する。なお，レーザを利用したダイシング技術としては，古くからアブレーション方式のレーザ加工方式が検討されている[6,7]。しかしこの技術の場合，レーザ加工時にデブリ（Debris Contaminant）が発生するため，それらのゴミから構造体を保護するための前処理と，加工後のウェット洗浄が宿命的に必要となる。

次節では，完全ドライプロセス化を実現した，ステルスダイシング技術に関して紹介する。

3 ステルスダイシング技術

3.1 ステルスダイシング技術：基本原理

ステルスダイシング技術は，対象材料に対して半透明な波長のレーザ光を材料内部に集光し，

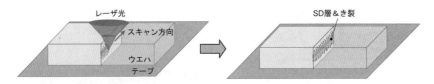

図2　ステップ1：レーザプロセス

分割するための起点（改質領域：以下，SD層と称す）を形成した後，ウェーハに外力を加え，チップ状に小片化するダイシング技術である[1,2]。従ってこの技術は，チップ状に分割するための起点（SD層）をウェーハ内部に形成する「レーザプロセス」と，ウェーハをチップ状に小片化する「分割プロセス」の二つのプロセスで構成されている。図2に「レーザプロセス」の概念を示す。

① ステップ1：レーザプロセス

レーザ光をウェーハの内部に集光させて，分割するためのSD層を形成。内部に形成されたSD層には，ウェーハの両表面に向かって伸びたき裂も形成されている。このき裂はチップ分割のために重要な要素であり，これが大きく蛇行したり，両表面へのき裂進展が阻害されるような状態になることは好ましくない。主にMEMSデバイスのように厚いSiウェーハを切る場合，深さ方向に複数回スキャンしながらSD層を上下に繋ぎ合わせ，分割に最適なSD層を形成することが最も重要な工程である。

なお，ここでSD層と，き裂の関係にも触れ，加工条件を検討する上で理解しておいてもらいたい三つの形態を整理して，図3に示す。SD層は目的に応じて大きく三つの様態に作り分けることが可能であり，これらを組み合わせて最適な加工レシピを導き出す。ウェーハの厚さやチップ形状，金属膜の有無など，デバイスの状態に応じてそれぞれに最適な加工条件が存在し，それらの

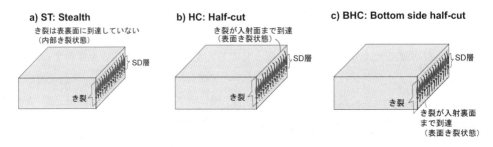

図3　レーザプロセスで形成されるSD層と，き裂の関係

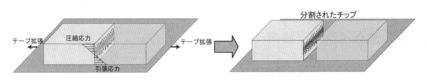

図4　ステップ2：分割プロセス

第29章　完全ドライ・レーザダイシング技術

加工レシピは体系化されて装置ユーザーを対象に活用されている。

次に，図4に「分割プロセス」の概念を示す。

② ステップ2：分割プロセス

テープマウントされたSD層形成済みのウェーハを，ウェーハ外周方向に拡張（エキスパンド）することで，ウェーハ内部のき裂に引張応力（Tensile Stress）が加わり，この応力によりウェーハ内部のき裂がウェーハの両表面に進展し，チップ状に小片化されていく。

次に，ウェーハ内部に形成されたSD層のき裂が進展することで，ウェーハがチップ状に小片化されるまでのプロセスを概念的に図5に補足し示す。

SD層を形成する場合，チップ分割性を向上させるためには，テープ面側にHC（ハーフカット）もしくはBHC（裏面ハーフカット）が形成されている状態が好ましい。この状態でテープをウェーハ外周方向に拡張すると，HC面もしくはBHC面が外側方向に引っ張られ，その引張応力がウェーハに伝わり，き裂先端に応力集中する。応力集中によって，き裂は瞬時にウェーハ表面へと到達し，ここでウェーハはチップ状に小片化される。

次にステルスダイシングによって切り出されたメンブレン構造体を有するMEMSチップの断面写真を写真2に示す。チップの表裏面ともにチッピングのない，シャープなダイシング品質が得られている。さらに，チップ中央部のメンブレン構造体には，破損やゴミの付着などの不具合要因のない，良好なダイシング結果が得られている。テープ拡張工程は，隣り合うチップ同士が分割する際でも互いを干渉し合うことなく，き裂の先端に応力を加えられる方法であるといえる。

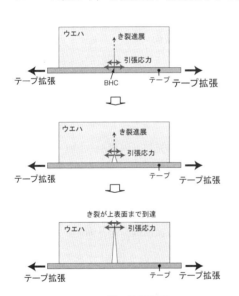

図5　き裂の進展原理

 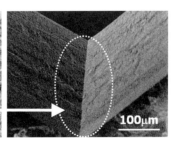

Chip size:2mm×2mm　　Thickness:300μm

写真2　ステルスダイシングによって切り出されたチップ写真

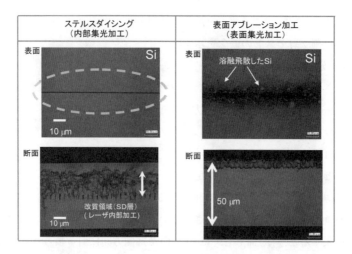

写真3　内部集光型レーザダイシングと表面吸収型レーザ加工との原理比較

3.2　内部集光型レーザダイシング技術と表面吸収型レーザ加工技術

　次に内部集光型レーザダイシング技術であるステルスダイシング技術と，一般的な表面吸収型レーザ加工技術との違いを簡単に整理する。写真3にレーザ加工集光点位置の違いによる加工結果の違いを示す。レーザ光をウェーハ表面に集光して表面加工した場合と，ウェーハ内部に集光してレーザ加工した場合の加工結果を比較して示す[5]。

　ステルスダイシング技術の特徴はレーザ光をまず材料の内部に導光し，内部から加工を始める点にある。対象材料の表面に積極的にレーザ光を吸収させて，溝を掘っていく表面アブレーション加工とは明らかにその原理が異なる。

　ステルスダイシング技術は，レーザプロセス時にウェーハ表面へのSiダストなどの溶融飛散がなく，クリーンな切断技術であるといえる。なお，レーザ加工時の熱影響範囲に関しては，レーザ集光点の深さに応じて，内部及び表面の熱分布が大きく異なる，という報告[5]がある。ここでは結果的に，内部集光方式の方が，表面集光方式と比較してレーザ加工点での温度分布の拡がりが抑制される，と結論付けられている。

3.3　内部レーザ加工プロセスにおけるMEMSデバイスへの熱影響範囲

　レーザダイシングプロセスにおいて，まず，最初に懸念されることはレーザプロセス時の熱的な影響の範囲の把握である。実際のレーザプロセスにおける局所的な温度の実測は容易ではない。そこで単結晶Siにおけるレーザ光の吸収係数の温度依存性に基づいて，Si内部の熱解析シミュレーションを実施した報告[3,4]を引用して，ステルスダイシングにおけるSi内部での温度分布について紹介する。

　図6は，厚さ100μmのSiウェーハ表面から，深さ60μmの位置にレーザ光を集光させてSD層を形成した際の，加工集光点近傍での1パルスあたりのSi内部の温度分布を熱解析シミュレーシ

第29章　完全ドライ・レーザダイシング技術

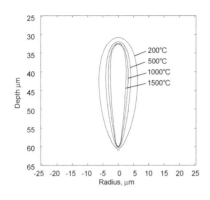

図6　レーザ1パルスあたりのSi内部での最高到達温度分布[4]

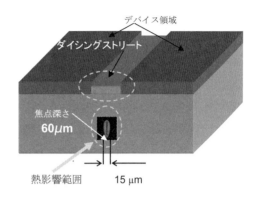

図7　SD層形成時の熱作用範囲

ョンにて導出した結果である。最高到達温度分布が示すように，レーザ加工に伴いSi内部が200℃以上まで温度上昇する範囲は，集光点を中心に横方向には±7μm以内に留まっていることがわかる。

この結果を，実際のデバイスウェーハに当てはめてみた様子を図7に示す。通常のデバイスウェーハにおいて，ダイシングストリートの幅は50～70μm程度である。図7のイラストからもわかるように，ステルスダイシング時のレーザによる熱影響の範囲は，これらの一般的なダイシングストリート幅と比べ，狭い範囲に留まることがわかる。このことから，ステルスダイシング技術は，ダイシングストリートのさらなる狭幅化を可能にし，ウェーハあたりのチップ収率を向上させられる可能性を持った技術であることがわかる。

3.4　デバイス特性への熱影響確認

次に，実際のデバイスウェーハにおけるデバイス特性への影響を検証した結果を報告する。検証に利用したデバイスは光センサ（フォトダイオード）である。検証方法としては，デバイスのアクティブ領域からチップの切断端面までの距離：dを，$d=10$μmと$d=150$μmの二種類のサンプルを作成し，ステルスダイシングにおけるレーザプロセス時の熱影響の範囲を考察した。

フォトダイオードの暗電流特性に着目し，受光部を遮光した状態で逆バイアスを印加し，リーク電流を計測した。特性評価は，THB（Temperature Humidity Bias）テストと，温度サイクル試験のTC（Temperature Cycle）

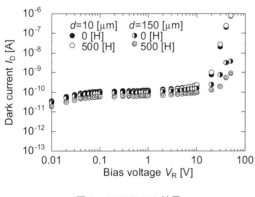

図8　THBテスト結果

異種機能デバイス集積化技術の基礎と応用

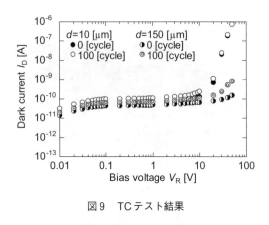

図9　TCテスト結果

テストの二つの方法で実施した。THBテストでは，湿度と温度を85%/85℃として，500時間実施。TCテストとしては-55〜125℃を100サイクル実施した。フォトダイオードはパッケージモールドタイプであり，チップサイズは2mm×2mm，チップ厚は100μm。

図8にTHBテスト結果を示す。暗電流はVr：10V以下で0.1nA程度を示しており，Vr：10Vを超えると急激に増加し始め，ブレークダウンの閾値が存在していることがわかる。$d=150\mu$m及び$d=10\mu$mの何れも，Vr：10V以下において暗電流は0.1nAと0.2nAであった。チップ切断端面からアクティブ領域までの距離が$d=150\mu$mから10μmまで変化してもわずか0.1nAしか増加していないことがわかる。さらに，500時間後のテスト結果を見ても初期状態と比較してほとんど変化のないことがわかる。

図9にTCテスト結果を示す。ここでも暗電流の値は100サイクルのTCテスト後も初期状態と比較しても，ほとんど変化がないことがわかる。

これらの結果から，ステルスダイシングにおけるレーザプロセスはデバイスの寿命や耐久性に大きな影響を与えない技術であることがわかる。これは図6の熱解析シミュレーション結果が示す通り，200℃以上に加熱される範囲が半径7μm以内であり，アクティブエリアから半径10μm程度離れた位置で切断した場合では，すでにその熱的影響がデバイス特性には及ばないという事実の裏付けともなる。但し，これらはデバイス構造にも大きく影響するはずであり，実際にはそれぞれのデバイスを用いた実験検証が必要である。

3.5　ステルスダイシング技術：適用時の制約条件

ステルスダイシング技術は，その原理から宿命的に以下の加工制約条件を有している。通常はデバイス面側からレーザ光を照射し，内部加工を実施する。これを表面入射方式という。しかし，ウェーハ表面側に光を遮光する金属膜などが形成されたウェーハの場合には，表面側からのレーザ光の導光が困難であるため，裏面側からレーザ光を照射し内部加工を実施する。これを裏面入射方式という。表1に，デバイスウェーハの状態に応じた，レーザ入射方式を整理した。

さらに，MEMSデバイスウェーハにおいて，裏面入射方式を採用する場合には，ウェーハの保持方法に工夫が必要となる。このような脆弱な構造体を有するデバイス面側をチャックテーブルに保持する際には，ポーラスシートなどのクッション性の良い多孔質状のシートを介して吸着テーブル上にデバイス面側を保持する。その際，ステルスダイシング用レーザ波長に対して透過性の高い専用のダイシングテープを利用すれば，ウェーハ裏面側をそのテープで保持したままテープ越しにSi内部へSD層を形成することが可能になる。その後の工程も大変シンプルであり，テー

第29章　完全ドライ・レーザダイシング技術

表1　デバイスウェーハ構造に応じた，レーザ入射方式

表面入射方式の場合の制約条件	
ダイシングストリート上のTEG/金属膜	なきこと
ダイシングストリート上の保護膜	SiO_2は問題なし。SiNは膜厚に応じてAF特性及び加工に影響を与える。要相談。
ストリート幅	SDレーザ光はある入射角を有しているため，ウェーハの厚さに応じて導光するための非遮光領域の確保が必要。
SOIウェーハ	BOX層においてレーザ光が減衰し，タクト低下の原因となる。BOX層を除去することで，タクトup可能。
裏面入射方式の場合の制約条件	
ウェーハ固定方法	ウェーハ裏面側にSD専用透過性ダイシングテープを貼付し，テープ越しにSDを実施。但し，それが困難な場合は，ウェーハを吸着テーブルで保持し，ウェーハ裏面側からSDを実施し，吸着テーブル上でテープを貼る方法も可能。
裏面研削面粗さ	＃2000以上
SOIウェーハ	BOX層においてレーザ光が減衰し，タクト低下の原因となる。BOX層を除去することで，タクトup可能。

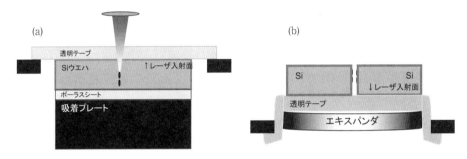

図10　(a)テープ越し裏面入射時，(b)吸着プレートから着脱後，テープエキスパンド

プにマウントされたまま吸着テーブルから取り外し，そのままテープエキスパンドすれば，チップ分割までのプロセスを簡略化できる。このテープ越し裏面入射方式の概念図を図10に示す。

ステルスダイシング技術はこのような新しい周辺要素技術の進展が必須であり，そのお陰でさまざまなデバイスに応じた新しいソリューション提案が可能になってきた。

4　Si以外の材料への適用の可能性

ステルスダイシング技術はSi以外の材料にも適用可能であり，現在開発中のこれらの材料への適用事例を交えて紹介をしておく。

4.1 ガラスウェーハ

現時点でステルスダイシング技術にて切断可能な対象ガラスの材質はSmart Phone等で採用されている化学強化ガラスをはじめ，石英ガラス，硼珪酸ガラス（BK7他），テンパックス，無アルカリガラスなどであり，軟質系，硬質系ガラスにもそれぞれ適用を可能にしている。

写真4に，テンパックスガラスをステルスダイシングにて切り出した際のサンプルを示す。

さらにガラスウェーハはSiウェーハと貼り合わせた状態でのダイシングを希望される場合なども多い。その場合は，Si側からSi用のレーザ光を導光し，ガラス側からガラス用のレーザ光を導光する方法で，それぞれにSD層を形成し，同時に分割するための応力を印加するなどして，チップに小片化する方法を提案している。

写真5(1),(2)に，ガラスとSiを接着剤にて接合した異種貼り合わせウェーハをステルスダイシングで切り出したサンプルを示す。

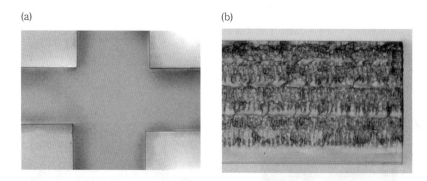

写真4　(a)切り出したガラスチップの表面写真，(b)切り出したガラスチップの断面写真

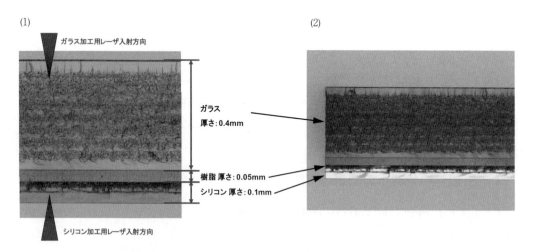

写真5　(1)アクリル系接着剤によって接合されたSiとガラスウェーハのステルスダイシング切断結果，(2)Siとガラスの切断面に沿ってき裂が伸展し，接着剤も綺麗に切断

第29章 完全ドライ・レーザダイシング技術

表2 接合材料と貼り合わせ対象ウェーハの組み合わせ事例

接合プロセス	種類	用途	利点	SD適用の可否	SD可能な接合組み合わせ事例			
ポリマー	エポキシ系	CMOSカメラ	高い透明性，耐湿性，耐温度性	可能	Glass/Si	Si/Si	Glass/Glass	
	BCB樹脂（ベンゾシクロブテン：サイクロテン）	三次元Si積層	アウトガスなし，350℃耐熱，低硬化収縮，低吸湿性	可能	Glass/Si	Si/Si	Glass/Glass	
	ポリイミド	MEMS	安価，実績	可能	Glass/Si	Si/Si		
金属共晶	AlGe	LSI+MEMS積層	安価，信頼性，貫通配線共用	可能	Si/Si			
陽極接合	直接接合	MEMS	信頼性，アウトガスなし	可能	Glass/Si	Si/Si		LTCC/Si

　異種材料の接合には，さまざまな材料・手法が用いられるが，ステルスダイシング技術にて適用可能な組み合わせ例を表2に整理する。

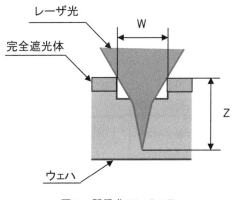

図11　関係式　W＝0.4Z

4.2　テープ越しステルスダイシング技術

　ダイシングストリート上にTEG等の金属層を含む領域が存在していた場合や，極端に狭いダイシングストリートを実現しようとした場合には，ウェーハ裏面側からレーザ光を入射するステルスダイシング方式を推奨している。表面入射方式の場合は，ウェーハ厚さに応じてダイシングストリート幅の設計に制約が必要となる。その関係式を，図11に示す。

　このような場合，MEMS構造を有するウェーハ表面側からレーザ光を入射させることができない

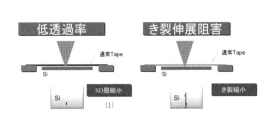
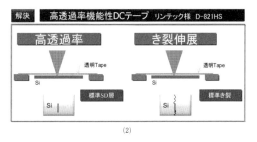

図12　(1)レーザ透過不足起因の課題，(2)レーザ透過型ダイシングテープの利点

ため,裏面側からレーザ光を入射することで解決できる。

このような場合,ウェーハ裏面側にレーザ光に対して透明性を有したステルスダイシング用テープを採用するプロセスを推奨する。まずは,通常のダイシングテープを利用した際の課題を図12(1)に示す。

テープの光透過性が悪い場合,SD層の形成が阻害され,SD層が形成できないか,できたとしても短いSD層しか形成できないため,大幅なタクトダウンの原因となる。

図12(2)に,透過型ダイシングテープの利点を示す。光透過性を有しながら,き裂伸展を阻害しない特性が必要となる。この性能を有した透明ダイシングテープは,リンテック(型名:D-821 HS),などから代表的なテープとして販売されている。これらのテープを用いることで,表面保護テープが不要となり,あわせてテープ張替えも不要となる。そのままテープ拡張工程に移行可能であるため,ダイシングストリートの狭幅化のみならずコストダウン,工程削減にも大きく寄与する。

4.3　今後のステルスダイシング技術の開発ロードマップ

上述したSiやガラス以外の新規対象材料に対してもステルスダイシングエンジンの開発を進めている。図13に新型ステルスダイシングエンジンの開発ロードマップを示す。

電力制御用ICとしてスマートグリッドや太陽電池,電気自動車に採用されるパワーICに用いられる基板がSiC。高速無線通信用RFICやSAW Filterで利用されるLiTaO$_4$,LiNO$_3$基板向けにも,新たなステルスダイシングエンジンのリリースを予定している。

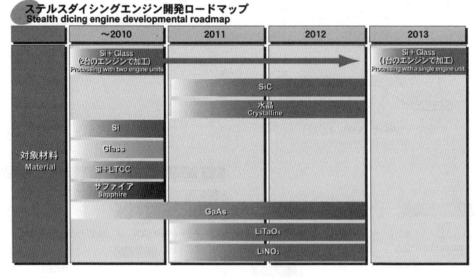

図13　ステルスダイシングエンジン開発ロードマップ

第29章 完全ドライ・レーザダイシング技術

5 おわりに

　ステルスダイシング技術は内部集光型レーザダイシング技術であり，レーザにより材料内部に分割の起点を形成し，外部応力によって割断する技術である。切削除去領域もなく，レーザプロセス時に表面及び裏面テープ材などに一切のダメージを与えることのない，対象材料に極めて低負荷なダイシング技術といえる。さらに，レーザプロセス時に200℃以上になる範囲は，ウェーハ内部の集光点から左右に7μm程度に抑制されており，ダイシングストリート幅の狭幅化やそれに伴うウェーハあたりのチップ収率向上が期待される。なお，レーザダイシング技術というと，表面吸収型であるアブレーション型レーザ加工技術を想像されるケースが多いため，その詳細に関しては参考文献1，2を紹介する。ステルスダイシング技術は，その特長を活かし，すでに世界の量産工場に導入が進み，すでに数百台を超える規模にまで拡大・普及し始めている。

　なお，Si以外にもガラス，サファイアに続き，SiC，GaAs，水晶，LTOなど多くの対象材料にステルスダイシング装置がリリースされ，量産工程での採用が加速していく。特に，白色LEDの爆発的な増産の流れに伴い，サファイアウェーハのダイシング市場においては，デファクトスタンダードになりつつある。

文　　　献

1) F. Fukuyo, K. Fukumitsu, N. Uchiyama, Proc. 6th Int. Symp. on Laser Precision Microfabrication（2005）
2) K. Fukumitsu, M. Kumagai, E. Ohmura, H. Morita, K. Atsumi, N. Uchiyama, Proc. 4th International Congress on Laser Advanced Materials Processing（2006）
3) E. Ohmura, F. Fukuyo, K. Fukumitsu and H. Morita, *J. Achievement in Materials and Manufacturing Engineering*, **17**, 381-384（2006）
4) M. Kumagai, N. Uchiyama, E. Ohmura, R. Sugiura, K. Atsumi, K. Fukumitsu, Proc. 15th International Symposium on Semiconductor Manufacturing（2006）
5) E. Ohmura, M. Kumagai, K. Fukumitsu, K. Kuno, M. Nakano and H. Morita, Proceeding of the 8th International Symposium on Laser Precision Microfabrication（2007）
6) B. Richerzhagen, D. Perrottet and Y. Kozuki, Proc. of the 65th The Laser Materials Processing Conference, 197-200（2006）
7) P. Chall, Proc. of the 65th The Laser Materials Processing Conference, 211-215（2006）

第30章　封止技術

足立秀喜*

1　はじめに

　異種デバイス集積化において，異種デバイス間の隔離と個別デバイス封止というのは，集積化が進むほど，必要且つ重要な技術となっている。
　本章では，MEMSデバイスにおける封止技術を中心に技術的特徴を示し，個々のデバイスそれぞれに適した封止方法ならびに，多機能高集積化における，積層インテグレーションの観点から，半導体デバイスに適した封止方法を紹介していく。

2　封止とは

　封止という言葉のみを捉えると，半導体における封止は樹脂モールドや，セラミックスモールドなどを意味する。またフラットパネルディスプレイ関係では，液晶封止，減圧，真空封止などを意味する。有機ELディスプレイ，太陽電池，プリンテッドエレクトロニクス分野では水分遮断，酸素遮断などの封止技術もあり，言葉の意味から封止と一言で言ってしまうとかなり広義である。本章では，異種デバイスとして，CMOS，MEMSの集積デバイスにおける封止技術について説明を行う。
　MEMSの定義という点においても広義，狭義の捉え方がある。MEMSとはMicro Electro Mechanical Systemであり，Mechanicalということは，物理的に可動する機構を有し機能するデバイスと考える。
　一般的に製作されている主なMEMSデバイスとして，プリンターヘッド，圧力センサ，加速度センサ，ジャイロ，デジタルミラーデバイス（DMD），HDDヘッド，AFM用カンチレバー，流路モジュール，光変調器（GLVなど），光スキャナ，光スイッチ，DNAチップ，撮像素子，波長可変素子，などが挙げられる。
　流路モジュールというのは流路単体では前述の定義からするとMEMSとは定義しにくいものであるが，マイクロバルブやマイクロポンプが組込まれたものはMEMSと言える。
　ここに挙げられたものほとんどが，静電，熱，光，重力など，なにがしかの物理量の変化に応じて可動（反応）する機構（機能）を有している。

　＊　Hideki Adachi　大日本スクリーン製造㈱　技術開発センター　技術開発グループ
　　　　開発管理部　部長

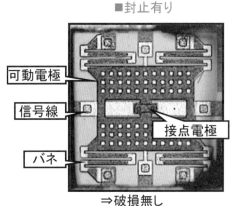
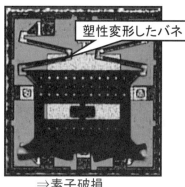

図1　保護膜の有無によるデバイスダメージ
（出典：NTT-AT殿資料）

　そのメカニカルなものを保護もしくは外部遮断することを，本章ではMEMSデバイスにおける封止と定義する。端的に言えばMEMSの封止目的は，可動部保護であり，エリア遮断ということになる。そしてそれを実現するための技術として代表的なものが接着，接合であり，封止成膜ということになる。補助的にデバイス構造の補強的効果も期待される。

　図1に保護目的の例として，MEMSスイッチの保護膜有り無しにおけるダイシング時のデバイスダメージを示す。

3　封止技術の種類

　本節では，MEMSデバイスの封止に適応されている代表的な技術の紹介と適応事例について説明をする。

3.1　陽極接合

　陽極接合は，ガラスとウェハや金属などを密着接合する方法であり[1]，重ね合わせた基板を加熱し（200〜600℃）高電圧（500〜1000 V）をかけると，静電引力により基板同士が接合する（図2）。

　陽極接合の長所は，少ない接地面積で確実な封止が可能な点であるが，短所としては封止の接合部の面粗度などの表面状態に依存する点がある。面粗度が悪いと接合不良を発生する。また一般的に400℃以上の高温で行われているため半導体デバイスを構築してからでは接合できない可能性がある。最近は200℃でも接合可能なガラスが開発されているが，高電圧が印加される場合のデバイスに与える悪影響からCMOS-MEMS積層インテグレーションには適さない場合がある。

適用事例

　陽極接合，圧力接合の例として，図3にマイクロリアクターの例を示す。サンプル写真は，メ

タル材料をエッチングして流路を形成したもので，陽極接合を用いてガラスを接合し流路を独立させる。またガラスを圧力接合により流路を独立させることも可能であるが，内圧との関係でリークのおそれがある。下部写真のモジュールは内部洗浄ができるように圧力接合にて作られたマイクロリアクターの例である。上部から光を照射して流路内の反応を促進するため透明ガラスを圧力接合している。

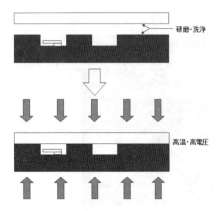

図2　陽極接合による封止プロセス

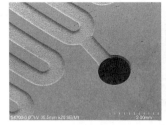 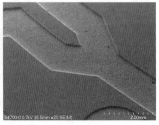

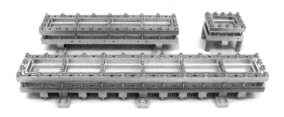

図3　適用事例マイクロリアクター

3.2　接着封止

接着剤を介して基板を接合封止する。接着層の種類は多種多様。接着層硬化方法は熱，光，化学反応などを用いる。接着法は昔からある最も安定した接合方法である（図4）。

接着剤も非常に広範囲な材料が開発されており適合性の良いものを選ぶことができる。一般的に熱硬化型接着剤の場合でも処理温度は100℃前後とCMOSデバイスに対して問題ない温度で処理ができる。

課題は，接着層の残留物がデバイスに対してどのように影響をするかということである。材料の選択とその後の処理を最適化することで対応可能なケースも多い。

適用事例

接着封止の例として，光変調素子の例を図5に示す。光の干渉を利用しON-OFFする一次元のモジュール（Grating Light Valve）[2,3]である。MEMS部分（図5左側イメージ）をガラス接着にて封止している。使用する波長により封止材料，封止方法を最適化する必要がある。特にUV光を用いる場合，ガラスに

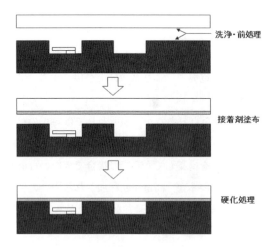

図4　接着による封止プロセス

第30章　封止技術

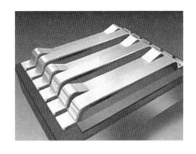

図5　適応事例光変調素子（GLV）

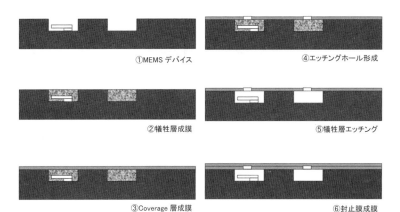

①MEMSデバイス　　　　　　　④エッチングホール形成
②犠牲層成膜　　　　　　　　⑤犠牲層エッチング
③Coverage層成膜　　　　　　⑥封止膜成膜

図6　犠牲層除去による封止プロセス

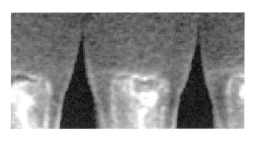

図7　CVD成膜封止の形状例

よる吸光波長や接着剤の有機系アウトガスと光化学反応による汚染物質の析出など考慮する必要がある。

3.3　CVD（Chemical Vapor Deposition）封止

CVDは，真空チャンバー内に対象デバイスを配置，加熱し，化学反応性ガス（蒸気）をチャンバー内に導入し，反応生成物を対象デバイス上に堆積させる成膜方法である。CVDによる封止プロセスは，以下のようになる（図6）。

封止空間を犠牲層にて埋め込み（図6-②）CVD成膜，スピンコートなどにてCoverage層形成する（図6-③）。Coverage層にエッチングホールを設け（図6-④），犠牲層エッチングを行う（図6-⑤）。最後にCVDによりエッチングホールの蓋をする（図6-⑥）。

半導体プロセスをそのまま利用するためLSIとの親和性は非常に高い。CMOS-MEMSデバイスのMEMS部封止には，ほとんどがこの方法もしくは変形例により作成されている。

デメリットは犠牲層エッチングホールのサイズ最適化が必要なことである（制御性）。封止し易い場所（比較的成膜速度の速くなる部分）にエッチングホールを設ける必要があるという制約があり，エッチングホールの配置により犠牲層除去性能が左右され，犠牲層除去後の残渣物が問題を引き起こす可能性がある。空間部分への成膜は，図7に示すように成膜成長界面の形状に起因する膜破壊欠陥の可能性もあるため膜種（材料，粗密度など），膜厚を十分に考慮する必要がある。一般的にSiO_2，SiN膜が多く用いられる。

3.4 転写成膜（STP法）封止

STP法は，ベースフィルム（フッ素系樹脂フィルム）に成膜材料を塗布し，減圧チャンバー内で対象デバイス表面にホットプレスすることで成膜材料を転写する成膜方法である[4]。温度，転写圧力，チャンバー内の圧力コントロールにより，埋め込み平坦化成膜と封止成膜に使い分けることができる[5〜7]（図8）。STP法による封止プロセスは，以下のようになる。

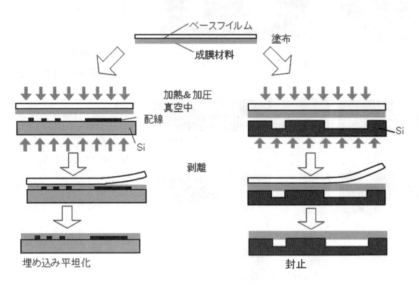

図8　STP法による転写成膜プロセス

ベースフィルム上に塗布形成されたCoverage層（一般的には塗布系絶縁膜）を減圧下にて対象デバイスと対抗配置し，加圧（300〜1KN），加熱（〜200℃）し転写，成膜する（直接封止）。（図8右側プロセス）もしくは，エッチングホールから，犠牲層エッチングを行い，転写成膜によりエッチングホールの蓋をする（図6-⑥）。

転写成膜による封止技術は，陽極接合，CVDなどに比べ低温，低圧で実施できるためCMOS-MEMSデバイスとは親和性が非常に高い。有機，無機，感光性のあるものなど材料選択幅がある。CVDに比べ比較的大きいエッチングホールに対しても封止でき，エッチングホールの配置場所の制約がないため犠牲層除去が容易である。

選択できる材料は塗布系材料全般ということになる。デバイスそれぞれの特性，目的に合わせた最適材料の開発が必要と

(a)
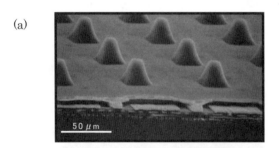

(b)
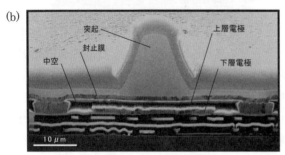

図9　転写成膜封止適応事例指紋センサ
(a)センサ表面拡大，(b)断面SEM
（出典：NTT-AT殿資料）

なる．代表的な材料として，感光性ポリイミド，Low-K絶縁膜，SiO_2膜などの成膜実績[6,8]が報告されている．

適応事例

転写成膜封止の適応事例として指紋センサの例を図9に示す[9]．従来は，指紋の凹凸に対して静電容量を検出していたため指が乾燥しているときと湿ったときで静電容量の差が生じていた．それに対して，指紋の凹凸により50μmピッチで設けられた突起を押し込むことにより突起下部の上層電極と下層電極間の静電容量を検出するため，指先の状態に関係なく安定した検出が可能である．突起下部に設けられた上層電極と対向して設けられた下層電極の間が空間となっている．上層電極の一部に設けられたエッチングホールから犠牲層を除去し，エッチングホールを転写成膜により封止した例である．エッチングホールの封止にはCVDでも可能であるがCVDによる封止の場合は，エッチングホールを可動空間周辺に限定するかエッチングホールのサイズを極めて小さくし多数設ける必要があるため広範囲の空間の犠牲層エッチングにはリスクが伴う．

4　まとめ

基本的封止方法を整理すると表1のようになる．

陽極接合は封止手段として優れており，近年では低温処理200℃前後でできるようになったと報告されている[10]が，静電デバイスを高電圧下で処理することは，LSIの電気特性，MEMS可動部に著しい影響を及ぼす可能性があり，CMOS-MEMSデバイスとの親和性が良いとは言えない．この方法を用いる場合は，別処理で製作したそれぞれのデバイスを実装集積化する必要がある．

接着においては，有機系アウトガスの問題が一番大きいと言える．アウトガスが問題となる場合は，低融点ガラスや半田などの接合方法を選択する．加熱処理温度は有機系接着剤と比較する

表1　封止技術比較

	陽極接合	接着	CVD成膜	転写成膜
密閉性	◎	○	○	○
プロセス温度	×	○	△	○
圧力	×	○	○	○
材料汎用性	×	○	×	○
対象基板	×	○	△	○
コスト	△	○	×	○
大口径化	×	◎	×	○
工程数	○	○	×	○
アウトガス	○	×	○	△
絶縁層エアギャップ CMOS配線層への適応	×	×	△	○
CMOS親和性	×	△	◎	○

と高温処理（380℃～）となるため注意が必要である。

　CVDプロセスによりエッチングホールの蓋をするという方法が半導体デバイスとの親和性が最も優れていると思われるが，エッチングホールのサイズ，可動空間内部へのデポジションという課題があり，エッチングホール位置の最適化が必要となる。また装置，リソースコストが他方式に比べて非常に割高である。

　転写成膜による封止では半導体デバイスへの親和性という点では，元々CMPレス成膜技術として誕生した経緯もあり，有機系無機系材料が利用可能ということでは優れているが，特性的には転写成膜材料次第ということになる。塗布系材料に限定されること，ベースフィルムへの塗布性などが課題であり，密着性流動性を考慮した材料開発が必要である。

　その他，ガラス，シリコン基板などによる封止として拡散接合や常温接合などもあり，今後さらに優れた技術も研究され実用化されようとしている。それぞれの封止技術の特徴を良く理解し，適応デバイスの機能，特性に合わせた封止方法，またそれらの組み合わせによる最適な方法を選択することにより，デバイスの安定性，信頼性，歩留まりなどに大きく寄与することになる。

文　　献

1) 平田善明ほか，材料（*Journal of the Society of Materials Science, Japan*），**55**(12), p. 1151 (2006)
2) Silicon Light Machines Inc., Blazed grating light valve, US6829092 B2
3) Silicon Light Machines Corporation, Blazed grating light valve, US6896822 B2
4) K. Machida, H. Kyuragi, H. Akiya, K. Imai, A. Tounai and A. Nakashima, *J. Vac. Sci. Technol. B*, **16**, 1093 (1998)
5) N. Sato, K. Machida, M. Yano, K. Kudou and H. Kyuragi, *Jpn. J. Appl. Phys.*, **41**, 2367 (2002)
6) N. Sato et al., *Jpn. J. Appl. Phys.*, **42**, 2462 (2003)
7) N. Sato et al., *Jpn. J. Appl. Phys.*, **43**, 2271 (2004)
8) N. Sato et al., *Jpn. J. Appl. Phys.*, **46**(12), 7678-7683 (2007)
9) N. Sato, K. Machida, K. Kudou, M. Yano and H. Kyuragi, Proc. Advanced Metallization Conference, 535 (2000)
10) 高木　悟, *SEMI News*, **24**(7-8), p.16-17 (2008)

〔第9編　解析・評価技術編〕

第31章　MEMS加速度・角速度・圧力センサのテスト技術

井上晴伸*

1　はじめに

　本稿では，MEMS加速度センサ・角速度センサ・圧力センサのパッケージレベルのテスト方法について記述する。これらのセンサのテストは，各センサの温度特性補正を目的としているため，多くの場合，低温・常温・高温の3温度でデータの採取を行っている。

2　MEMS加速度センサのテスト技術

　MEMS加速度センサのテストには，下記に示す1GテストとG印加テストがあるが，いずれにしてもセンサパッケージを姿勢保持・回転・振動させるための機構が必要となるため，単に電気的な接続のみでテストできるデバイスの場合と比較し，電気的接触の信頼性の確保が重要となる。

2.1　1Gテスト

　1Gテストは，静的加速度検知すなわち重力Gのみでの姿勢検知でテストするもので，パッケージの姿勢を制御する機構を使用してテストを行う。

　XYZ3軸加速度センサを例にとると，図1のような機構を用いて，$\theta 1$軸・$\theta 2$軸の回転の組み合わせでXYZ3軸の空間的位置を各々0～360度の任意のテスト位置に保持する。

　テストの項目としては下記のような項目があげられる。

　①　キャリブレーション

(1)出力キャリブレーション（ゲインの調整），(2)温度キャリブレーション（2 or 3温度での補正値算出）

　②　キャリブレーション後の判定

(1)XYZ軸感度，(2)XYZ軸オフセット，(3)XYZ直交感度，(4)XYZ他軸感度，(5)リニアリティ，(6)感度温度係数，(7)オフセット温度係数

　＊　Harunobu Inoue　㈱ラポールシステム　SA事業部　ゼネラルマネージャー

異種機能デバイス集積化技術の基礎と応用

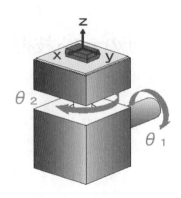

図1　MEMS加速度センサ
　　　1Gテスト機構例

図2　MEMS加速度センサ
　　　10,000G印加テスト機構例

2.2　遠心力によるG印加テスト

MEMS加速度センサにGを印加する一つの方法として，遠心力を利用する方法がある。この場合のGは，回転数をn（rps），回転半径をr（m），加速度をGとして下記計算式で求められる。

$$9.8G = 4\pi^2 n^2 r \tag{1}$$

本方式は，
- 高いGを長時間印加できる

という長所があるが，印加G精度は回転数と回転半径に依存するため，正確な印加G値を得るためには，
- 高精度の回転速度制御と，正確に回転半径上にセンサを置く必要がある

という短所もある。

図2に1～10,000G印加用回転機構例を示す。図3に1Gテストと回転によるG（max 50G）印加テストを同一機構で行うことのできる機構例を示す。

2.3　振動によるG印加テスト

振動による印加G値は，周波数をf（Hz），片振幅をD（m）として，下記計算式，

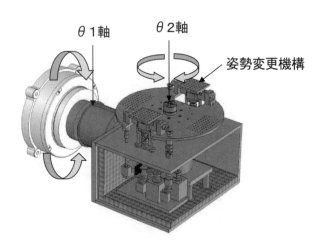

図3　MEMS加速度センサ　1G&50G印加テスト機構例

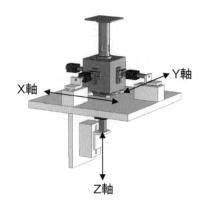

図4　MEMS加速度センサ
　　　3軸同時加振機構例

第31章　MEMS加速度・角速度・圧力センサのテスト技術

$$9.8G = (2\pi f)^2 D \tag{2}$$

で求められる。

　また，回転によるG印加では，1軸の1方向にしかGを印加できないため，3軸加速度センサの各軸に±方向のGを印加するためには，6回姿勢を変更する必要があるが，図4に示すような3軸同時加振機構を使用すれば，1回の取付で3軸の±方向へのG印加テストが可能となる。

3　MEMS角速度センサのテスト技術

　ジャイロセンサおよびヨーレートセンサのように，回転角度と回転速度を計測するセンサのテストは，主に高精度な回転機構により行われ，テスト内容としては次のような項目があげられる。①感度，②最大角速度，③分解能，④リニアリティ，⑤安定度，⑥他軸感度。

　なお，「周波数応答」のテストについては別途専用の機構で実現できる。角速度センサのテスト機構例を図5に示す。

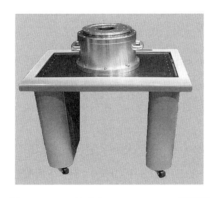

図5　MEMS角速度センサ　テスト機構例

駆動方式：DCブラシレスモータ，案内方式：ボールベアリング軸受け，積載荷重：10Kg max，テーブルサイズ：φ250mm，透過孔φ65mm，ストローク：360度×n回転，回転速度：±0.01〜±2,000 deg/sec，速度ムラ：0.01〜6.0 deg/sec＝±0.1％以内，6.0〜2,000 deg/sec＝±0.01％以内，回転方向：CW，CCW指定，エンコーダ：内蔵，使用環境条件：温度23±3℃

4　MEMS圧力センサのテスト技術

　本節では，従来方式の10〜20倍のスループットを実現した「冷熱プレート方式（特許申請中）」について述べる。

　従来のテスト方法と本「冷熱プレート方式」の違いを図6に示す。従来はテストする圧力センサを圧力容器の中に入れ，この圧力容器ごと恒温槽の中にセットして温度と圧力を変化させてい

異種機能デバイス集積化技術の基礎と応用

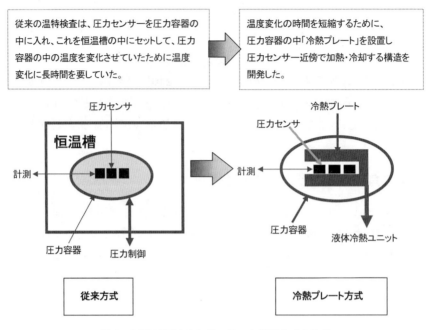

図6　MEMS圧力センサ　テスト機構方式の比較

たために圧力容器内の圧力センサの温度変化に長時間を要していた。「冷熱プレート方式」では，温度変化時間の短縮をはかるために，圧力容器の中で圧力センサの上下に「冷熱プレート」を設置し，圧力センサ近傍で過熱・冷却を行うため，短時間で圧力センサの温度を変化させることができる。

温度と印加圧力のデータ例を図7に示す。本例では，3温度-40℃→+125℃→+25℃，印加圧力は各温度で120 KPa→13 KPa→60 KPaの3圧力印加でテスト所要時間最短30分を実現している。

本方式は，パッケージサイズが小さいほど有利であり，MEMS圧力センサテストのスループット向上に貢献できる。

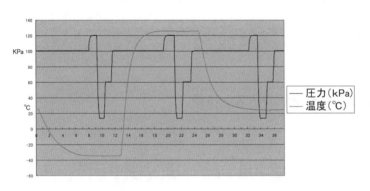

図7　MEMS圧力センサ　テストデータ例

第31章　MEMS加速度・角速度・圧力センサのテスト技術

5　検査受託

ラポールシステムでは，試験装置製造販売のみならず，検査の受託を実施しており，開発段階で装置購入が難しい段階でセンサのテスト・評価を行いたいという要望に対応している。

検査受託可能な内容は下記の通り。各検査用装置を図8に示す。

1）MEMS加速度センサ

　遠心力によるG印加テスト　印加G範囲：① 1～20G　② 1～2,000G

　　　　　　　　　試験温度：室温

2）MEMS角速度センサ

　回転速度：0.01～2,000 deg/sec，試験温度：室温

3）MEMS圧力センサ

　印加圧力範囲：10～200KPa

　試験温度：-40～+150℃内の低温・常温・高温の3温度

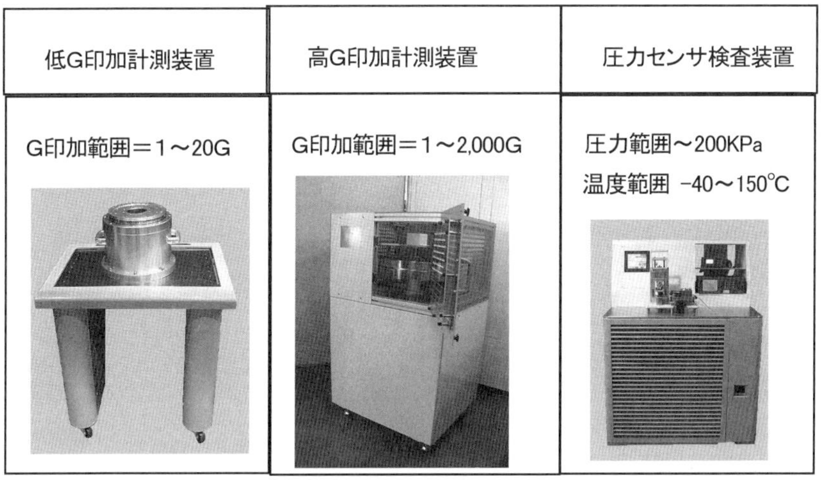

低G印加計測装置	高G印加計測装置	圧力センサ検査装置
G印加範囲＝1～20G	G印加範囲＝1～2,000G	圧力範囲～200KPa 温度範囲 -40～150℃

図8　MEMSセンサ　検査受託装置例

第32章　解析（分析）・評価技術

橋本秀樹*

1　半導体デバイスにおける解析・評価の目的と役割

　半導体デバイスを開発もしくは製造する上で，分析・解析・評価は広く用いられている。これらの目的は，一つには開発を効率化することであり，他は，歩留まりを向上させたり，不良原因を特定したりすることである（図1）。開発ステージにおいては，材料やプロセスの選定を行ったり，最適なプロセスを確立したりすることが課題であるが，特性や機能のキーを見つけられるような解析法を見出すことができれば，デバイス（トランジスタなど）を作製して電気特性を計るという試行錯誤を行わなくても，製膜後などにその材料やプロセスが適切かどうかを判断することができ，時間やコストを減らしながら，最適化を進めることが可能となる。たとえば，絶縁膜の開発を行っている場合には，膜中の不純物や構造，界面ラフネスなどを測定すれば，電気的に良好なものかどうかを推定することが可能である。また，製造段階では，不良や故障に対して適切な解析を行うことにより，製品の信頼性や歩留まりを向上させることができる。不良解析では，デバイスの不良箇所の解析から，その原因となるプロセスの問題にさかのぼることができれば，非常に有効である。

　研究開発では新材料・新プロセスが導入されるため，材料やプロセスの評価が重要となる。ここでは，材料や薄膜（多層膜）という系で詳細な情報が求められ，X線光電子分光法（XPS），二次イオン質量分析法（SIMS），オージェ電子分光法（AES），フーリエ変換型赤外分光法（FTIR），X線反射率測定法（GIXR），ラマン分光法（RAMAN），走査型キャパシタンス顕微鏡（SCM），カソードルミネッセンス法（CL），走査型電子顕微鏡（SEM），透過型電子顕微鏡（TEM）など多くの手法が単独，あるいは複数の組み合わせで用いられる。それらのデータから，特性をあげるためのキーを見つけて開発を進める。

　製品化のステージに入ると，信頼性が重要なテーマとなる。ここでは，結晶欠陥や拡散層の分布，ゲートな

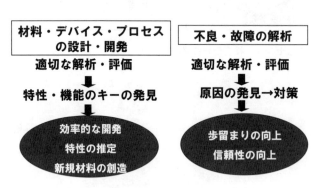

図1　半導体の解析・評価の役割

＊　Hideki Hashimoto　㈱東レリサーチセンター　構造化学研究部　部長

第32章 解析（分析）・評価技術

どの形状・サイズを調べることが多い。また，良品解析といって，デバイスに内在する構造に起因する不具合を見つけ，信頼性上の問題を検討する方法も有効である。一般に構造を持ち，かつ，微細になってくるので，これに適合した手法，TEM，SEM，CL，SCMなどを用いることが多いが，デバイス形状や測定法によってはXPSやSIMS，FTIRなどの方法を用いることもある。

量産化の段階に入ると，設計どおりのデバイスができているのかを確認したり，歩留まりに効くプロセスを見つけるために，解析・評価は用いられる。また，信頼性試験などで出てきた不良品を解析してプロセス改善につなげていく。市場故障に対しては，迅速な原因究明が重要であることは当然である。

異種機能集積デバイスにおいても，これらの事情は同じであるが，これまでの半導体デバイスとは異なる解析技術が必要となる場合がある。

2 主な分析手法

2.1 構造・組成評価のための手法

MEMSも含めた半導体デバイスの構造（形状や大きさ，膜厚など）は，ダイレクトに特性を決めることになるためその評価は必須である。一般に光学顕微鏡や電子顕微鏡（SEM，TEM）を用いる。図2に加速度センサの形状観察を行った結果を示す。光学顕微鏡で全体像を観察し，解体した後にSEM像を取得している。SEM像からサイズや空隙間隔などを決めることができる。SEMはデバイスの形状評価ができるだけでなく，二次電子像を用いた表面凹凸評価や反射電子像を用いた組成評価も可能である。また，図3はTSV（基板貫通配線）を用いた積層構造に対する断面SEM像を現している。微細な構造に対して詳細な観察をするためにはTEMが用いられる。TEMはナノメーターオーダーの分解能を持つ。ただし電子線が透過できる厚さ（0.1ミクロン程度）に試料を加工する必要があり，高分解能観察においては，試料作製技術が非常に重要な鍵となる。TSVを輪切りにしてTEM観察した結果を図4に示す。また，右には側壁付近の拡大像を示している。Cuの結晶粒の様子や，絶縁膜やバリア膜の着き方が明瞭に見えている。

構成元素組成を調べるには，電子線プローブマイクロアナリシス法（EPMA）やAES，TEM

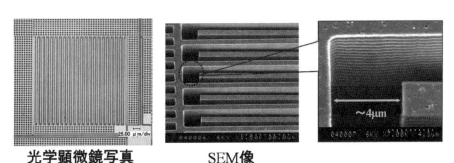

図2　加速度センサの形状観察

異種機能デバイス集積化技術の基礎と応用

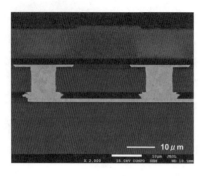

図3　TSVによって積層されたウェハのSEM像

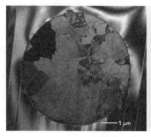

図4　TSVの平面TEM像と拡大像

やSEMのEDX法やTEM-EELS法が用いられる。EDX法は電子線を照射したときに発生する蛍光X線を測定することによって元素分析をする方法である。EPMAやSEM-EDXは1μm程度の空間分解能を持ち，TEM-EDXは1nm程度の分解能で測定できる。EPMAは感度や定量精度が他よりも高い。それぞれの目的に応じた手法を選択する。

2.2　不純物評価のための分析手法

　ドーパントの分布や，酸素など混入した不純物濃度は半導体の特性や信頼性に大きく影響する。これらの測定には表1に示すように何種類かの方法があり，それぞれ特徴を持っているために適切な方法を用いる必要がある。ICP質量分析法は，基板表面の極微量汚染や薬液等の不純物定量分析に有効である。TOF-SIMSを用いると最表面の汚染などを化学構造も含めて検出することが可能となる。SIMSは不純物分析法としてもっとも広く用いられている分析法であり，ドーパントの分布や膜中の不純物を高感度で分析できる。また，シリコン基板中の酸素や窒素に対しては，

表1　不純物評価のための分析手法

PL：フォトルミネッセンス法	結晶中の不純物や欠陥を高感度に分析 （感度　Si中のB, P：2×10^{10} atoms/cm^3 　　　　As：5×10^{10} atoms/cm^3）
FTIR：フーリエ変換赤外分光法	結晶中の不純物を高感度に分析 （感度　Si中のO：3×10^{13} atoms/cm^3 　　　　N：2×10^{13} (atoms/cm^3)
SIMS：二次イオン質量分析法	ppm～ppbレベルの不純物の深さ方向分析
TOF-SIMS：飛行時間型二次イオン質量分析法	サブミクロンの空間分解能で最表面（1～2nm）の不純物・化学構造情報
SCM：走査型キャパシタンス顕微鏡 SSRM：走査型拡がり抵抗顕微鏡	キャリア分布・濃度を高空間分解能で観察
TDS：昇温脱離ガス分析法	水素を含めた発生ガスの温度プロファイル
ICP-MS：ICP質量分析法	pptオーダーの超微量元素分析
GD-MS：グロー放電質量分析法	サブppbレベルでLi以上の元素について一斉分析

第32章 解析（分析）・評価技術

FTIR法が非常に有効である。加熱した後に出てくるガスを分析するTDS法も，温度と発生量の関係がわかるため特に水の分析に有効な手法といえる。

2.3 応力・歪み評価のための分析手法

応力や歪みは不良の原因として注目されており，それを正確に測定することが求められている。応力がプロセス中に発生すると，それが起因となって結晶欠陥等が発生し，リークなどを引き起こす。応力は，酸化・アニールプロセスや不純物注入，素子分離など多くのプロセスで誘起される可能性がある。また，TSVのように大きなビアを作るとその周囲の応力がトランジスタに悪影響を与えることが知られている。応力や歪みに対しては複数の測定法が存在するが，試料作成法，測定領域，感度が大きく異なるため，目的に応じた方法を選択しなければならない。表2は重要な応力測定法についてまとめたものである。電子顕微鏡を用いた歪測定法は，微小領域の測定が可能であるが，試料を薄片化しなければならないため，応力が解放される懸念がつきまとう。また，応力の感度はあまり高くない。一方，顕微ラマン法は測定領域がサブミクロンと比較的小さいのに加え，非常に高感度で測定できるという特徴を持っているため，現在では多く用いられている。図5にTSV周辺の応力分布をラマン法により調べた結果を示す。シリコン基板の開口部付近で，引っ張り応力が認められる。歪みゲージ法は歪みゲージと呼ばれる被測定物の表面に貼り付けて微小変形を測定するセンサを用いて金属箔の抵抗素子が変形したときの電気抵抗変化を歪みに換算するものである。1mの長さの材料が1mm変形したときの歪み検出が可能であり，材料の弾性率，ポアソン比の測定に使用される。

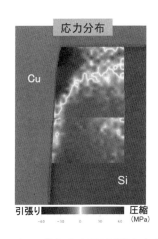

図5 ラマン法によるTSV周辺の応力分布

表2 応力・歪み評価のための分析手法

分析手法	対象	測定領域	特徴	検出限界（Si）
顕微ラマン分光法	半導体	サブμm	非破壊・高精度	1 MPa
ルミネッセンス	半導体・封止樹脂	2～3μm	モデル試料	—
X線回折	結晶	100μm	非破壊	10 MPa
光弾性	透明樹脂等	—	モデル試料	—
歪みゲージ	—	数mm	高感度・簡便	—
電気回路測定	ピエゾ抵抗素子	数mm	モデル試料	—
nED（NBD）極微電子線回折法	結晶	10 nm	要薄片化	100 MPa
CBED 収束電子線回折法	結晶	<10 nm	要薄片化	100 MPa

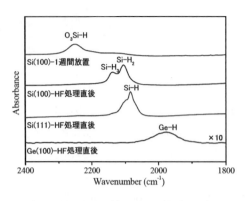

図6　FTIR-ATR法によるSi表面の分析

2.4　化学構造評価のための分析手法

材料の詳細な解析のためには，組成だけでなく化学的な情報（結合など）を知らなくてはならない。代表的な手法としては，XPS, FTIR, ラマン分光，NMRがある。シリコン表面に対してFTIR法を適用した例を図6に示す。Si-HやSi-OHなどの結合情報を詳細にかつ高感度で分析することができる。

2.5　欠陥評価のための分析手法

結晶欠陥はリークやクラックなどの直接的な原因となるため，極力抑えなくてはならない。そのために，欠陥を検出し，原因を調べることが重要である。欠陥評価についての測定法を表3に示す。電子線を照射したときに発生するルミネッセンスを測定するカソードルミネッセンス（CL）法は，高い空間分解能で欠陥が評価できる手法として注目されている。ESRはバルク分析法であるが，ダングリングボンドを定量できるという特徴を持っている。また，RBSは高エネルギーイオンを試料に入射して散乱を検出する方法であるが，イオンを結晶軸に平行に入射すると散乱が少なくなるが，そこに欠陥が存在すると散乱が増加する。この現象を利用して欠陥の解析を行うものである。深さ方向の解析が可能である。

表3　欠陥評価のための分析手法

分析手法	空間分解能	評価可能欠陥種	メリット	デメリット
PL フォトルミネッセンス	数μm	点欠陥 転位	・非破壊 ・高感度 ・特別な前処理不要	・スペクトルの解釈が複雑 ・半定量
CL カソードルミネッセンス	サブμm	積層欠陥 析出物		・発光中心となる欠陥のみ検出
ESR 電子スピン共鳴分析	バルク	常磁性欠陥 （ダングリングボンド）	・定量解析	・バルク分析のみ ・常磁性欠陥のみ
RBS ラザフォード後方散乱分析（チャネリング法）	バルク （mm）	結晶	・深さ方向分析 ・非破壊分析	・低空間分解能
TEM・AEM 透過電子顕微鏡 分析電子顕微鏡	〜nm	転位 積層欠陥 析出物	・高空間分解能 ・形状評価	・微細な試料加工 ・観察視野が局所的
選択エッチング法	サブμm	析出物 （OSF，BMD等）	・比較的簡便	・定量困難

第32章 解析（分析）・評価技術

表4 物性評価のための分析手法

		分析手法	得られる情報
薄膜	基礎物性	分光エリプソメトリー・断面SEM・TEM	膜厚
		GIXR・RBS	密度
		陽電子消滅法	細孔径分布
	機械物性	ナノインデンテーション法	弾性率・硬さ
	熱物性	3ω法・サーモリフレクタンス法	熱伝導（拡散）率
		薄膜反り法	熱膨張係数
	光学物性	可視紫外分光・赤外分光	透過率・反射率
		分光エリプソメトリー	屈折率
	電子物性	XPS	仕事関数
		REELS・分光エリプソメトリー・可視紫外分光	バンドギャップ

		分析手法	得られる情報
高分子	機械物性	材料試験・歪みゲージ	弾性率等
		動的粘弾性法・粘度測定	レオロジー特性
	熱物性	TMA・レーザー干渉法	熱膨張係数
		フラッシュ法	熱伝導（拡散）率
		DSC（示差走査熱量測定法）	比熱・ガラス転移温度・融点
	その他	GPC	分子量分布
		TPD-MS・熱脱着GCMS	加熱発生ガス
		IR+NMR+MS+熱分解GCMS	有機組成分析

2.6 物性評価のための分析手法

力学的・熱的な物性評価は異種接合デバイスにおいては特に重要なパラメーターを与える。表4に主な方法をまとめる。機械的特性や熱物性はデバイスの強度や性能に直結している。また，加熱発生ガスの測定により，製造時や使用時に悪影響を与える物質をあらかじめ調べておくことができる。

3 MEMSの解析

3.1 MEMSの力学特性試験

一般的な材料の機械物性測定においてはJIS規格で定められているが，試験片が数mm～数cmという大きさになっている。しかし，MEMSは1000～10000分の1というサイズである。部材の機械的特性は寸法効果といわれる現象を伴っており，微細化に伴って弾性定数などの多くの物理定数が変化する可能性がある。MEMSの開発においてはデバイスサイズでの物性測定が重要と考えられる。加速度センサからMEMS素子を抜き出しFIBにより加工を行い，片持ち梁試験を行った結果を図7に示す。また，SEM内において亀裂進展をその場観察したものを図8に示す。亀裂進展の様子が動的に観察できる。

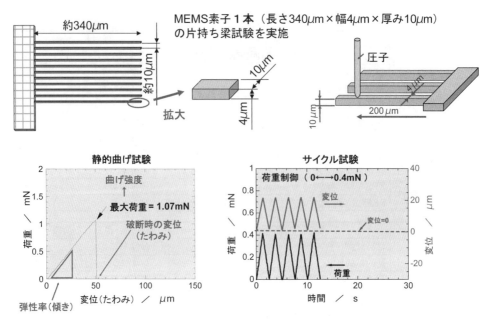

図7　MEMS素子1本の力学試験結果

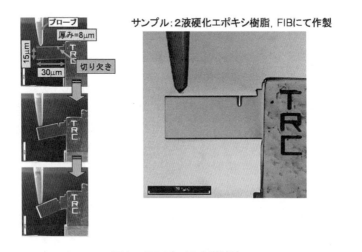

図8　SEM内での力学試験

3.2　パッケージ内部のガス分析

パッケージ内部から発生するアウトガスや透過してくるガスはMEMSの特性に影響を与える。封止されたパッケージの内部のガスを分析することは重要である。図9にパッケージ内ガスの分析法の模式図を示す。サンプリングにより外乱を少なくし，放出気体を高感度で分析する必要がある。加熱できればさらに効果的である。図9にはセラミックスパッケージに対する測定結果も載せている。窒素以外に水が検出されている。

第32章 解析（分析）・評価技術

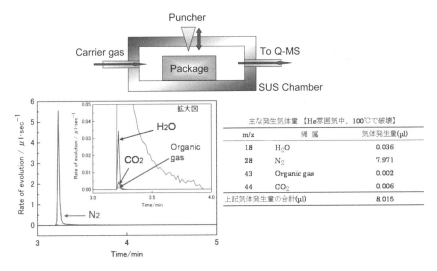

図9　パッケージ内ガスの分析法と測定結果

4　TSVの解析

TSVを用いた積層においては，①ビア形状，メタル埋め込み性，バリア被覆性，②Siの応力分布，③接着層の密着性，などの解析・評価が必要である。

4.1　TSVの形状観察

TSVは大きさが数～数十μmであることから，形状観察にはSEMが主に用いられる。図3に断面SEM像を示している。サイズや形状などは明瞭に観察することができるが，図10に示すようにバリア膜など薄い膜の膜厚のバラつきなどについては，SEMでは評価が難しい。そこで，TEMによる観察が必要となる。TEMでは，電子線が透過するため0.1μm程度の薄い試料を作成する必要がある。しかし，TSVはTEM試料としてはサイズが大きいため，良好な試料作成は難しく工夫が必要となる。図4に直径数μmのTSVを輪切りにしたサンプルを作成してTEM像を撮影し

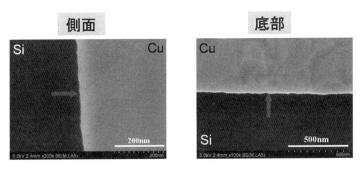

図10　SEMによるバリア膜の評価

異種機能デバイス集積化技術の基礎と応用

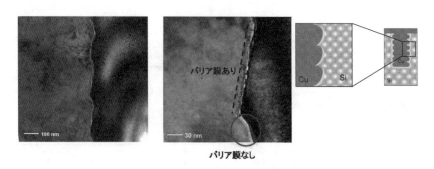

図11　TEMによるTSVの断面観察

たものを示す。全体像と拡大像が示されている。全体像からは直径など形状だけでなく，Cuの結晶粒が明瞭に観察できている。また，拡大像からはバリア膜の膜厚や被覆性を調べることが可能である。同じ試料の断面観察したものを図11に示す。場所によってバリア膜が被覆していないところが確認できる。

4.2　応力分布

TSVの近傍には応力が発生し，トランジスタ特性などに悪影響を及ぼすことが懸念されている。ラマン分光法はサブミクロンの空間分解能で応力を高感度で測定できるため，TSVによるシリコ

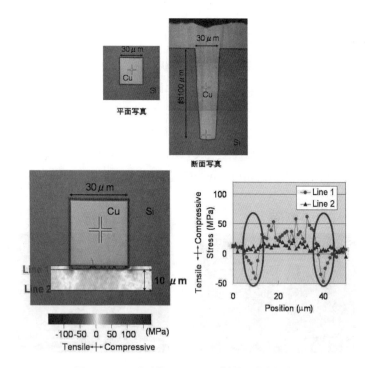

図12　ラマン分光法によるTSV近傍の応力解析

ンへの歪みの影響を調べるのに適している。図12上図のTSVに対して，表面から応力を調べた結果を図12下図に示す。コーナー部で急激に引っ張り応力が増加していること，TSVから10μm離れれば影響は無視できるレベルになることがわかる。注意深く測定すれば，温度を変えたときの応力分布をその場解析することも可能である。一方，Cuに対してはラマン法を適用できない。マイクロのX線回折が有効と考えられる。

4.3 接着層の評価

接着剤がウェハ界面で反応層を形成すると，ウェハの反りや剥がれを引き起こす原因となる。接着剤の硬化度や反応層（変質層）を調べることが求められ，FTIRがもっとも適している。さらに，FTIRでは試料を徐々に研磨しながらATR法という手法で測定することにより，深さ方向分析も可能である。

5 まとめ

MEMSやTSVの解析・評価は，これまで多岐に行われてきた半導体デバイスに対する手法が適用できることが多いが，これらに特有の問題もあり，これまで半導体分野ではなじみの少ない分析技術の適用も必要である。また，分析のための試料加工は難度の高いものが多く，工夫が必要である。今後は，積層されたチップについて必要な層（場所）を，壊さずに解体する技術の確立が求められる。そのための加工装置の開発も必要であろう。また，購入品を積層して新たな機能を出すチップを作成するためには，提供されるデータシートが有効に使われるためには，各々の信頼性評価・試験や解析法の基準が定められる必要がある。

異種機能デバイス集積化技術の基礎と応用《普及版》
―MEMS, NEMS, センサ, CMOSLSIの融合―

(B1281)

2012年11月1日　初　版　第1刷発行
2019年4月10日　普及版　第1刷発行

監　修　　益　一哉, 年吉　洋, 町田克之　　Printed in Japan
発行者　　辻　賢司
発行所　　株式会社シーエムシー出版
　　　　　東京都千代田区神田錦町1-17-1
　　　　　電話 03(3293)7066
　　　　　大阪市中央区内平野町1-3-12
　　　　　電話 06(4794)8234
　　　　　http://www.cmcbooks.co.jp/

〔印刷　あさひ高速印刷株式会社〕Ⓒ K.Masu, H.Toshiyoshi, K.Machida, 2019

落丁・乱丁本はお取替えいたします。

本書の内容の一部あるいは全部を無断で複写（コピー）することは，法律で認められた場合を除き，著作権および出版社の権利の侵害になります。

ISBN978-4-7813-1364-1　C3053　¥6700E